高等职业教育系列教材

局域网组建、管理与维护

第4版

杨　云　李谷伟　薛立强　等编著

机 械 工 业 出 版 社

本书以组网、建网、管网和用网为出发点，循序渐进地介绍了局域网基础理论及局域网的组建、维护和安全管理。

全书共分4篇：局域网基础理论、Windows Server 2012 局域网组建、常用局域网组网实例和局域网管理与安全。具体内容包括：组建双机互联的对等网络、组建办公室对等网络、划分IP地址与子网、配置交换机与组建虚拟局域网、规划与安装 Windows Server 2012 网络操作系统、管理局域网的用户和组、管理局域网的文件系统与共享资源、组建家庭无线局域网、组建宿舍局域网、组建网吧局域网、组建企业局域网、局域网性能与安全管理、局域网故障排除与维护。

本书重点项目的知识点、技能点和项目实训操作已录制成了微课，并以二维码形式嵌入到了相应位置，读者可通过微信扫码观看。

本书采用"项目导向、任务驱动"的模式编写，实践案例丰富，实用性强，既可以作为高职院校计算机应用技术、计算机网络技术、软件技术等专业的理实一体化的教材使用，也适合网络管理人员、网络爱好者以及网络用户学习参考。

本书配有授课电子课件等丰富的教学资源，需要的教师可登录 www.cmpedu.com 免费注册、审核通过后下载，或联系编辑索取（微信：15910938545，电话：010-88379739）。

图书在版编目(CIP)数据

局域网组建、管理与维护 / 杨云等编著. —4版. —北京：机械工业出版社，2021.11（2025.1重印）
高等职业教育系列教材
ISBN 978-7-111-69343-7

Ⅰ. ①局… Ⅱ. ①杨… Ⅲ. ①局域网-高等职业教育-教材 Ⅳ. ①TP393.1

中国版本图书馆 CIP 数据核字(2021)第205118号

机械工业出版社(北京市百万庄大街22号 邮政编码 100037)
策划编辑：王海霞 责任编辑：王海霞 曹帅鹏
责任校对：张艳霞 责任印制：常天培

北京机工印刷厂有限公司印刷

2025年1月第4版·第6次印刷
184mm×260mm·15.5印张·382千字
标准书号：ISBN 978-7-111-69343-7
定价：65.00元

电话服务
客服电话：010-88361066
010-88379833
010-68326294

网络服务
机 工 官 网：www.cmpbook.com
机 工 官 博：weibo.com/cmp1952
金 书 网：www.golden-book.com
机工教育服务网：www.cmpedu.com

Preface
前 言

一、编写背景

党的二十大报告指出，科技是第一生产力、人才是第一资源、创新是第一动力。大国工匠和高技能人才作为人才强国战略的重要组成部分，在现代化国家建设中起着重要的作用。网络强国是国家的发展战略。要做到网络强国，不但要在网络技术上领先和创新，而且要确保网络不受国内外敌对势力的攻击，保障重大应用系统正常运营。因此，网络技能型人才的培养显得尤为重要。

二、本书特色

本书在形式和内容上进行了更新和提升，更能体现职业教育和“三教”改革精神。

（1）在形式上，本书采用了“纸质教材+电子活页”的形式，采用知识点微课和项目实录慕课的形式辅助教学，增加了丰富的数字资源。

（2）全书配套项目实训的视频，随时随地，扫描即可学习。实训项目视频可以为学生预习、复习、实训，以及教师备课、授课、实训指导等提供最大的便利，可以有效地节省教师的备课时间，降低教师的授课难度。

（3）体例上有所创新。“教学做一体”，创新编写模式。修订教材按照“项目导入”→“职业能力目标和要求”→“相关知识”→“项目设计与准备”→“项目实施”→“练习题”→“项目实训”梯次进行组织。本书内容分为 4 篇，即局域网基础理论、Windows Server 2012 局域网组建、常用局域网组网实例和局域网管理与安全。

（4）内容上更注重实用性。

① 第 1 篇局域网基础理论包括 4 个项目：组建双机互联的对等网络、组建办公室对等网络、划分 IP 地址与子网、配置交换机与组建虚拟局域网。

② 第 2 篇 Windows Server 2012 局域网组建包括 3 个项目：规划与安装 Windows Server 2012 网络操作系统、管理局域网的用户和组、管理局域网的文件系统与共享资源。

③ 第 3 篇常用局域网组网实例包括 4 个项目：组建家庭无线局域网、组建宿舍局域网、组建网吧局域网、组建企业局域网。

④ 第 4 篇局域网管理与安全包括 2 个项目：局域网性能与安全管理、局域网故障排除与维护。

（5）强调实践教学。本书设有 13 个项目实训，项目实训按照实训目的、实训内容、实训环境要求、实训拓扑图、实训步骤、实训思考题和实训报告要求的思路展开。每个项目实训都是一个知识和技能的综合训练题。

三、教学大纲

本书参考学时为 62 学时，其中实训环节为 32 学时，各项目的参考学时参见下面的学时分配表。

项目	课程内容	学时分配	
		讲授	实训
项目 1	组建双机互联的对等网络	2	2
项目 2	组建办公室对等网络	2	2
项目 3	划分 IP 地址与子网	2	2
项目 4	配置交换机与组建虚拟局域网	4	4
项目 5	规划与安装 Windows Server 2012 网络操作系统	4	4
项目 6	管理局域网的用户和组	2	2
项目 7	管理局域网的文件系统与共享资源	2	4
项目 8	组建家庭无线局域网	2	2
项目 9	组建宿舍局域网	2	2
项目 10	组建网吧局域网	2	2
项目 11	组建企业局域网	2	2
项目 12	局域网性能与安全管理	2	2
项目 13	局域网故障排除与维护	2	2
课时总计		30	32

四、电子活页内容

- 项目 1　安装与配置 Windows Server 2016
- 项目 2　管理用户账户和组
- 项目 3　管理文件系统与共享资源
- 项目 4　配置与管理 Web 服务器
- 项目 5　配置与管理 VPN 服务器
- 项目 6　配置与管理 NAT 服务器

五、其他

本书是教学名师、微软工程师和骨干教师共同策划编写的一本工学结合教材。由杨云、李谷伟、薛立强、戴万长、王瑞编写。特别感谢浪潮集团、山东鹏森信息科技有限公司提供了教学案例。

由于时间仓促，本书难免存在错误或疏漏之处，敬请读者批评指正。

编　者

电 子 活 页

名　称	二维码
项目 1　安装与配置 Windows Server 2016	
1-1　安装与规划 Windows Server 2016	
1-2　安装与配置 VM 虚拟机	
1-3　安装 Windows Server 2016	
1-4　配置 Windows Server 2016(一)	
1-5　配置 Windows Server 2016(二)	
1-6　配置 Windows Server 2016(三)	
1-7　使用 VM 的快照与克隆	
项目 2　管理用户账户和组	
2-1　管理用户账户和组	
2-2　在成员服务器上管理本地账户和组	
2-3　使用 AGUDLP 原则管理域组	
项目 3　管理文件系统与共享资源	
3-1　文件系统与共享	
3-2　设置资源共享	
3-3　访问网络共享资源	
3-4　使用卷影副本	
3-5　认识 NTFS 权限 共享+NTFS	
3-6　认识 NTFS 权限文件优于文件夹	
3-7　认识 NTFS 权限继承、累加、拒绝优先	
3-8　复制和移动文件及文件夹	
3-9　利用 NTFS 权限管理数据	

（续）

名　称	二维码
3-10　压缩文件	
3-11　加密文件系统(一)	
3-12　加密文件系统(二)	
项目4　配置与管理 Web 服务器	
4-1　WWW 与 FTP 服务器	
4-2　安装 Web 服务器(IIS)角色	
4-3　创建 Web 网站	
4-4　管理 Web 网站的目录	
4-5　架设多个 Web 网站	
项目5　配置与管理 VPN 服务器	
5-1　VPN 服务器	
5-2　架设 VPN 服务器	
5-3　配置 VPN 服务器的网络策略	
项目6　配置与管理 NAT 服务器	
6-1　NAT 服务器	
6-2　安装“路由和远程访问”服务器	
6-3　NAT 客户端计算机配置和测试	
6-4　外部网络主机访问内部 Web 服务器	

目 录 Contents

前言

电子活页

第一篇 局域网基础理论

项目 1 组建双机互联的对等网络 …… 2

1.1 项目导入 …… 2

1.2 职业能力目标和要求 …… 2

1.3 相关知识 …… 2

1.3.1 计算机网络的发展历史 …… 2

1.3.2 计算机网络的功能 …… 3

1.3.3 计算机网络的定义 …… 3

1.3.4 计算机网络的组成 …… 4

1.3.5 计算机网络的类型 …… 6

1.3.6 计算机网络体系结构 …… 8

1.4 项目设计与准备 …… 14

1.5 项目实施 …… 14

任务 1-1 制作直通双绞线并测试 …… 14

任务 1-2 双机互联对等网络的组建 …… 17

1.6 练习题 …… 19

1.7 项目实训 1 制作双机互联的双绞线 …… 20

项目 2 组建办公室对等网络 …… 21

2.1 项目导入 …… 21

2.2 职业能力目标和要求 …… 21

2.3 相关知识 …… 21

2.3.1 网络拓扑结构 …… 21

2.3.2 局域网常用连接设备 …… 23

2.3.3 局域网的参考模型 …… 24

2.3.4 IEEE 802 标准 …… 25

2.3.5 局域网介质访问控制方式 …… 26

2.3.6 以太网技术 …… 27

2.3.7 快速以太网 …… 29

2.4 项目设计与准备 …… 30

2.5 项目实施 …… 30

任务 2-1 小型共享式对等网的组建 …… 30

任务 2-2 小型交换式对等网的组建 …… 36

2.6 练习题 …… 36

2.7 项目实训 2 组建小型交换式对等网 …… 37

项目 3 划分 IP 地址与子网 …… 39

3.1 项目导入 …… 39
3.2 职业能力目标和要求 …… 39
3.3 相关知识 …… 39
3.3.1 TCP …… 39
3.3.2 UDP …… 44
3.3.3 IP …… 45
3.3.4 ICMP …… 46
3.3.5 ARP 和 RARP …… 47
3.3.6 IP 地址 …… 48
3.3.7 划分子网 …… 51
3.3.8 IPv6 …… 53
3.4 项目设计与准备 …… 56
3.5 项目实施 …… 57
任务 3-1 IP 地址与子网划分 …… 57
任务 3-2 IPv6 的使用 …… 58
3.6 练习题 …… 60
3.7 项目实训 3 划分子网及应用 …… 61

项目 4 配置交换机与组建虚拟局域网 …… 63

4.1 项目导入 …… 63
4.2 职业能力目标和要求 …… 63
4.3 相关知识 …… 63
4.3.1 交换式以太网的提出 …… 63
4.3.2 以太网交换机的工作过程 …… 64
4.3.3 交换机的管理与基本配置 …… 67
4.3.4 虚拟局域网 …… 69
4.3.5 TRUNK 技术 …… 72
4.4 项目设计与准备 …… 73
4.5 项目实施 …… 73
任务 4-1 基本配置交换机 C2950 …… 73
任务 4-2 单交换机上的 VLAN 划分 …… 77
任务 4-3 多交换机上的 VLAN 划分 …… 79
4.6 练习题 …… 81
4.7 项目实训 4 …… 83
项目实训 4-1 交换机的了解与基本配置 …… 83
项目实训 4-2 VLAN Trunking 和 VLAN 配置 …… 85

第二篇 Windows Server 2012 局域网组建

项目 5 规划与安装 Windows Server 2012 网络操作系统 …… 90

5.1 项目导入 …… 90
5.2 职业能力目标和要求 …… 90

5.3 相关知识 …… 90

5.3.1 制订安装配置计划 …… 90

5.3.2 Windows Server 2012 的安装方式 …… 91

5.4 项目设计与准备 …… 92

5.4.1 项目设计 …… 92

5.4.2 项目准备 …… 93

5.5 项目实施 …… 93

任务 5-1 使用光盘安装 Windows Server 2012 R2 …… 93

任务 5-2 配置 Windows Server 2012 R2 …… 97

5.6 练习题 …… 105

5.7 项目实训 5 安装与基本配置 Windows Server 2012 …… 106

项目 6 管理局域网的用户和组 …… 109

6.1 项目导入 …… 109

6.2 职业能力目标和要求 …… 109

6.3 相关知识 …… 109

6.3.1 用户账户概述 …… 109

6.3.2 本地用户账户 …… 110

6.3.3 本地组概述 …… 110

6.4 项目设计与准备 …… 111

6.5 项目实施 …… 112

任务 6-1 创建本地用户账户 …… 112

任务 6-2 设置本地用户账户的属性 …… 113

任务 6-3 删除本地用户账户 …… 115

任务 6-4 使用命令行创建用户 …… 116

任务 6-5 管理本地组 …… 116

6.6 练习题 …… 117

6.7 项目实训 6 管理用户和组 …… 118

项目 7 管理局域网的文件系统与共享资源 …… 119

7.1 项目导入 …… 119

7.2 职业能力目标和要求 …… 119

7.3 相关知识 …… 119

7.3.1 FAT 文件系统 …… 119

7.3.2 NTFS 文件系统 …… 120

7.4 项目设计与准备 …… 121

7.5 项目实施 …… 121

任务 7-1 设置资源共享 …… 122

任务 7-2 访问网络共享资源 …… 123

任务 7-3 使用卷影副本 …… 124

任务 7-4 认识 NTFS 权限 …… 126

任务 7-5 继承与阻止 NTFS 权限 …… 129

任务 7-6 复制和移动文件和文件夹 …… 130

7.6 练习题 …… 131

7.7 项目实训 7 管理文件系统与共享资源 …… 132

第三篇　常用局域网组网实例

项目 8　组建家庭无线局域网 ········· 134

8.1　项目导入 ········· 134
8.2　职业能力目标和要求 ········· 134
8.3　相关知识 ········· 134
8.3.1　无线局域网基础 ········· 134
8.3.2　无线局域网标准 ········· 134
8.3.3　无线网络接入设备 ········· 136
8.3.4　无线局域网的配置方式 ········· 137
8.4　项目设计与准备 ········· 138
8.5　项目实施 ········· 138
任务 8-1　组建 Ad-Hoc 模式无线对等网 ········· 138
任务 8-2　组建 Infrastructure 模式无线局域网 ········· 143
8.6　练习题 ········· 148
8.7　项目实训 8 ········· 149
项目实训 8-1　组建 Ad-Hoc 模式无线对等网 ········· 149
项目实训 8-2　组建 Infrastructure 模式无线局域网 ········· 150

项目 9　组建宿舍局域网 ········· 151

9.1　项目导入 ········· 151
9.2　职业能力目标和要求 ········· 151
9.3　相关知识 ········· 151
9.3.1　宿舍局域网的组建方案 ········· 151
9.3.2　宽带路由器的功能 ········· 152
9.3.3　安装和配置宽带路由器 ········· 152
9.4　项目设计与准备 ········· 153
9.5　项目实施 ········· 153
任务 9-1　安装 Web 服务器（IIS）角色 ········· 153
任务 9-2　创建 Web 网站 ········· 155
任务 9-3　管理 Web 网站的目录 ········· 158
任务 9-4　架设多个 Web 网站 ········· 159
9.6　练习题 ········· 163
9.7　项目实训 9　配置与管理 Web 服务器 ········· 164

项目 10　组建网吧局域网 ········· 165

10.1　项目导入 ········· 165
10.2　职业能力目标和要求 ········· 165
10.3　相关知识 ········· 165
10.3.1　网吧局域网规划 ········· 165
10.3.2　接入 Internet 的方式 ········· 165
10.3.3　选择网络结构与硬件设备 ········· 166
10.3.4　网吧组建方案 ········· 166
10.3.5　网吧局域网布线 ········· 167

10.4 项目设计与准备 …… 167
10.5 项目实施 …… 168
任务 10-1 认识 NAT 的工作过程 …… 168
任务 10-2 部署架设 NAT 服务器的需求和环境 …… 169
任务 10-3 配置并启用 NAT 服务 …… 170
任务 10-4 停止和禁用 NAT 服务 …… 172
任务 10-5 外部网络主机访问内部 Web 服务器 …… 172
任务 10-6 NAT 客户端计算机配置和测试 …… 174
任务 10-7 设置 NAT 客户端 …… 175
任务 10-8 安装美萍网管大师 …… 176
任务 10-9 安装美萍安全卫士 …… 179
10.6 练习题 …… 180
10.7 项目实训 10 配置与管理 NAT 服务器 …… 181

项目 11 组建企业局域网 …… 182

11.1 项目导入 …… 182
11.2 职业能力目标和要求 …… 182
11.3 相关知识 …… 182
11.3.1 企业局域网的应用需求分析和网络规划 …… 182
11.3.2 IP 地址规划和子网划分 …… 183
11.3.3 认识 VPN …… 184
11.4 项目设计与准备 …… 186
11.5 项目实施 …… 187
任务 11-1 为 VPN 服务器添加第 2 块网卡 …… 187
任务 11-2 安装“路由和远程访问服务”角色 …… 187
任务 11-3 配置并启用 VPN 服务 …… 188
任务 11-4 停止和启动 VPN 服务 …… 192
任务 11-5 配置域用户账户允许 VPN 连接 …… 192
任务 11-6 在 VPN 端建立并测试 VPN 连接 …… 192
任务 11-7 验证 VPN 连接 …… 196
11.6 练习题 …… 197
11.7 项目实训 11 配置与管理 VPN 服务器 …… 198

第四篇 局域网管理与安全

项目 12 局域网性能与安全管理 …… 201

12.1 项目导入 …… 201
12.2 职业能力目标和要求 …… 201
12.3 项目实施 …… 201
任务 12-1 配置账户策略 …… 202
任务 12-2 配置“账户锁定策略” …… 203
任务 12-3 配置“本地策略” …… 204
任务 12-4 使用性能监视器 …… 209
任务 12-5 创建数据收集器集 …… 211
任务 12-6 查看数据报告 …… 213
任务 12-7 配置性能计数器警报 …… 214
任务 12-8 巧妙使用性能监视器 …… 217
任务 12-9 使用性能监视器优化性能 …… 218
任务 12-10 安全管理端口 …… 221

12.4　练习题 …… 223
12.5　项目实训 12　监测网络系统、优化性能 …… 223

项目 13　局域网故障排除与维护 …… 224

13.1　项目导入 …… 224
13.2　职业能力目标和要求 …… 224
13.3　相关知识 …… 224
13.3.1　局域网故障概述 …… 224
13.3.2　网线故障 …… 225
13.3.3　网卡故障 …… 226
13.4　项目设计与准备 …… 226
13.5　项目实施 …… 227
任务 13-1　ping 命令的使用 …… 227
任务 13-2　ipconfig 命令的使用 …… 229
任务 13-3　arp 命令的使用 …… 230
任务 13-4　tracert 命令的使用 …… 230
任务 13-5　netstat 命令的使用 …… 231
13.6　练习题 …… 232
13.7　项目实训 13　网络故障排除工具实训 …… 233
参考文献 …… 235

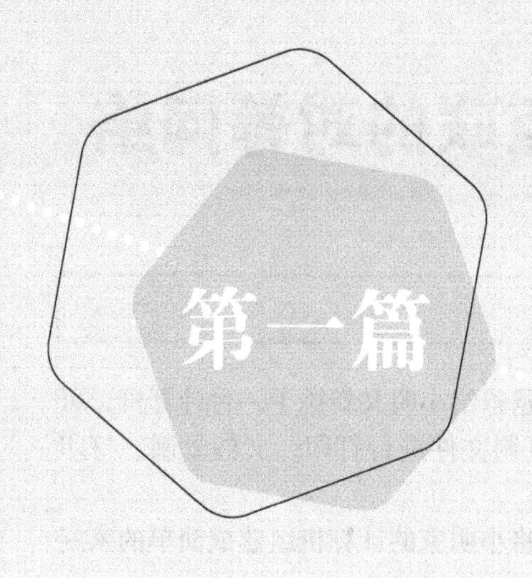

第一篇

局域网基础理论

——不积跬步，无以至千里

项目 1　组建双机互联的对等网络

项目 2　组建办公室对等网络

项目 3　划分 IP 地址与子网

项目 4　配置交换机与组建虚拟局域网

项目1 组建双机互联的对等网络

1.1 项目导入

小明家中原有一台计算机，后来由于学习需要，小明爸爸给小明又新添了一台计算机，可是家中只有一台打印机，两台计算机之间经常借助 U 盘复制文件进行打印。文件复制、打印资料等操作不便捷，小明也很苦恼。

请读者帮小明考虑一下，该怎么办呢？其实很简单，将小明家的计算机组建成简单的家庭网络，再通过家庭网络实现文件传送、打印机共享就可以了。

1.2 职业能力目标和要求

◇ 掌握计算机网络的概念。
◇ 了解计算机网络的发展历史、功能和分类。
◇ 掌握计算机网络的组成。
◇ 掌握计算机网络的体系结构。
◇ 掌握双绞线直通线和交叉线的制作方法。

1.3 相关知识

1.3.1 计算机网络的发展历史

计算机网络的发展经历了从简单到复杂、从低级到高级的过程，这个过程可分为 4 个阶段：面向终端网络阶段、面向通信网络阶段、面向应用（标准化）网络阶段和面向未来的高速计算机网络阶段。

1. 面向终端的计算机网络——以数据通信为主

20 世纪 50 年代末期，计算机远程数据处理应用的发展导致了“终端-计算机”网络的产生，它是远程终端利用通信线路与主机（一般为大型计算机）相连形成的联机系统。这种系统以主机为核心，人们使用终端设备把自己的要求通过通信线路传给远程的主机，主机经过处理后把结果传给用户。

2. 面向通信的计算机网络——以资源共享为主

20 世纪 60 年代后期开始产生了“计算机-计算机”网络，它将分布在不同地区的多台计算机主机用通信线路连接起来，彼此交换数据、传递信息，其典型代表是美国国防部高级研究计划局（Advanced Research Projects Agency，ARPA）于 1969 年建立的广域网 ARPANET 和美国 Xerox 公司于 1972 年开发的局域网 Ethernet（又称以太网）。此后，局域网、广域网如雨后

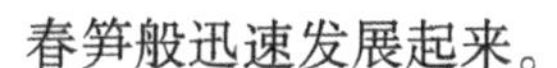

春笋般迅速发展起来。

3. 面向应用的计算机网络——体系标准化

1974 年，美国 IBM 公司公布了它研制的系统网络体系结构（System Network Architecture，SNA）。不久，各种不同的分层网络系统体系结构相继出现。

对各种体系结构来说，同一体系结构的网络产品互联是非常容易实现的，而不同系统体系结构的产品却很难实现互联。但社会的发展迫切要求不同体系结构的产品都能够很容易地得到互联，人们迫切希望建立一系列的国际标准，渴望得到一个“开放”系统。为此，国际标准化组织（International Standards Organization，ISO）于 1977 年成立了专门的机构来研究该问题，在 1984 年正式颁布了“开放系统互联基本参考模型”（Open System Interconnection Basic Reference Model）的国际标准 OSI，这就产生了第三代计算机网络。

4. 面向未来的计算机网络——以 Internet 为核心的高速计算机网络

进入 20 世纪 90 年代，计算机技术、通信技术以及建立在互联计算机网络技术基础上的计算机网络技术得到了迅猛发展。特别是 1993 年美国宣布建立国家信息基础设施（National Information Infrastructure，NII）后，许多国家纷纷建设本国的 NII，从而极大地推动了计算机网络技术的发展。美国政府又分别于 1996 年和 1997 年开始研究发展快速可靠的互联网 2（Internet 2）和下一代互联网（Next Generation Internet）。可以说，高速的计算机互联网（信息高速公路）正成为新一代计算机网络的发展方向。

1.3.2　计算机网络的功能

计算机网络的功能主要表现在以下 4 个方面。

1. 数据传送

数据传送是计算机网络的最基本功能之一，用以实现计算机与终端或计算机与计算机之间传送各种信息。

2. 资源共享

充分利用计算机系统的软硬件资源是组建计算机网络的主要目标之一。

3. 提高计算机的可靠性和可用性

提高可靠性表现在计算机网络中的各台计算机可以通过网络彼此互为后备机，一旦某台出现故障，故障机的任务就可由其他计算机代为处理，避免了单机无后备情况下某台计算机故障导致系统瘫痪的现象，大大提高了系统可靠性。

提高计算机可用性是指当网络中某台计算机负担过重时，可将新的任务转交给网络中较空闲的计算机完成，这样就能均衡各计算机的负载，提高了每台计算机的可用性。

4. 易于进行分布式处理

计算机网络中，各用户可根据情况合理选择网内资源，就近、快速地处理。对于较大型的综合性问题，通过一定的算法将任务交换给不同的计算机，达到均衡使用网络资源，实现分布式处理的目的。此外，利用网络技术，能将多台计算机连成具有高性能的计算机系统，对解决大型复杂问题，比用高性能的大、中型机费用要低得多。

1.3.3　计算机网络的定义

“计算机存在于网络上”“网络就是计算机”这样的概念正在成为人们的共识。

计算机网络是计算机技术与通信技术结合的产物。关于计算机网络，有一个更详细的定义，即“计算机网络是用通信线路和网络连接设备将分布在不同地点的多台独立式计算机系统互相连接，按照网络协议进行数据通信，实现资源共享，为网络用户提供各种应用服务的信息系统。”

1.3.4 计算机网络的组成

计算机网络的硬件系统通常由服务器、工作站、传输介质、网卡、路由器、集线器、中继器以及调制解调器等组成。

1. 服务器

服务器（Server）是网络运行、管理和提供服务的中枢，它影响网络的整体性能，一般在大型网络中采用大型机、中型机或小型机作为网络服务器；对于网点不多、网络通信量不大、数据安全要求不高的网络，可以选用高档计算机作为网络服务器。

服务器按提供的服务被冠以不同的名称，如数据库服务器、邮件服务器、打印服务器、WWW 服务器以及文件服务器等。

2. 工作站

工作站（Workstation）也称客户机（Client），由服务器进行管理和提供服务。连入网络的任何计算机都属于工作站，其性能一般低于服务器。个人计算机接入 Internet 后，在获取 Internet 服务的同时，其本身就成为一台 Internet 上的工作站。

服务器或工作站中一般都安装了网络操作系统，网络操作系统除具有通用操作系统的功能外，还应具有网络支持功能，能管理整个网络的资源。常见的网络操作系统主要有 Windows、NetWare、UNIX、Linux 等。

3. 传输介质

传输介质是网络中信息传输的物理通道，通常分为有线网和无线网。

- 有线网中计算机通过光纤、双绞线、同轴电缆等传输介质进行连接。
- 无线网中计算机通过无线电、微波、红外线、激光和卫星信道等无线介质进行连接。

（1）光纤

光纤又称为光缆，具有很大的带宽。如图 1-1 所示。

图 1-1 光纤

光纤是由许多细如发丝的玻璃纤维外加绝缘护套组成，光束在玻璃纤维内传输，具有防电磁干扰、传输稳定可靠、传输带宽高等特点，适用于高速网络和骨干网。

利用光纤连接网络，每端必须连接光/电转换器，还需要其他辅助设备。

光纤分为单模光纤和多模光纤两种（所谓“模”就是指以一定的角度进入光纤的一束光线）。

- 多模光纤中，芯的直径一般是 50 μm 或 62.5 μm，使用发光二极管作为光源，允许多束光线同时穿过光纤，定向性差，最大传输距离为 2 km，一般用于距离相对较近的区域内的网络连接。
- 单模光纤中，芯的直径一般为 9 μm 或 10 μm，使用激光作为光源，并只允许一束光线穿过光纤，定向性强，传递数据质量高，传输距离远，可达 100 km，通常用于长途干线传输及城域网建设等。

（2）双绞线

双绞线是布线工程中最常用的一种传输介质，由不同颜色的 4 对 8 芯线（每根芯线加绝缘层）组成，每两根芯线按一定规则扭绞在一起（为了降低信号之间的相互干扰），成为一个芯线对。双绞线可分为非屏蔽双绞线（UTP）和屏蔽双绞线（STP），普通用户平时接触的大多是非屏蔽双绞线，其最大传输距离为 100 m。如图 1-2 所示。

使用双绞线组网时，双绞线和其他设备连接必须使用 RJ-45 接头（也叫水晶头）。如图 1-3 所示。

图 1-2　双绞线

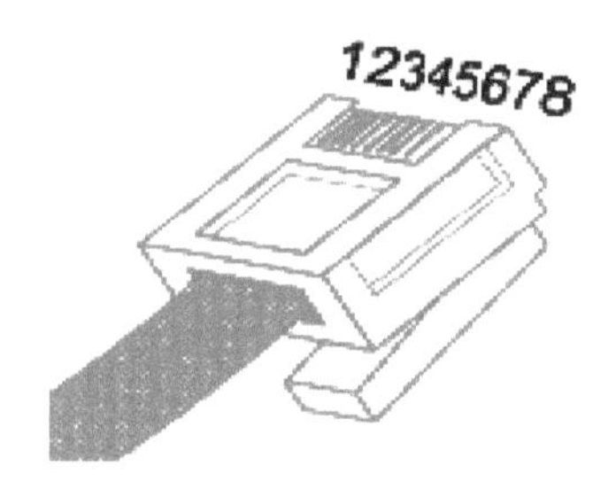

图 1-3　RJ-45 接头

RJ-45 接头中的线序有两种标准。

- EIA/TIA 568A 标准：绿白-1、绿-2、橙白-3、蓝-4、蓝白-5、橙-6、棕白-7、棕-8。
- EIA/TIA 568B 标准：橙白-1、橙-2、绿白-3、蓝-4、蓝白-5、绿-6、棕白-7、棕-8。

在双绞线中，直接参与通信的导线是线序为 1、2、3、6 的四根线，其中 1 和 2 负责发送数据；3 和 6 负责接收数据。双绞线的两种线序标准如图 1-4 所示。

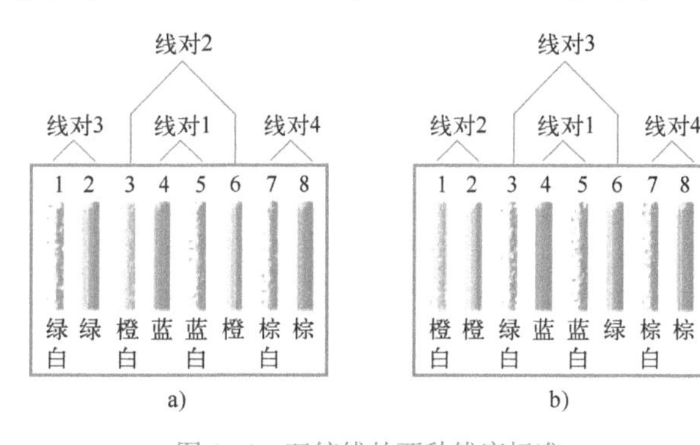

图 1-4　双绞线的两种线序标准
a）EIA/TIA 568A 标准　b）EIA/TIA 568B 标准

网线的做法分为两种：直通线和交叉线。如图 1-5 和图 1-6 所示。

- 直通线：即直连线，是指双绞线两端线序都为 568A 或 568B，用于不同设备相连。
- 交叉线：双绞线一端线序为 568A，另一端线序为 568B，用于同种设备相连。

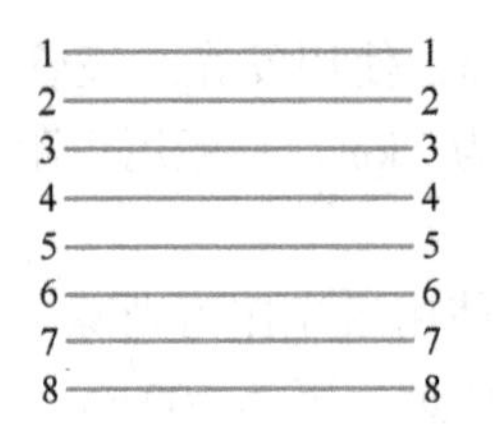

图 1-5 直通线导线分布

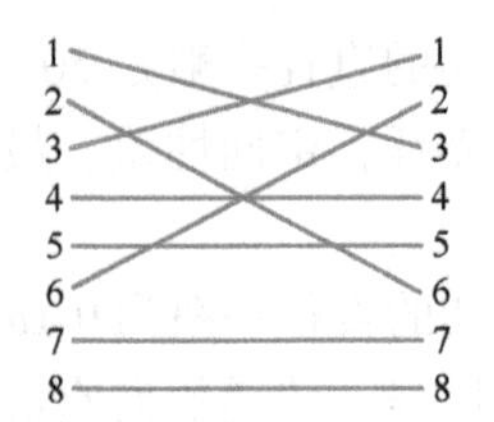

图 1-6 交叉线导线分布

表 1-1 是直通线和交叉线应用的几种方式。

表 1-1 直通线和交叉线应用的方式

应 用	方 式	
	直通线	交叉线
网卡对网卡		√
网卡对集线器	√	
网卡对交换机	√	
集线器对集线器（普通口）		√
交换机对交换机（普通口）		√
交换机对集线器（Uplink）	√	

（3）同轴电缆

同轴电缆有粗缆和细缆之分，在实际中应用广泛，比如，有线电视网中使用的就是粗缆。不论是粗缆还是细缆，其中央都是一根铜线，外面包有绝缘层。如图 1-7 所示。

4. 网卡

网卡也叫网络适配器，是计算机网络中最重要的连接设备，如图 1-8 所示。计算机主要通过网卡连接网络，它负责在计算机和网络之间实现双向数据传输。每块网卡均有唯一的 48 位二进制网卡地址（MAC 地址），如 00-23-5A-69-7A-3D（十六进制）。

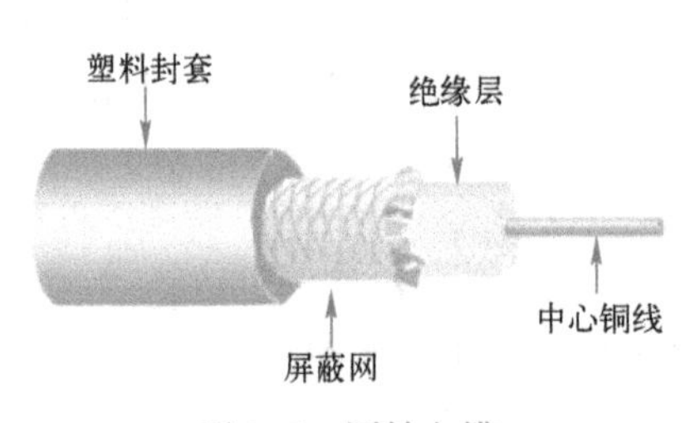

图 1-7 同轴电缆

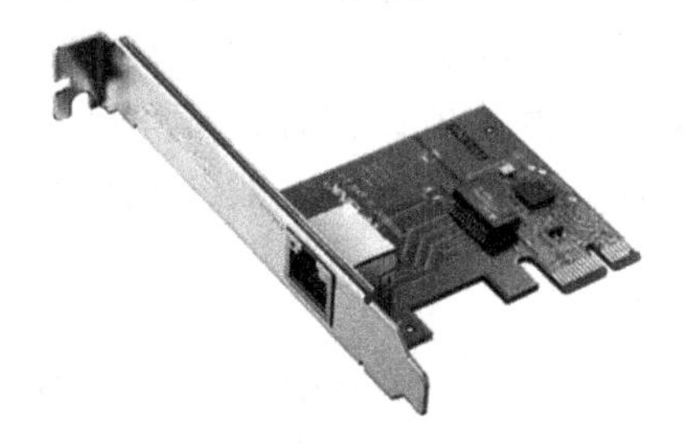

图 1-8 网卡

1.3.5 计算机网络的类型

计算机网络的类型可以按不同的标准进行划分。从不同的角度观察网络系统、划分网络，有利于全面地了解网络系统的特性。

1. 按通信媒体划分

1）有线网。这是采用如同轴电缆、双绞线、光纤等物理介质来传输数据的网络。

2）无线网。这是采用微波等无线介质来传输数据的网络。

2. 按网络的管理方式划分

按网络的管理方式，可以将网络分为对等网络和客户机/服务器网络。

3. 按使用对象划分

1）公用网。公用网对所有的用户提供服务，只要符合网络拥有者的要求就能使用这个网络，也就是说，它是为全社会所有的用户提供服务的网络，如工业和信息化部的公用数据网 CHINAPAC。

2）专用网。专用网为一个或几个部门所拥有，它只为拥有者提供服务，这种网络不向拥有者以外的人提供服务，如军事专网、铁路调度专网等。

4. 按网络的传输技术划分

网络所采用的传输技术决定了网络的主要技术特点，因此根据网络所采用的传输技术对网络进行分类是一种很重要的方法。

在通信技术中，通信信道的类型有两类：广播通信信道与点到点通信信道。在广播通信信道中，多个节点共享一个通信信道，一个节点广播信息，其他节点则接收信息。而在点到点通信信道中，一条通信线路只能连接一对节点，如果两个节点之间没有直接连接的线路，那么它们只能通过中间节点转接。显然，网络要通过通信信道完成数据传输任务。因此，网络所采用的传输技术也只可能有两类，即广播（Broadcast）方式与点到点（Point-to-Point）方式。这样，相应的计算机网络也分为两类：广播式网络（Broadcast Network）和点到点式网络（Point-to-Point Network）。

（1）广播式网络

在广播式网络中，所有联网的计算机都共享一个公共通信信道。当一台计算机利用共享通信信道发送报文分组时，其他的所有计算机都会“接收”到这个分组。由于发送的分组中带有目的地址与源地址，接收到该分组的计算机将检查目的地址是否与本节点地址相同，如果被接收报文分组的目的地址与本节点地址相同，则接收该分组，否则丢弃该分组。

（2）点到点式网络

与广播式网络相反，在点到点式网络中，每条物理线路连接一对计算机。假如两台计算机之间没有直接连接的线路，那么它们之间的分组传输就要通过中间节点的接收、存储、转发，直至目的节点。由于连接多台计算机之间的线路结构可能是复杂的，因此从源节点到目的节点可能存在多条路由。决定分组从通信子网的源节点到达目的节点的路由是路由选择算法。采用分组存储转发与路由选择是点到点式网络与广播式网络的重要区别之一。

5. 按距离划分

按距离划分就是根据网络的作用范围划分网络，可以分为局域网、广域网和城域网。

（1）局域网（Local Area Network，LAN）

局域网的地理范围一般在十几千米以内，属于一个部门或单位组建的小范围网络。例如，一个建筑物内、一个学校、一个单位内部等。局域网组建方便，使用灵活，是目前计算机网络发展中最活跃的分支。

（2）广域网（又称为远程网）（Wide Area Network，WAN）

广域网的作用范围通常为几十千米、几百千米，甚至更远，因此，网络所涉及的范围可以为一个城市、一个省、一个国家乃至世界范围。广域网一般用于连接广阔区域中的 LAN 网络。广域网内，用于通信的传输装置和介质一般由电信部门提供，网络由多个部门或多个国家联合组建而成，网络规模大，能实现较大范围内的资源共享。

（3）城域网（Metropolitan Area Network，MAN）

城域网的作用范围在 LAN 与 WAN 之间，覆盖范围可以达到几十千米。其运行方式与 LAN

相似，基本上是一种大型 LAN，通常使用与 LAN 相似的技术。

1.3.6 计算机网络体系结构

计算机网络的体系结构是指计算机网络及其部件所应完成功能的一组抽象定义，是描述计算机网络通信方法的抽象模型结构，一般是指计算机网络的各层及其协议的集合。

1. 协议

协议（Protocol）是一种通信约定。就邮政通信而言，就存在很多通信约定。例如，使用哪种文字写信，若收信人只懂英文，而发信人用中文写信，对方要请人翻译成英文才能阅读。不管发信人选择的是中文还是英文，都得遵照一定的语义、语法格式书写。其实语言本身就是一种协议。

为了保证计算机网络中大量计算机之间有条不紊地交换数据，就必须制定一系列的通信协议。因此，协议是计算机网络中一个重要的基本概念。一个计算机网络通常由多个互联的节点组成，而节点之间需要不断地交换数据与控制信息。要做到有条不紊地交换数据，每个节点都需要遵守一些事先约定好的规则。这些规则明确地规定了所交换数据的格式和时序。这些为网络数据交换而制定的规则、约定与标准被称为网络协议。

网络协议就是为实现网络中的数据交换建立的规则标准或约定，它主要由语法、语义和时序三部分组成，即协议的三要素。

1）语法：用户数据与控制信息的结构与格式。

2）语义：需要发出何种控制信息，以及要完成的动作与应做出的响应。

3）时序：对事件实现顺序控制的时间。

2. 计算机网络体系结构

把网络层次结构模型与各层次协议的集合定义为计算机网络体系结构（Network Architecture），简称体系结构。网络体系结构对计算机网络应实现的功能进行了精确的定义，而这些功能是用什么样的硬件与软件去完成的，则是具体的实现问题。体系结构是抽象的，而实现是具体的，它是指能够运行的一些硬件和软件。

1974 年，IBM 公司提出了世界上第一个网络体系结构，这就是系统网络体系结构（System Network Architecture，SNA）。随着信息技术的发展，各种计算机系统联网和各种计算机网络的互联成为人们迫切需要解决的课题，开放系统互联（Open System Interconnection，OSI）参考模型就是在这一背景下提出并加以研究的。

3. OSI 参考模型

为了建立一个国际统一标准的网络体系结构，国际标准化组织从 1978 年 2 月开始研究 OSI 参考模型，1982 年 4 月形成国际标准草案，它定义了异种机联网标准的框架结构，采用分层描述的方法，将整个网络的通信功能划分为七个部分（也叫七个层次），每层各自完成一定的功能。由低层至高层分别称为物理层、数据链路层、网络层、传输层、会话层、表示层和应用层。

OSI 参考模型分层的原则如下。

- 每层的功能应是明确的，并且是相互独立的。当某一层具体实现方法更新时，只要保持与上下层的接口不变，就不会对邻层产生影响。
- 层间接口必须清晰，跨越接口的信息量应尽可能少。
- 每一层的功能选定都应基于已有的成功经验。
- 在需要不同的通信服务时，可在一层内再设置两个或更多的子层次，当不需要该服务时，也可绕过这些子层次。

(1) 物理层

物理层（Physical Layer）是OSI参考模型的第一层。其任务是实现网内两个实体间的物理连接，按位串行传送比特流，将数据信息从一个实体经物理信道送往另一个实体，向数据链路层提供一个透明的比特流传送服务。物理层传送的基本单位是比特（bit）。

(2) 数据链路层

数据链路层（Data Link Layer）的主要功能是通过校验、确认和反馈重发等手段对高层屏蔽传输介质的物理特征，保证两个邻接（共享一条物理信道）节点间的无错数据传输，给上层提供无差错的信道服务。具体工作是：接收来自上层的数据，不分段，给它加上某种差错校验位（因物理信道有噪声）、数据链路协议控制信息和头尾分界标志，变成帧（数据链路协议数据单位），从物理信道上发送出去，同时处理接收端的回答，重传出错和丢失的帧，保证按发送次序把帧正确地交给对方。此外，还有流量控制，启动链路，同步链路的开始、结束等功能以及对多站线、总线、广播通道上各站的寻址功能。数据链路层传送的基本单位是帧（Frame）。

(3) 网络层

网络层（Network Layer）的基本工作是接收来自源机的报文，把它转换成报文分组（包），而后送到指定目标机器。报文分组在源机与目标机之间建立起的网络连接上传送，当它到达目标机后再装配还原为报文。这种网络连接是穿过通信子网建立的。网络层关心的是通信子网的运行控制，需要在通信子网中进行路由选择。如果同时在通信子网中出现过多的分组，会造成阻塞，因而要对其进行控制。当分组要跨越多个通信子网才能到达目的地时，还要解决网际互联的问题。网络层传送的基本单位是包（Packet）。

(4) 传输层

传输层（Transport Layer）是第一个端对端（也就是主机到主机）的层次。该层的目的是提供一种独立于通信子网的数据传输服务（即对高层隐藏通信子网的结构），使源主机与目标主机好像是点对点简单连接起来的一样，尽管实际的连接可能是一条租用线路或各种类型的包交换网。传输层的具体工作是负责两个会话实体之间的数据传输，接收会话层送来的报文，把它分解成若干较短的片段（因为网络层限制传送包的最大长度），保证每一片段都能正确到达对方，并按它们发送的次序在目标主机重新汇集起来（这一工作也可以在网络层完成）。通常传输层在高层用户请求建立一条传输通信连接时，就通过网络层在通信子网中建立一条独立的网络连接。但是，若需要较高吞吐量，也可以建立多条网络连接来支持一条传输连接，这就是分流。或者，为了节省费用，也可将多个传输连接合用一条网络连接，这被称为复用。传输层还要处理端到端的差错控制和流量控制问题。概括地说，传输层为上层用户提供端到端的透明化的数据传输服务。传输层传送的基本单位是报文段（Segment）。

(5) 会话层

会话层（Session Layer）允许不同主机上各种进程间进行会话。传输层是主机到主机的层次，而会话层是进程到进程之间的层次。会话层组织和同步进程间的对话，它可管理对话，允许双向同时进行，或任何时刻只能一个方向进行。在后一种情况下，会话层提供一种数据权标来控制哪一方有权发送数据。会话层还提供同步服务。若两台机器进程间要进行较长时间的大的文件传输，而通信子网故障率又较高，对传输层来说，每次传输中途失败后，都不得不重新传输这个文件。会话层提供了在数据流中插入同步点机制，在每次网络出现故障后可以仅重传最近一个同步点以后的数据，而不必从头开始。会话层管理通信进程之间的会话，协调数据发送方、发送时间和数据包的大小等。会话层及以上各层传送的基本单位是信息（Message）。

（6）表示层

表示层（Presentation Layer）为上层用户提供共同需要的数据或信息语法表示变换。大多数用户间并非仅交换随机的比特数据，而是要交换诸如人名、日期、货币数量和商业凭证之类的信息。它们是通过字符串、整型数、浮点数以及由简单类型组合成的各种数据结构来表示的。不同的机器采用不同的编码方法来表示这些数据类型和数据结构（如ASCII或EBCDIC、反码或补码等）。为了让采用不同编码方法的计算机通信交换后能相互理解数据的值，可以采用抽象的标准方法来定义数据结构，并采用标准的编码表示形式。管理这些抽象的数据结构，把计算机内部的表示形式转换成网络通信中采用的标准表示形式都是由表示层来完成的。数据压缩和加密也是表示层可提供的表示变换功能。数据压缩可用来减少传输的比特数，从而节省经费；数据加密可防止敌意的窃听和篡改。

（7）应用层

应用层（Application Layer）是开放系统互联环境中的最高层。不同的应用层为特定类型的网络应用提供访问OSI环境的手段。网络环境下不同主机间的文件传送、访问和管理（File Transfer Access and Management，FTAM）；网络环境下传送标准电子邮件的报文处理系统（Message Handling System，MHS）；方便不同类型终端和不同类型主机间通过网络交互访问的虚拟终端（Virtual Terminal，VT）协议等都属于应用层的范畴。

OSI参考模型在网络技术发展中起了主导作用，促进了网络技术的发展和标准化。但是目前存在着多种网络标准，例如，传输控制协议/互联网协议（Transmission Control Protocol/Internet Protocol，TCP/IP）就是一个普遍使用的网络互联的标准协议。这些标准的形成和改善又不断促进网络技术的发展和应用。

4. OSI的通信模型结构

OSI的通信模型结构如图1-9所示，它描述了OSI通信环境。OSI参考模型描述的范围包括联网计算机系统中的应用层到物理层的七层与通信子网，即图中虚线所连接的范围。

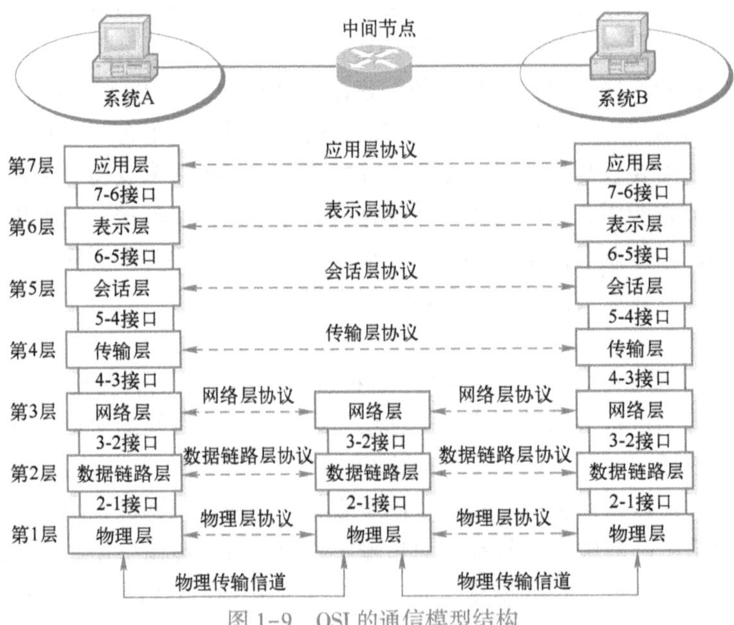

图1-9 OSI的通信模型结构

在图 1-9 中，系统 A 和系统 B 在连入计算机网络之前，不需要有实现从应用层到物理层的七层功能的硬件与软件。如果将它们连入计算机网络，就必须增加相应的硬件和软件。通常物理层、数据链路层和网络层的功能大多可以由硬件方式来实现，而高层的功能基本通过软件方式来实现。例如，系统 A 要与系统 B 交换数据，系统 A 首先调用实现应用层功能的软件模块，将系统 A 的交换数据请求传送到表示层，再向会话层传送，直至物理层。物理层通过传输介质连接系统 A 与中间节点的通信控制处理机，将数据送到通信控制处理机。通信控制处理机的物理层接收到系统 A 的数据后，通过数据链路层检查是否存在传输错误，若无错误，通信控制处理机通过网络层确定下面应该把数据传送到哪一个中间节点。若通过路径选择，确定下一个中间节点的通信控制处理机，则将数据从上一个中间节点传送到下一个中间节点。下一个中间节点的通信控制处理机采用同样的方法将数据送到系统 B，系统 B 将接收到的数据从物理层逐层向高层传送，直至系统 B 的应用层。

5. OSI 中的数据传输过程

OSI 中的数据流如图 1-10 所示。从图中可以看出，OSI 环境中的数据传输过程包括以下几个步骤。

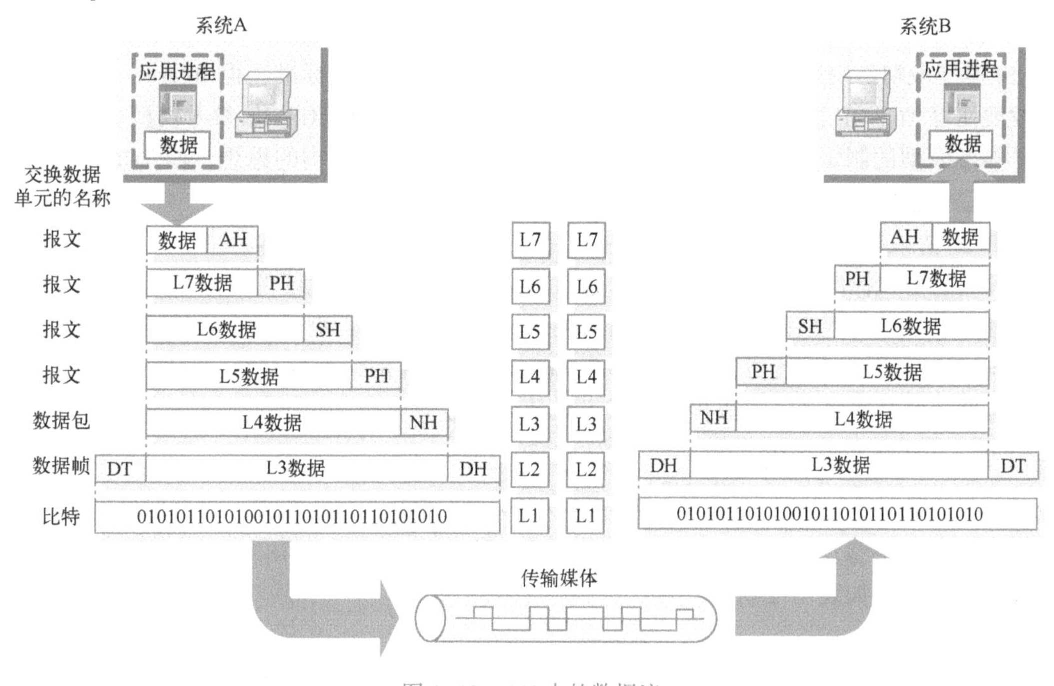

图 1-10 OSI 中的数据流

1）当应用进程 A 的数据传送到应用层时，应用层数据加上本层控制报头后，组成应用层的数据服务单元，然后再传送到表示层。

2）表示层接收到这个数据单元后，加上本层控制报头，组成表示层的数据服务单元，再传送到会话层。依此类推，数据传送到传输层。

3）传输层接收到这个数据单元后，加上本层的控制报头，就构成了传输层服务数据单元，它被称为报文（Message）。

4）传输层的报文传送到网络层时，由于网络数据单元的长度有限，传输层长报文将被分成多个较短的数据字段，加上网络层的控制报头，就构成了网络层的数据服务单元，它被称为分组（Packet），也称为报文分组。

5）网络层的分组传送到数据链路层时，加上数据链路层的控制信息，构成了数据链路层的数据服务单元，它被称为帧（Frame）。

6）数据链路层的帧传送到物理层后，物理层将以比特流的方式通过传输介质传输出去。

当比特流到达目的节点计算机B时，再从物理层依层上传，每层对各层的控制报头进行处理，将用户数据上交高层，最后将进程A的数据送给计算机B的进程B。

尽管应用进程A的数据在OSI环境中经过复杂的处理过程才能送到另一台计算机的应用进程B，但对于每台计算机的应用进程来说，OSI环境中数据流的复杂处理过程是透明的。应用进程A的数据好像是“直接”传送给应用进程B，这就是OSI在网络通信过程中本质的作用。

6. TCP/IP的概念

TCP/IP起源于美国ARPAnet网，由它的两个主要协议（即TCP和IP）而得名。TCP/IP是Interent上所有网络和主机之间进行交流所使用的共同“语言”，是Internet上使用的一组完整的标准网络连接协议。通常所说的TCP/IP实际上包含了大量的协议和应用，且由多个独立定义的协议组合在一起，协同工作，因此，更确切地说，应该称其为TCP/IP协议集和TCP/IP协议栈。

OSI模型最初是用来作为开发网络通信协议的一个工业参考标准，但Internet在全世界的飞速发展使得TCP/IP协议栈成为一种事实上的标准，并形成了TCP/IP参考模型。不过，ISO的OSI参考模型的制定也参考了TCP/IP协议栈及其分层体系结构的思想。而TCP/IP在不断发展的过程中也吸收了OSI标准中的概念及特征。

TCP/IP协议栈具有以下几个特点：

- 开放的协议标准，可以免费使用，并且独立于特定的计算机硬件与操作系统。
- 独立于特定的网络硬件，可以运行在局域网、广域网中，更适用于互联网中。
- 统一的网络地址分配方案，使得整个TCP/IP设备在网络中具有唯一的地址。
- 标准化的高层协议，可以提供多种可靠的用户服务。

7. TCP/IP的层次结构

OSI参考模型是一种通用的、标准的理论模型，目前市场上还没有一个流行的网络协议完全遵守OSI参考模型，TCP/IP也不例外，TCP/IP协议栈又称为DoD（Department of Defense）模型，其对应关系如表1-2所示。

表1-2 OSI参考模型与TCP/IP协议栈的对应关系表

OSI参考模型	TCP/IP协议栈
应用层 Application Layer	应用层 Application Layer
表示层 Presentation Layer	
会话层 Session Layer	
传输层 Transport Layer	传输层 Transport Layer
网络层 Network Layer	网络层 Network Layer
数据链路层 Data Link Layer	网络接口层 Network Interface Layer
物理层 Physical Layer	

TCP/IP实际上是一个协议系列，这个协议系列的正确名字应是Internet协议系列，而TCP和IP是其中的两个协议。由于它们是最基本、最重要的两个协议，也是广为人知的，因此，

通常用TCP/IP来代表整个Internet协议系列。其中，有些协议是为很多应用需要而提供的低层功能，包括IP、TCP和UDP；另一些协议则完成特定的任务，如传送文件、发送邮件等。

在TCP/IP的层次结构中包括了4个层次，但实际上只有3个层次包含了实际的协议。TCP/IP中各层的协议如图1-11所示。

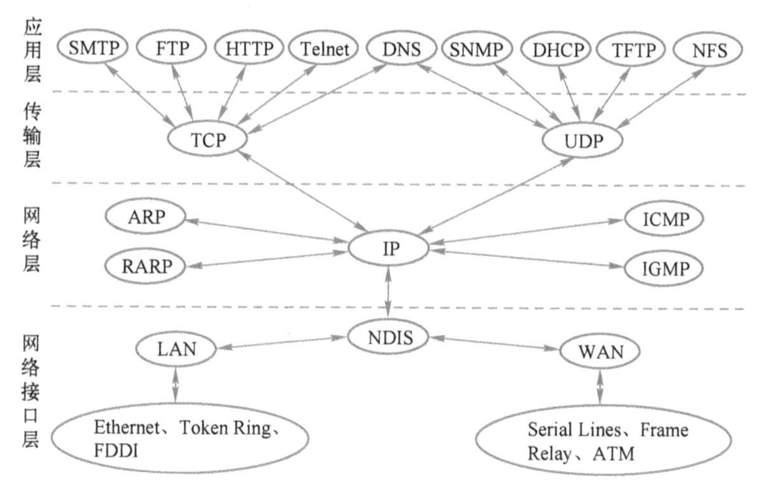

图1-11 TCP/IP中各层的协议

(1) 网络接口层

在模型的最底层是网络接口层，也被称为网络访问层，本层负责将帧放入线路或从线路中取下帧。它包括能使用与物理网络进行通信的协议，且对应着OSI的物理层和数据链路层。模型并没有定义具体的网络接口协议，而是旨在提供灵活性，以适应各种网络类型，如LAN、MAN和WAN。这也说明了TCP/IP可以运行在任何网络之上。

(2) 网络层

网络层（即Internet层）是在Internet标准中正式定义的第一层。它将数据包封装成Internet数据包并运行必要的路由算法。具体说来就是处理来自上层（传输层）的分组，将分组形成IP数据报，并且为该数据报进行路径选择，最终将它从源主机发送到目的主机。在网络层中，最常用的协议是IP，其他一些协议用来协助IP进行操作，如ARP、ICMP、IGMP等。

(3) 传输层

传输协议在计算机之间提供通信会话，也被称为主机至主机层，与OSI的传输层类似。它主要负责主机至主机之间的端到端通信，该层使用了两种协议来支持数据的传送方法：UDP和TCP。

1）传输控制协议（Transmission Control Protocol，TCP）。TCP是传输层的一种面向连接的通信协议，它可提供可靠的数据传送。大量数据的传输通常都要求有可靠的传送。

2）用户数据报协议（User Datagram Protocol，UDP）。UDP是一种面向无连接的协议，因此，它不能提供可靠的数据传输，而且UDP不进行差错检验，必须由应用层的应用程序来实现可靠性机制和差错控制，以保证端到端数据传输的正确性。虽然UDP与TCP相比显得非常不可靠，但在一些特定的环境下还是非常有优势的。例如，要发送的信息较短，不值得在主机之间建立一次连接。另外，面向连接的通信通常只能在两台主机之间进行，若要实现多台主机之间的一对多或多对多的数据传输，即广播或多播，就需要使用UDP。

(4) 应用层

在模型的顶部是应用层，与OSI模型中的高三层任务相同，都是用于提供网络服务。本层是应用程序进入网络的通道。在应用层有许多 TCP/IP 工具和服务，如 FTP、Telnet、SNMP、DNS 等。该层为网络应用程序提供了两个接口：Windows Sockets 和 NetBIOS。

在 TCP/IP 模型中，应用层包括了所有的高层协议，而且总是不断有新的协议加入，应用层的协议主要有以下几种。

- 远程终端协议（Telnet）：利用它，本地主机可以作为仿真终端登录到远程主机上运行应用程序。
- 文件传输协议（FTP）：实现主机之间的文件传送。
- 简单邮件传输协议（SMTP）：实现主机之间电子邮件的传送。
- 域名服务（DNS）：用于实现主机名与 IP 地址之间的映射。
- 动态主机配置协议（DHCP）：实现对主机的地址分配和配置工作。
- 超文本传输协议（HTTP）：用于 Internet 中的客户机与 WWW 服务器之间的数据传输。
- 网络文件系统（NFS）：实现主机之间的文件系统的共享。
- 简单网络管理协议（SNMP）：实现网络的管理。

1.4 项目设计与准备

1. 项目设计

首先要在每台计算机中安装网络连接设备——网卡，并安装其相应的驱动程序。然后把交叉双绞线的两端分别插入这两台计算机网卡的 RJ-45 接口中，再设置每台计算机的 IP 地址和子网掩码，设置完成后可通过“ping”命令测试网络的连通性。通过完成这个项目，掌握双绞线的制作标准、制作步骤、制作技术，学会剥线钳、压线钳等工具的使用方法。

2. 项目准备

- 5 类双绞线若干米。
- RJ-45 水晶头若干个。
- 压线钳一把。
- 网线测试仪一台。

1.5 项目实施

任务 1-1 制作直通双绞线并测试

双绞线的制作分为直通线的制作和交叉线的制作。制作过程主要分为五步，可简单归纳为“剥”“理”“插”“压”“测”五个字。

1. 制作直通双绞线

为了保持制作的双绞线有最佳兼容性，通常采用最普遍的 EIA/TIA-568B 标准来制作，制作步骤如下。

1）准备好 5 类双绞线、RJ-45 水晶头、压线钳和网线测试仪等。如图 1-12 所示。

2）剥线。用压线钳的剥线刀口夹住 5 类双绞线的外保护套管，适当用力夹紧并慢慢旋转，让刀口正好划开双绞线的外保护套管（小心不要将里面的双绞线的绝缘层划破），刀口距 5 类双绞线的端头至少 2 cm。如图 1-13 所示。

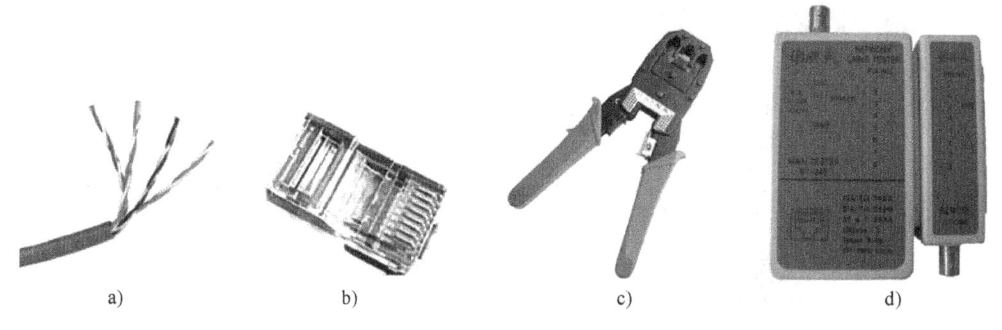

a)　b)　c)　d)

图 1-12　5 类双绞线、RJ-45 水晶头、压线钳和网线测试仪

a）5 类双绞线　b）RJ-45 水晶头　c）压线钳　d）网线测试仪

3）将划开的外保护套管剥去（旋转、向外抽）。如图 1-14 所示。

图 1-13　剥线（1）

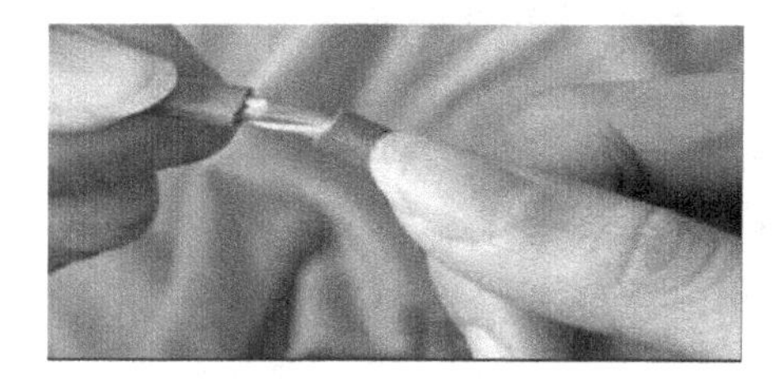

图 1-14　剥线（2）

4）理线。双绞线由 8 根有色导线两两绞合而成，把相互扭绞在一起的每对线缆逐一解开，按照 EIA/TIA-568B 标准（橙白-1、橙-2、绿白-3、蓝-4、蓝白-5、绿-6、棕白-7、棕-8）和导线颜色将导线按规定的线序排好，排列的时候注意尽量避免线路的缠绕和重叠。如图 1-15 所示。

5）将 8 根导线拉直、压平、理顺，导线间不留空隙。如图 1-16 所示。

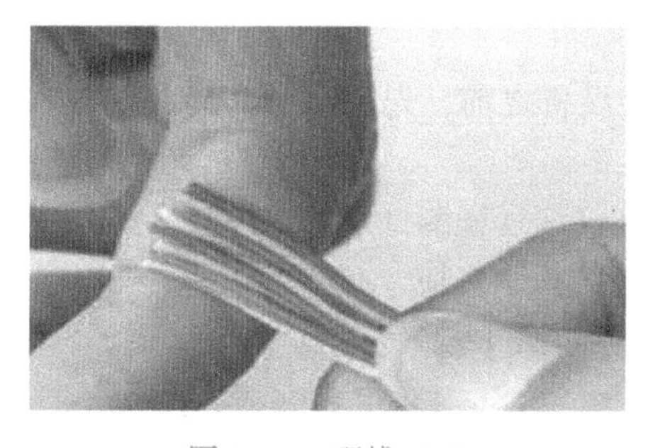

图 1-15　理线（1）

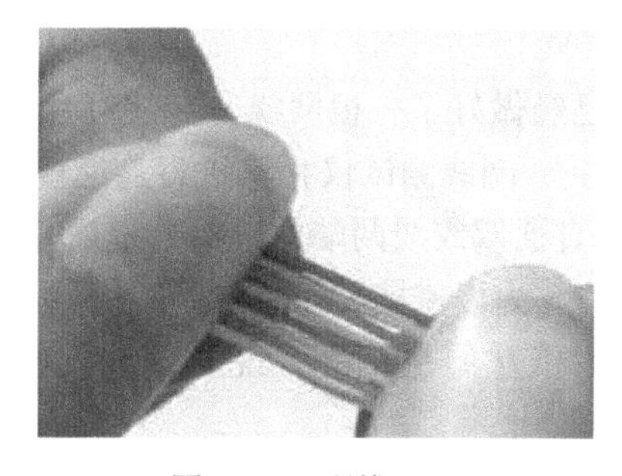

图 1-16　理线（2）

6）用压线钳的剪线刀口将 8 根导线剪齐，并留下约 12 mm 的长度。如图 1-17 所示。

7）捏紧 8 根导线，防止导线乱序，把水晶头有塑料弹片的一侧朝下，将整理好的 8 根导线插入水晶头（插至底部），注意“橙白”线要对着 RJ-45 的第一脚。如图 1-18 所示。

8）确认 8 根导线都已插至水晶头底部，再次检查线序无误后，将水晶头从压线钳“无牙”一侧推入压线槽内。如图 1-19 所示。

9）压线。双手紧握压线钳的手柄，用力压紧，使水晶头的 8 个针脚接触点穿过导线的绝缘外层，分别和 8 根导线紧紧地压接在一起。做好的 RJ-45 接口头如图 1-20 所示。

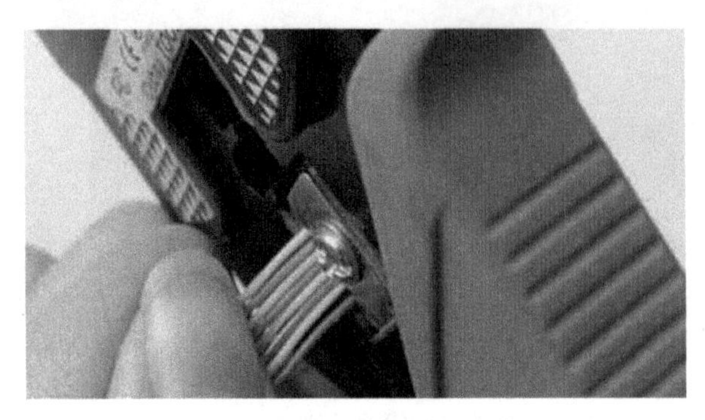

图 1-17 剪线

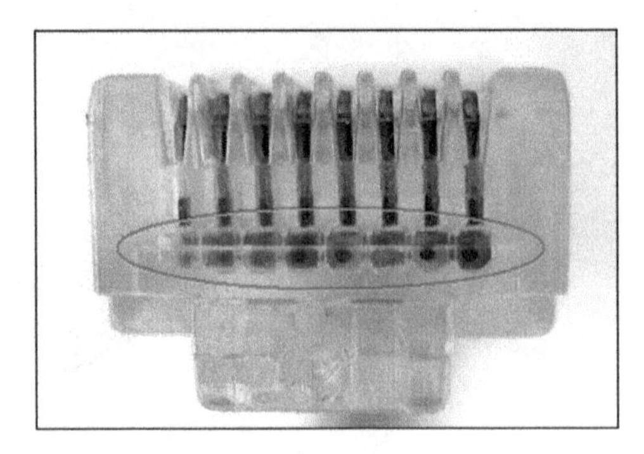

图 1-18 插线（1）

图 1-19 插线（2）

图 1-20 压线完成后的成品

注意：压过的 RJ-45 接头的 8 只金属脚一定比未压过的低，这样才能顺利地嵌入芯线中。优质的压线钳甚至必须在针脚完全压入后才能松开握柄，取出 RJ-45 接头，否则接头会卡在压接槽中取不出来。

10）按照上述方法制作双绞线的另一端，即可完成。

2. 测试

现在已经做好了一根网线，在实际用它连接设备之前，先用一个简易测线仪（如上海三北的“能手”网线测试仪）来进行连通性测试。

1）将直通双绞线两端的接头分别插入主测试仪和远程测试端的 RJ-45 端口，将开关推至“ON”档（S 为慢速档），主测试仪和远程测试端的指示灯应该从 1 至 8 依次绿色闪亮，说明网线连接正常。如图 1-21 所示。

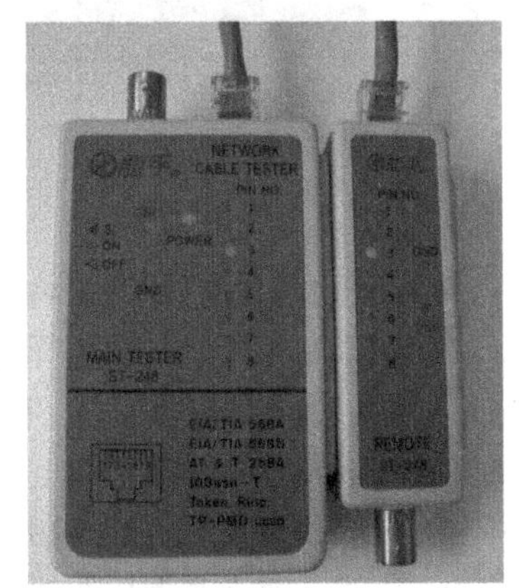

图 1-21 网线连接正常

2）若连接不正常，按下述情况显示。

- 当有一根导线（如 3 号线）断路，主测试仪和远程测试端的 3 号灯都不亮。
- 当有几条导线断路，相对应的几条线都不亮，当导线少于两根线连通时，灯都不亮。
- 当两头网线乱序，如 2、4 线乱序，显示如下。
  - ➢ 主测试仪端：（顺序不变）1-2-3-4-5-6-7-8。
  - ➢ 远程测试端：1-4-3-2-5-6-7-8。
- 当有两根导线断路时，主测试仪的指示灯仍然按着从 1

到 8 的顺序逐个闪亮，而远程测试端两根断路线所对应的指示灯将被同时点亮，其他的指示灯仍按正常的顺序逐个闪亮。若有 3 根以上（含 3 根）断路，则所有断路的几条线号的灯都不亮。

- 如果出现红灯或黄灯，说明其中存在接触不良等现象，此时最好先用压线钳压制两端接头一次，再测。如果故障依旧存在，再检查一下两端芯线的排列顺序是否一样。如果芯线顺序不一样，就应剪掉一端参考另一端芯线顺序重做一个接头。

提示： 简易测线仪只能简单地测试网线是否导通，不能验证网线的传输质量。传输质量的好坏取决于一系列的因素，如线缆本身的衰减值、串扰的影响等。这往往需要更复杂和高级的测试设备才能准确判断故障的原因。

3. 制作交叉双绞线（简称交叉线）并测试

1）制作交叉线的步骤和操作要领与制作直通线一样，只是交叉线一端按 EIA/TIA-568B 标准，另一端按 EIA/TIA-568A 标准制作。

2）测试交叉线时，主测试仪的指示灯按 1-2-3-4-5-6-7-8 的顺序逐个闪亮，而远程测试端的指示灯应该是按 3-6-1-4-5-2-7-8 的顺序逐个闪亮。

4. 几点说明

双绞线与设备之间的连接方法很简单，一般情况下，设备口相同时，使用交叉线；反之使用直通线。在有些场合下，如何判断自己应该用直通线还是交叉线，特别是当集线器或交换机进行互联时，有的口是普通口，有的口是级联口，用户可以参考以下几种办法。

- 查看说明书。如果该设备在级联时需要交叉线连接，一般在设备说明书中有说明。
- 查看连接端口。如果有的端口与其他端口不在一块，且标有 Uplink 或 Out to Hub 等标识，表示该端口为级联口，应使用直通线连接。
- 实测。这是最实用的一种方法。可以先制作两条用于测试的双绞线，其中一条是直通线，另一条是交叉线。用其中的一条连接两个设备，这时注意观察连接端口对应的指示灯，如果指示灯亮表示连接正常，否则换另一条双绞线进行测试。
- 从颜色区分线缆的类型，一般黄色表示交叉线，蓝色表示直通线。

提示： 新型的交换机已不再需要区分 Uplink 口，交换机级联时可直接使用直通线。

任务 1-2　双机互联对等网络的组建

本次任务需要两台安装 Windows 7 的计算机，也可以使用虚拟机来搭建实训环境。组建双机互联对等网络的步骤如下。

1）将交叉线两端分别插入两台计算机网卡的 RJ-45 接口，如果观察到网卡的“Link/Act”指示灯亮起，表示连接良好。

2）在计算机 1 上，依次单击“开始”→“控制面板”→“网络和共享中心”→“更改适配器设置”，打开“网络连接”窗口。

3）右击“本地连接”图标，在弹出的快捷菜单中选择“属性”命令，打开“本地连接 属性”对话框。如图 1-22 所示。

4）选择“本地连接 属性”对话框中的“Internet 协议版本 4（TCP/IPv4）”选项，再单击

“属性”按钮（或双击“Internet 协议版本 4（TCP/IPv4）”选项），打开“Internet 协议版本 4（TCP/IPv4）属性”对话框。

5）选中“使用下面的 IP 地址”单选按钮，并设置 IP 地址为 192.168.0.1，子网掩码为 255.255.255.0。如图 1-23 所示。同理，设置另一台 PC 的 IP 地址为 192.168.0.2，子网掩码为 255.255.255.0。

6）单击“确定”按钮，返回“本地连接 属性”对话框。可以发现，任务栏右下角的系统托盘中会出现“网络 Internet 访问”的提示信息。如图 1-24 所示。

7）选择“开始”→“运行”命令，在“运行”对话框中，输入 cmd 命令，切换到命令行状态。

8）输入“ping 127.0.0.1”命令，进行回送测试，测试网卡与驱动程序是否正常工作。

9）输入“ping 192.168.0.1”命令，测试本机 IP 地址是否与其他主机冲突。

10）输入“ping 192.168.0.2”命令，测试到另一台 PC 的连通性。如图 1-25 所示。如果 ping 不成功，可关闭另一台 PC 上的防火墙后再试。同理，可在另一台 PC 中运行“ping 192.168.0.1”命令。

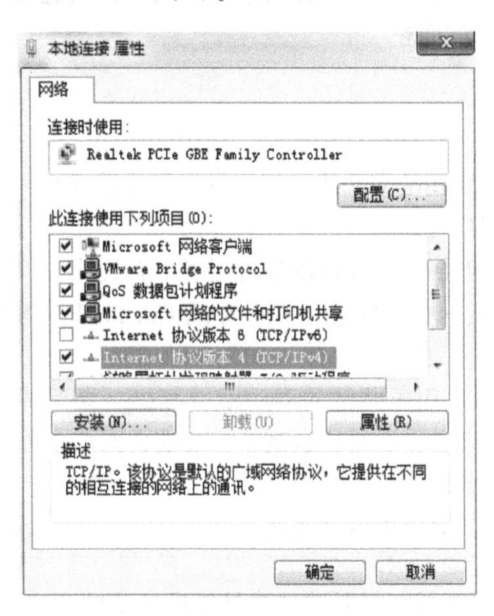

图 1-22 “本地连接”属性

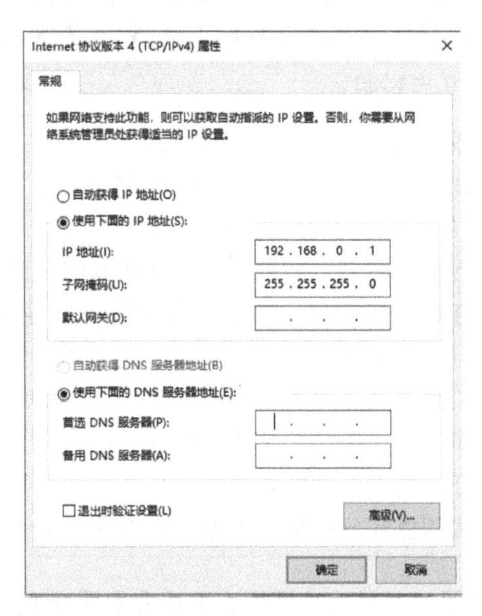

图 1-23 Internet 协议版本 4（TCP/IPv4）属性

图 1-24 “本地连接”状态

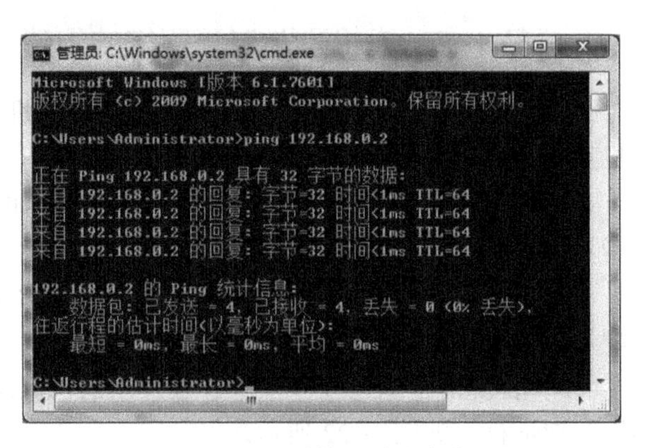

图 1-25 对等网测试成功

1.6 练习题

一、填空题

1. 计算机网络的发展历史不长，其发展过程经历了四个阶段：________、________、________、________。

2. 20世纪60年代中期，英国国家物理实验室NPL的戴维斯（Davies）提出了________的概念，1969年美国的分组交换网ARPA网络投入运行。

3. 国际标准化组织（ISO）于1984年正式颁布了用于网络互联的国际标准________，从而产生了第三代计算机网络。

4. 计算机网络是由计算机系统、网络节点和通信链路等组成的系统。从逻辑功能上看，一个网络可分成________和________两个部分。

5. 根据网络所采用的传输技术，可以将网络分为________和________。

6. 计算机网络是利用通信设备和通信线路，将地理位置分散、具有独立功能的多个计算机系统互联起来，通过网络软件实现网络中________和________的系统。

7. 按地理覆盖范围分类，计算机网络可分为________、________和________。

8. 用于计算机网络的传输介质有________和________。

9. 网络的参考模型有两种：________和________。前者出自国际标准化组织；后者是一个事实上的工业标准。

10. 从低到高依次写出OSI参考模型中的各层名称：________、________、________、________、________、________和________。

11. 物理层是OSI分层体系结构中最重要、最基础的一层。它是建立在通信媒体基础上的，实现设备之间的________接口。

二、选择题

1. 计算机网络的基本功能是（　　）。
   A. 资源共享　　B. 分布式处理　　C. 数据通信　　D. 集中管理

2. 计算机网络是（　　）与计算机技术相结合的产物。
   A. 网络技术　　B. 通信技术　　C. 人工智能技术　　D. 管理技术

3. 两台计算机通过传统电话网络传输数据信号，需要提供（　　）。
   A. 中继器　　B. 集线器　　C. 调制解调器　　D. RJ-45接头连接器

4. 当一台计算机向另一台计算机发送文件时，下面的（　　）过程正确描述了数据包的转换步骤。
   A. 数据、数据段、数据包、数据帧、比特
   B. 比特、数据帧、数据包、数据段、数据
   C. 数据包、数据段、数据、比特、数据帧
   D. 数据段、数据包、数据帧、比特、数据

5. 物理层的功能之一是（　　）。
   A. 实现实体间的按位无差错传输
   B. 向数据链路层提供一个非透明的位传输
   C. 向数据链路层提供一个透明的位传输

D. 在 DTE 和 DTE 间完成对数据链路的建立、保持和拆除操作

6. 关于数据链路层的叙述正确的是（　　）。

A. 数据链路层协议是建立在无差错物理连接基础上的

B. 数据链路层是计算机到计算机间的通路

C. 数据链路上传输的一组信息称为报文

D. 数据链路层的功能是实现系统实体间的可靠、无差错数据信息传输

三、简答题

1. 简述计算机网络定义、组成、分类和功能。
2. 什么是分层网络体系结构？分层的含义是什么？
3. 画出 OSI 参考模型的层次结构，并简述各层功能。
4. 简述 TCP/IP 四层结构及各层的功能。
5. 简述 OSI 环境中的数据传输过程。

1.7 项目实训 1　制作双机互联的双绞线

一、实训目的

- 掌握非屏蔽双绞线与 RJ-45 接头的连接方法。
- 了解 EIA/TIA-568A 和 EIA/TIA-568B 标准线序的排列顺序。
- 掌握非屏蔽双绞线的直通线与交叉线的制作方法，了解它们的区别和适用环境。
- 掌握线缆测试的方法。

二、实训内容

1）在非屏蔽双绞线上压制 RJ-45 接头。

2）制作非屏蔽双绞线的直通线与交叉线，并测试连通性。

3）使用直通线连接 PC 和集线器，使用交叉线连接 PC 和 PC。

三、实训环境要求

水晶头、100Base-TX 双绞线、压线钳、网线测试仪。

项目 2 组建办公室对等网络

2.1 项目导入

Smile 最近新开了一家只有 10 多人的小公司，公司位于建新大厦的三层，由于办公自动化的需要，公司购买了 10 台计算机和 1 台打印机。为了方便资源共享和文件的传递及打印，Smile 想组建一个经济实用的小型办公室对等网络，请读者考虑如何组建该网络。

2.2 职业能力目标和要求

- ◇ 熟练掌握局域网的拓扑结构。
- ◇ 掌握局域网的参考模型。
- ◇ 熟练掌握局域网介质访问控制方式。
- ◇ 掌握以太网及快速以太网组网技术。
- ◇ 掌握用交换机组建小型交换式对等网的方法。
- ◇ 掌握 Windows 7 对等网中文件夹共享的设置方法和使用方法。
- ◇ 了解 Windows 7 对等网中打印机共享的设置方法。
- ◇ 掌握 Windows 7 对等网中映射网络驱动器的设置方法。

2.3 相关知识

2.3.1 网络拓扑结构

网络中各个节点相互连接的方法和形式称为网络拓扑。构成局域网的拓扑结构有很多，主要有总线型拓扑、星形拓扑、环形拓扑和树形拓扑等。如图 2-1 所示。拓扑结构的选择往往和传输介质的选择以及介质访问控制方法的确定紧密相关。选择拓扑结构时，考虑的主要因素通常是费用、灵活性和可靠性。

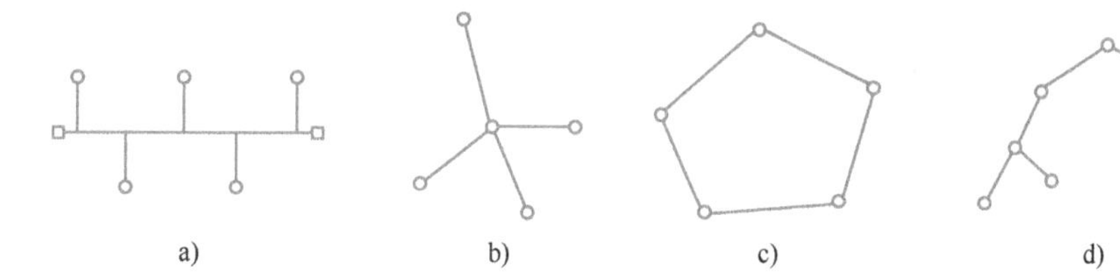

图 2-1 局域网拓扑结构
a）总线型 b）星形 c）环形 d）树形

1. 总线型拓扑

总线型拓扑结构采用单个总线进行通信，所有的站点都通过相应的硬件接口直接连接到传输介质——总线上。任何一个站点的发送信号都可以沿着介质传播，而且能被其他的站点接收。因为所有的节点共享一条公用的传输链路，所以一次只能由一个设备传输，这就需要采用某种形式的访问控制策略来决定下一次哪一个站点可以发送。

（1）总线型拓扑的优点

- 结构简单、易于扩充。增加新的站点，可在任一点将其接入。
- 电缆长度短、布线容易。因为所有的站点接到一个公共数据通路，因此只需很短的电缆长度，减少了安装费用，易于布线和维护。

（2）总线型拓扑的缺点

故障诊断困难：由于不是集中控制，故障检测需在网络上各个站点上进行。

2. 星形拓扑

星形拓扑是由中央节点和通过点到点的链路接到中央节点的各站点组成。中央节点执行集中式通信控制策略，因此中央节点相当复杂，而各个站点的通信处理负担都很小。一旦建立了通道连接，可以没有延迟地在连通的两个站点之间传送数据。星形拓扑结构广泛应用于网络中智能集中于中央节点的场合。

（1）星形拓扑的优点

- 方便服务。利用中央节点可方便地提供服务和网络重新配置。
- 集中控制和故障诊断。由于每个站点直接连到中央节点，因此，故障站点容易检测和隔离，可很方便地将故障站点从系统中删除。单个连接的故障只影响一个设备，不会影响全网。
- 简单的访问协议。在星形拓扑中，任何一个连接都只涉及中央节点和一个站点，因此，控制介质访问的方法很简单，也使得访问协议十分简单。

（2）星形拓扑的缺点

- 依赖于中央节点。中央节点是网络的瓶颈，一旦出现故障则全网瘫痪，所以中央节点的可靠性和冗余度要求很高。
- 电缆长度长。每个站点直接和中央节点相连，这种拓扑结构需要大量电缆，安装、维护等费用相当可观。

3. 环形拓扑

在环形拓扑结构中，各个网络节点连接成环。环路上，信息单向从一个节点传送到另一个节点，传送路径固定，没有路径选择的问题。由于多个设备共享一个环，因此需要对此进行控制，以便决定每个站点在什么时候可以发送数据。这种功能是用分布控制的形式完成的，每个站点都有控制发送和接收的访问逻辑。

（1）环形拓扑的优点

- 结构简单、容易实现、无路径选择。
- 信息传输的延迟时间相对稳定。
- 所需电缆长度和总线型拓扑相似，但比星形拓扑要短得多。

（2）环形拓扑的缺点

- 可靠性较差。在环上的数据传输要通过接在环上的每一个节点，环中某一个节点出故障就会引起全网故障。

- 故障诊断困难。因为某一个节点故障都会使全网不工作，因此难以诊断故障，需要对每个节点进行检测。

4. 树形拓扑

树形拓扑从星形拓扑或总线型拓扑演变而来，其形状像一棵倒置的树。

（1）树形拓扑的优点

- 易于扩展。从本质上看，这种结构可以延伸出很多分支和子分支，新的节点和新的分支很容易加入网内。
- 故障容易隔离。如果某一分支的节点或线路发生故障，很容易将该分支和整个系统隔离开来。

（2）树形拓扑的缺点

树形拓扑的缺点是对根的依赖性大，如果根发生故障，则全网不能正常工作，因此这种结构的可靠性和星形结构相似。

2.3.2　局域网常用连接设备

局域网一般由服务器、用户工作站和通信设备等组成。

通信设备主要是实现物理层和介质访问控制（MAC）子层的功能，在网络节点间提供数据帧的传输，包括中继器、集线器、网桥、交换机、路由器以及网关等。

1. 中继器

中继器（Repeater）的主要功能就是将收到的信号重新整理，使其恢复到原来的波形和强度，然后继续传递下去，以实现更远距离的信号传输。它工作在 OSI 参考模型的最底层（物理层），在以太网中最多可使用四个中继器。

2. 集线器

集线器（Hub）是单一总线共享式设备，提供很多网络接口，负责将网络中多个计算机连在一起。如图 2-2 所示。所谓共享，是指集线器所有端口共用一条数据总线。

图 2-2　集线器（Hub）

用集线器组建的网络在物理上属于星形拓扑结构，在逻辑上属于总线型拓扑结构。

3. 网桥

网桥（Bridge）在数据链路层实现同类网络的互联，它有选择地将数据从某一网段传向另一网段。

网桥的功能在延长网络跨度上类似于中继器，然而它能提供智能化连接服务，即根据数据帧的目的地址处于哪一网段来进行转发和过滤。网桥对站点所处网段的了解是靠“自学习”实现的。

4. 交换机

交换机（Switch），也叫交换式集线器，是一种工作在数据链路层上的、基于 MAC 地址识别、能完成封装转发数据包功能的网络设备。

交换机是集线器的升级产品，每个端口都可被视为独立的网段，连接在其上的网络设备共同享有该端口的全部带宽。由于交换机根据所传递信息包的目的地址将每个信息包独立地从源端口传送至目的端口，而不会向所有端口发送，避免了和其他端口发生冲突，从而提高了传输效率。

交换机与集线器的区别如下。

1）OSI体系结构上的区别。集线器属于OSI参考模型的第一层（物理层）设备，而交换机属于OSI参考模型的第二层（数据链路层）设备。

2）工作方式上的区别。集线器的工作机理是广播，无论是从哪一个端口接收到信息包，都以广播的形式将信息包发送给其余的所有端口，这样很容易产生广播风暴，当网络规模较大时网络性能会受到很大的影响；交换机工作时，只有发出请求的端口和目的端口之间相互响应，不影响其他端口，因此交换机能够隔离冲突域和有效地抑制广播风暴的产生。

3）带宽占用方式上的区别。集线器不管有多少个端口，所有端口都共享一条带宽，在同一时刻只能有两个端口在发送或接收数据，其他端口只能等待，同时集线器只能工作在半双工模式下；而对于交换机而言，每个端口都有一条独占的带宽，当两个端口工作时并不影响其他端口的工作，同时交换机不但可以工作在半双工模式下，而且可以工作在全双工模式下。

5. 路由器

路由器工作在第三层（网络层），这意味着它可以在多个网络上交换和路由数据包。

比起网桥，路由器不但能过滤和分隔网络信息流、连接网络分支，还能访问数据包中更多的信息，并用来提高数据包的传输效率。常见的家用路由器如图2-3所示。

6. 网关

网关通过把信息重新包装以适应不同的网络环境。网关能互联异类的网络，从一个网络中读取数据，剥去原网络中的数据协议，然后用目标网络的协议进行重新封装。

图2-3 家用路由器

网关的一个较为常见的用途，是在局域网的计算机和小型机或大型机之间做“翻译”，从而连接两个（或多个）异类的网络。网关的典型应用是当作网络专用服务器。

2.3.3 局域网的参考模型

局域网技术从20世纪80年代开始迅速发展，各种局域网产品层出不穷，但是不同设备生产商其产品互不兼容，给网络系统的维护和扩充带来了很大困难。电气电子工程师学会（IEEE）下设的IEEE 802委员会根据局域网介质访问控制方法适用的传输介质、拓扑结构、性能及实现难易等因素，为局域网制定了一系列的标准，称为IEEE 802标准。

由于ISO的OSI参考模型是针对广域网设计的，因而OSI的数据链路层可以很好地解决广域网中通信子网的交换节点之间的点到点通信问题。但是，当将OSI参考模型应用于局域网时就会出现一个问题：该模型的数据链路层不具备解决局域网中各站点争用共享通信介质的能力。为了解决这个问题，同时又保持与OSI参考模型的一致性，在将OSI参考模型应用于局域网时，就将数据链路层划分为两个子层：逻辑链路控制（Logical Link Control，LLC）子层和介质访问控制（Medium Access Control，MAC）子层。MAC子层处理局域网中各站对通信介质的争用问题，对于不同的网络拓扑结构可以采用不同的MAC方法。LLC子层屏蔽各种MAC子层的具体实现，将其改造成统一的LLC界面，从而向网络层提供一致的服务。图2-4描述了IEEE 802模型与OSI参考模型的对应关系。

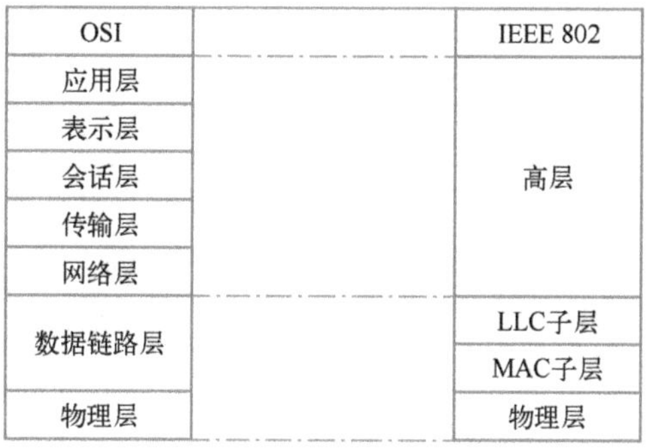

OSI	IEEE 802
应用层	高层
表示层	
会话层	
传输层	
网络层	
数据链路层	LLC子层
	MAC子层
物理层	物理层

图 2-4 IEEE 802 模型与 OSI 参考模型的对应关系

1. MAC 子层

MAC 子层是数据链路层的一个功能子层，是数据链路层的下半部分，它直接与物理层相邻。MAC 子层为不同的物理介质定义了介质访问控制标准。主要功能如下。

- 传送数据时，将传送的数据组装成 MAC 帧，帧中包括地址和差错检测字段。
- 接收数据时，将接收的数据分解成 MAC 帧，并进行地址识别和差错检测。
- 管理和控制对局域网传输介质的访问。

2. LLC 子层

该层在数据链路层的上半部分，在 MAC 子层的支持下向网络层提供服务，可运行于所有 802 局域网和城域网协议之上。LLC 子层与传输介质无关。它独立于介质访问控制方法，隐蔽了各种 802 网络之间的差别，并向网络层提供一个统一的格式和接口。

LLC 子层的功能包括差错控制、流量控制和顺序控制，并为网络层提供面向连接的和无连接的两类服务。

2.3.4 IEEE 802 标准

IEEE 802 标准已被美国国家标准协会 ANSI 接受为美国国家标准，随后又被国际标准化组织 ISO 采纳为国际标准，称为 ISO 802 标准。

IEEE 802 委员会认为，由于局域网只是一个计算机通信网，而且不存在路由选择问题，因此它不需要网络层，有最低的两个层次即可；但与此同时，由于局域网的种类繁多，其介质访问控制方法也各不相同，因此有必要将局域网分解为更小而且更容易管理的子层。

IEEE 802 标准系列间的关系如图 2-5 所示。根据网络发展的需要，新的协议还在不断补充进 IEEE 802 标准。IEEE 802 局域网标准包括：

1）IEEE 802.1：综述和体系结构。它除了定义 IEEE 802 标准和 OSI 参考模型高层的接口外，还解决寻址、网络互连和网络管理等方面的问题。

2）IEEE 802.2：逻辑链路控制，定义 LLC 子层为网络层提供的服务。对于所有的 MAC 规范，LLC 是共同的。

3）IEEE 802.3：带冲突检测的载波侦听多路访问/冲突检测（Carrier Sense Multiple Access with Collision Detection，CSMA/CD）控制方法和物理层规范。

4）IEEE 802.4：令牌总线（Token Bus）访问控制方法和物理层规范。

5）IEEE 802.5：令牌环（Token Ring）访问控制方法和物理层规范。

6）IEEE 802.6：城域网访问控制方法和物理层规范。

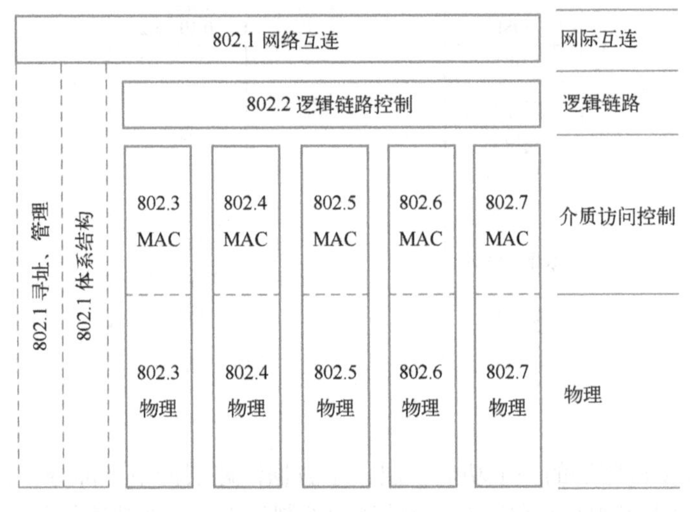

图 2-5 IEEE 802 标准系列间的关系

7）IEEE 802.7：时隙环（Slotted Ring）访问控制方法和物理层规范。

2.3.5 局域网介质访问控制方式

局域网使用的是广播信道，即众多用户共享通信媒体，为了保证用户之间不发生冲突，能正常通信，关键问题是如何解决对信道争用。解决信道争用的协议称为介质访问控制（Medium Access Control，MAC）协议，是数据链路层协议的一部分。

局域网常用的介质访问控制协议有载波侦听多路访问/冲突检测（CSMA/CD）、令牌环（Token Ring）访问控制和令牌总线（Token Bus）访问控制。采用 CSMA/CD 的以太网已是局域网的主流，本书将重点介绍。

载波侦听多路访问/冲突检测是一种适合于总线结构的具有信道检测功能的分布式介质访问控制方法。最初的以太网是基于总线型拓扑结构的，使用的是粗同轴电缆，所有站点共享总线，每个站点根据数据帧的目的地址决定是丢弃还是处理该帧。

载波侦听多路访问/冲突检测（CSMA/CD）协议可分为“载波侦听”和“冲突检测”两个方面的内容。

1. 工作过程

CSMA/CD 又被称之为“先听后发，边听边发”，其具体工作过程概括如下。

1）先侦听信道，如果信道空闲则发送信息。

2）如果信道忙，则继续侦听，直到信道空闲时立即发送。

3）发送信息后进行冲突检测，如发生冲突，立即停止发送，并向总线发出一串阻塞信号（连续几个字节全 1），通知总线上各站点冲突已发生，使各站点重新开始侦听与竞争。

4）已发出信息的站点收到阻塞信号后，等待一段随机时间，重新进入侦听发送阶段。

CSMA/CD 工作过程流程图如图 2-6 所示。

2. 二进制指数后退算法

实际上，当一个站点开始发送信息时，检测到本次发送有无冲突的时间很短，它不超过该站点与距离该站点最远站点信息传输时延的 2 倍。假设 A 站点与距离 A 站点最远 B 站点的传输时延为 T（如图 2-7 所示），那么 $2T$ 就作为一个时间单位。若该站点在信息发送后 $2T$ 时间内无冲突，则该站点取得使用信道的权利。可见，要检测是否冲突，每个站点发送的最小信息长度必须大于 $2T$。

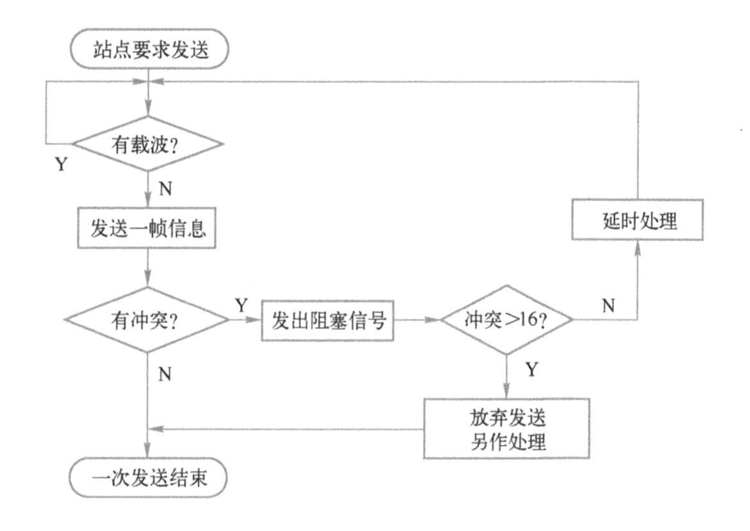

图 2-6 CSMA/CD 工作过程流程图

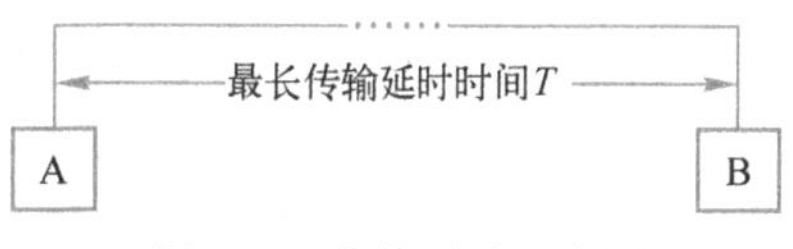

图 2-7 传输延时示意图

在标准以太网中，$2T$ 取 51.2 μs。在 51.2 μs 的时间内，对 10 Mbit/s 的传输速率，可以发送 512 bit，即 64 字节数据。因此以太网发送数据，如果发送 64 字节还没发生冲突，那么后续的数据将不会发生冲突。为了保证每一个站点都能检测到冲突，以太网规定最短的数据帧为 64 字节。接收到的小于 64 字节的帧都是由于发生冲突后站点停止发送的数据片，是无效的，应该丢弃。反过来说，如果以太网的帧小于 64 字节，那么有可能某个站点数据发送完毕后，没有检测到冲突，但冲突实际已经发生。

为了检测冲突，在每个站点的网络接口单元（NIU）中设有相应电路，当有冲突发生时，该站点延迟一个随机时间（$2T$×随机数），再重新侦听。与延迟相应的随机数一般取（0，M）之间，$M=2^{\min(10,N)}$。其中 N 为已检测到的冲突次数。冲突大于 16，则放弃发送，另作处理。这种延迟算法称为二进制指数后退算法。

由于采用冲突检测的机制，站点间只能采用半双工的通信方式。同时，当网络中的站点增多，网络流量增加时，各站点间的冲突概率大大增加，网络性能变差，会造成网络拥塞。

2.3.6 以太网技术

2.3.6 数据链路层数据抓包协议分析

1976 年 7 月，Bob 在 ALOHA 网络的基础上，提出总线型局域网的设计思想，并提出冲突检测、载波侦听与随机后退延迟算法，将这种局域网命名为以太网（Ethernet）。

以太网的核心技术是 CSMA/CD 介质访问控制方法，它解决了多站点共享公用总线的问题。每个站点都可以接收到所有来自其他站点的数据，目的站点将该帧复制，其他站点则丢弃该帧。

1. MAC 地址

为了标识以太网上的每台主机，需要给每台主机上的网络适配器（网卡）分配一个全球唯一的通信地址，即 Ethernet 地址或称为网卡的物理地址、MAC 地址。

Ethernet 地址长度为 48 bit，共 6 个字节，如 00-0D-88-47-58-2C，其中，前 3 个字节为 IEEE 分配给厂商的厂商代码（00-0D-88），后 3 个字节为厂商自己设置的网络适配器编号（47-58-2C）。

2. 以太网的 MAC 帧格式

总线型局域网的 MAC 子层的帧结构有两种标准：一种是 IEEE 802.3 标准；另一种是 DIX Ethernet V2 标准。如图 2-8 所示，帧结构都由 5 个字段组成，但个别字段的意义存在差别。

字节	6	6	2	46~1500	4
802.3 MAC帧	目的地址	源地址	数据长度	数据	FCS
以太网V2 MAC帧	目的地址	源地址	类型	数据	FCS

图 2-8　总线型局域网 MAC 子层的帧结构

- 目的地址：目的计算机的 MAC 地址。
- 源地址：本计算机的 MAC 地址。
- 类型：2 字节，高层协议标识，表明上层使用何种协议。如，类型值为 0x0800 时，高层使用 IP。上层协议不同，以太网帧的长度范围也有变化。
- 数据：46~1500 字节，上层传下来的数据。46 字节是以太网帧的最小字节 64 字节减去前后的固定字段字节和 18 字节而得到的。
- 填充字段：保证帧长不少于 64 字节。当上层数据小于 46 字节，会自动添加字节。
- FCS：帧校验序列，这是一个 32 位的循环冗余码（CRC-32）。

3. 10 Mbit/s 标准以太网

以前，以太网只有 10 Mbit/s 的吞吐量，采用 CSMA/CD 的介质访问控制方法和曼彻斯特编码，这种早期的 10 Mbit/s 以太网称之为标准以太网。

以太网可以使用粗同轴电缆、细同轴电缆、非屏蔽双绞线、屏蔽双绞线和光纤等多种传输介质进行连接，并且在 IEEE 802.3 标准中，为不同的传输介质制定了不同的物理层标准，在这些标准中前面的数字表示传输速度，单位是“Mbit/s”，最后的一个数字表示单段网线长度（基准单位是 100 m），Base 表示“基带”的意思。表 2-1 是各类 10 Mbit/s 标准以太网的特性比较。

表 2-1　10 Mbit/s 标准以太网的特性比较

特性	10Base-5	10Base-2	10Base-T	10Base-F
IEEE 标准	IEEE 802.3	IEEE 802.3a	IEEE 802.3i	IEEE 802.3j
速率/(Mbit/s)	10	10	10	10
传输方法	基带	基带	基带	基带
无中继器，线缆最大长度/m	500	185	100	2000
站间最小距离/m	2.5	0.5		
最大长度（m）/媒体段数	2500/5	925/5	500/5	4000/2
传输介质	50 Ω 粗同轴电缆（Φ10）	50 Ω 细同轴电缆（Φ5）	UTP	多模光纤
拓扑结构	总线型	总线型	星形	星形
编码	曼彻斯特编码	曼彻斯特编码	曼彻斯特编码	曼彻斯特编码

在局域网发展历史中，10Base-T 技术是现代以太网技术发展的里程碑。使用集线器时，10Base-T 需要 CSMA/CD，但使用交换机时，则大多数情况下不需要 CSMA/CD。

2.3.7 快速以太网

1. 快速以太网（100Base-T）简介

快速以太网是在传统以太网基础上发展的，因此它不仅保持相同的以太帧格式，而且还保留了用于以太网的 CSMA/CD 介质访问控制方式。

快速以太网具有以下特点：

- 协议采用与 10Base-T 相似的层次结构，其中 LLC 子层完全相同，但在 MAC 子层与物理层之间采用了介质无关接口。
- 数据帧格式与 10Base-T 相同，包括最小帧长为 64 字节，最大帧长 1518 字节。
- 介质访问控制方式仍然是 CSMA/CD。
- 传输介质采用 UTP 和光纤，传输速率为 100 Mbit/s。
- 拓扑结构为星形结构，网络节点间最大距离为 205 m。

2. 快速以太网分类

快速以太网标准分为 100Base-T4 和 100Base-TX、100Base-FX 三个子类。如表 2-2 所示。

表 2-2 快速以太网标准

名 称	线 缆	最大距离	优 点
100Base-T4	双绞线	100 m	可以使用 3 类双绞线
100Base-TX	双绞线	100 m	全双工、5 类双绞线
100Base-FX	光纤	200 m	全双工、长距离

3. 快速以太网接线规则

快速以太网对 MAC 子层的接口有所拓展，它的接线规则有相应变化。如图 2-9 所示。

- 站点距离中心节点的 UTP 最大长度依然是 100 m。
- 增加了 I 级和 II 级中继器规范。

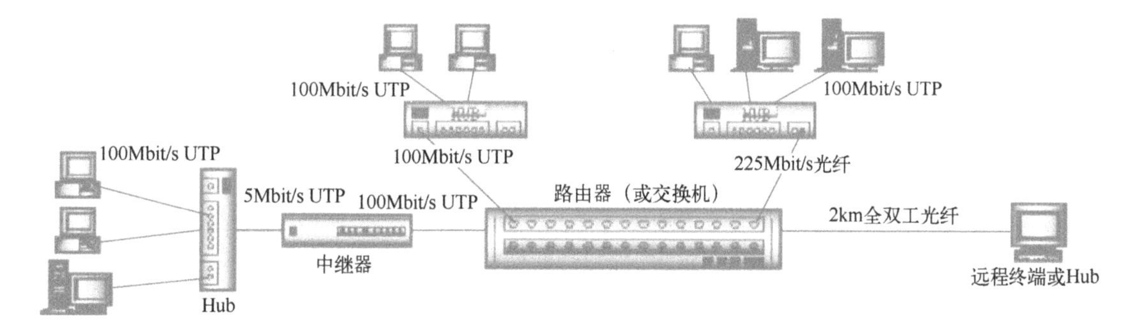

图 2-9 快速以太网接线规则

在 10 Mbit/s 标准以太网中对所有介质采用同一中继器定义。100 Mbit/s 以太网定义了 I 级和 II 级两类中继器，两类中继器靠传输延时来划分，延时 0.7 μs 的为 I 级中继器，在 0.46 μs 以下的为 II 级中继器。

在一条链路上只能使用一个I级中继器，两端的链路为100 m。最多可以使用两个II级中继器，可以用两段100 m的链路和5 m的中继器间的链路。两个站点间或站点与交换机间的最大距离为205 m。

当采用光纤布线时，交换机与中继器（集线器）连接，如果采用半双工通信，两者之间的光纤最大距离为225 m。如果采用全双工通信，站点到交换机间的距离可以达到2000 m或更长。

快速以太网仍然基于CSMA/CD技术，当网络负载较重时，会造成效率低下。

2.4 项目设计与准备

1. 项目设计

1）由于公司规模小，只有10台计算机，网络应用并不多，对网络性能要求也不高。组建小型共享式对等网就可满足目前公司办公和网络应用的需求。

2）该网络采用星形拓扑结构，用双绞线把各计算机连接到以集线器为核心的中央节点，没有专用的网络服务器，每台计算机都既是服务器又是客户端，这样可节省购买专用服务器的费用。

3）小型共享式对等网结构简单、费用低廉，便于网络维护以及今后的升级，适合小型公司的网络需求。

4）网络硬件连接完成后，还要配置每台计算机的名称、所在的工作组、IP地址和子网掩码等，然后用“ping”命令测试网络是否正常连通。设置文件共享和打印机共享后，用户之间就可进行文件访问、传送以及共享打印了。

5）由于集线器是共享总线的，随着网络应用的增多，广播干扰和数据“碰撞”的现象日益严重，网络性能会不断下降。此时，可组建以交换机为中心节点的交换式对等网，进一步提高网络性能。

2. 项目准备

直通线3条；打印机1台；集线器1台；安装Windows 7的计算机3台（亦可使用虚拟机）。网络拓扑如图2-10所示。

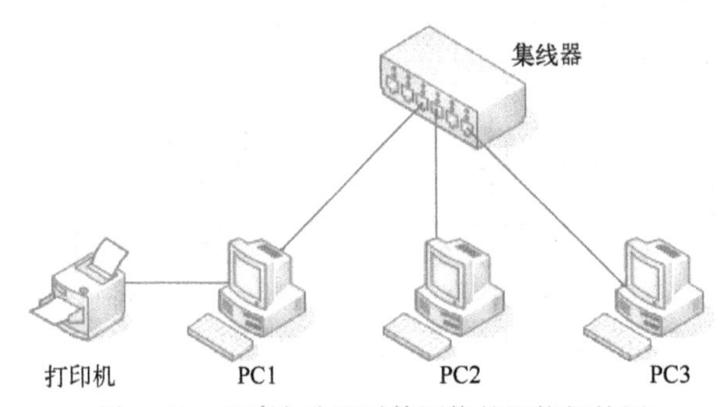

图2-10 组建办公室对等网络的网络拓扑图

2.5 项目实施

任务2-1 小型共享式对等网的组建

组建小型共享式对等网的步骤如下。

1. 硬件连接

1）如图2-10所示，将3条直通双绞线的两端分别插入每台计算机网卡的RJ-45接口和集线器的RJ-45接口中，检查网卡和集线器的相应指示灯是否亮起，判断网络是否正常连通。

2）将打印机连接到PC1。

2. TCP/IP配置

1）配置PC1的IP地址为192.168.1.10，子网掩码为255.255.255.0；配置PC2的IP地址为192.168.1.20，子网掩码为255.255.255.0；配置PC3的IP地址为192.168.1.30，子网掩码为255.255.255.0。设置方法请参见项目1。

2）在PC1、PC2和PC3之间用“ping”命令测试网络的连通性。

3. 设置计算机名和工作组名

1）依次单击“开始”→“控制面板”→“系统和安全”→“系统”→“高级系统设置”→“计算机名”，打开“系统属性”对话框的“计算机名”选项卡。如图2-11所示。

2）单击“更改”按钮，打开“计算机名/域更改”对话框。如图2-12所示。

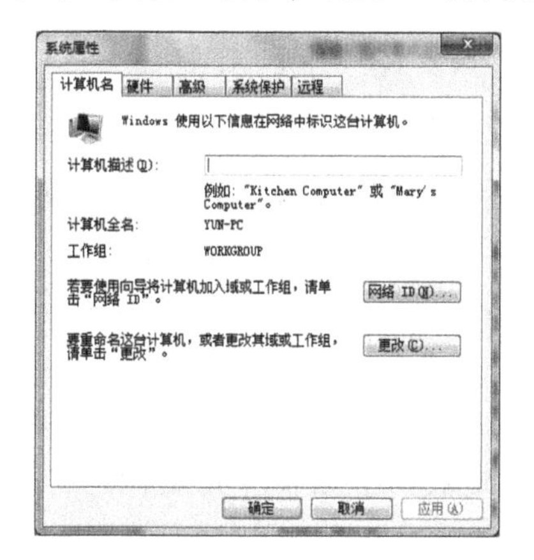

图2-11 “系统属性”对话框的“计算机名”选项卡

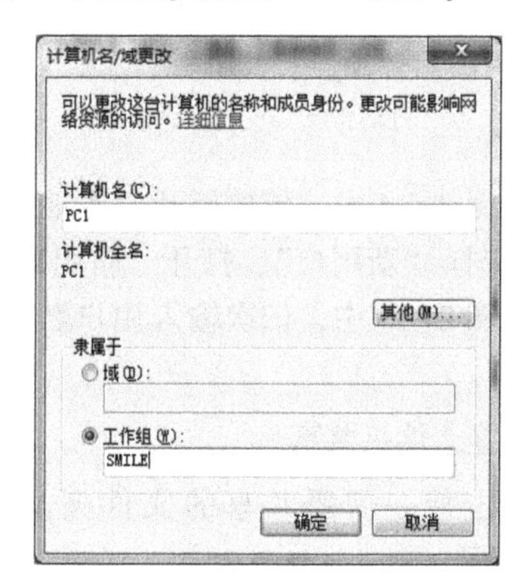

图2-12 “计算机名/域更改”对话框

3）在“计算机名”文本框中输入“PC1”作为本机名，选中“工作组”单选按钮，并设置工作组名为“SMILE”。

4）单击“确定”后，系统会提示重启计算机，重启后，修改后的“计算机名”和“工作组名”就生效了。

4. 安装共享服务

1）依次单击“开始”→“控制面板”→“网络和Internet”→“网络和共享中心”→“更改适配器设置”，打开“网络连接”窗口。

2）右击“本地连接”图标，在弹出的快捷菜单中选择“属性”命令，打开“本地连接属性”对话框。如图2-13所示。

3）如果“Microsoft网络的文件和打印机共享”前有对勾，则说明共享服务安装正确。否则，选中“Microsoft网络的文件和打印机共享”前的复选框。

4）单击“确定”按钮，重启系统后设置生效。

5. 设置有权限共享的用户

1）单击“开始”菜单，右击“计算机”，在弹出的快捷菜单中选择“管理”，打开“计算机管理”窗口。如图 2-14 所示。

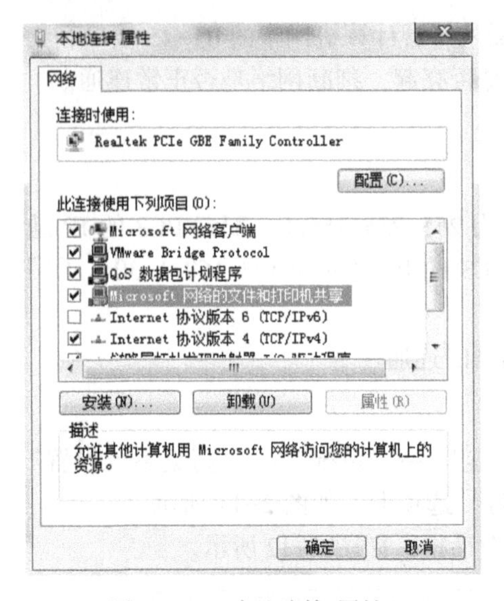

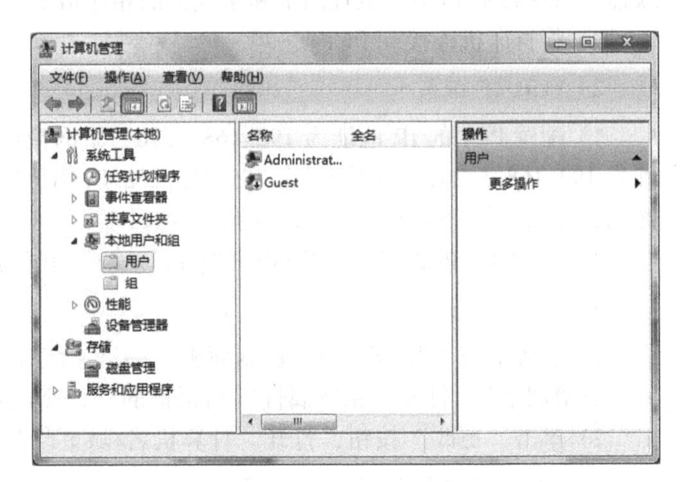

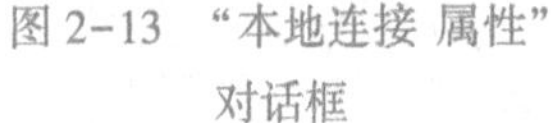
图 2-13 “本地连接 属性”对话框

图 2-14 “计算机管理”窗口

2）在图 2-14 中，依次展开“本地用户和组”→“用户”，右击“用户”，在弹出的快捷菜单中，选择“新用户”，打开“新用户”对话框。如图 2-15 所示。

3）在图 2-15 中，依次输入用户名、密码等信息，然后单击“创建”按钮，创建新用户“shareuser”。

6. 设置文件夹共享

1）右击某一需要共享的文件夹，在弹出的快捷菜单中选择“特定用户”命令。如图 2-16 所示。

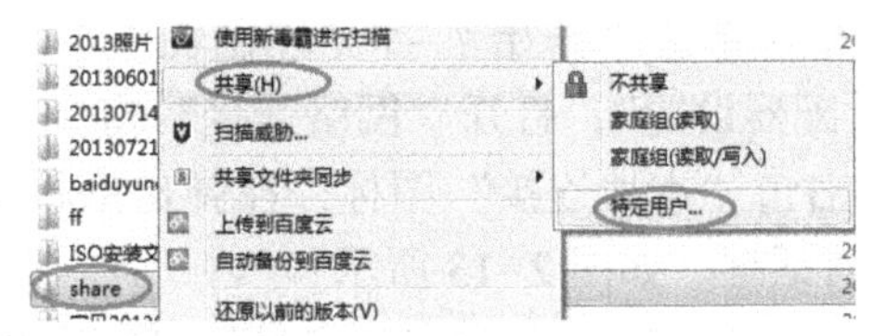

图 2-15 “新用户”对话框

图 2-16 设置文件夹共享

2）在打开的“文件共享”对话框中，在下拉列表框中选择能够访问共享文件夹“share”的用户“shareuser”。如图 2-17 所示。

3）单击“共享”按钮，完成文件夹共享的设置。如图 2-18 所示。

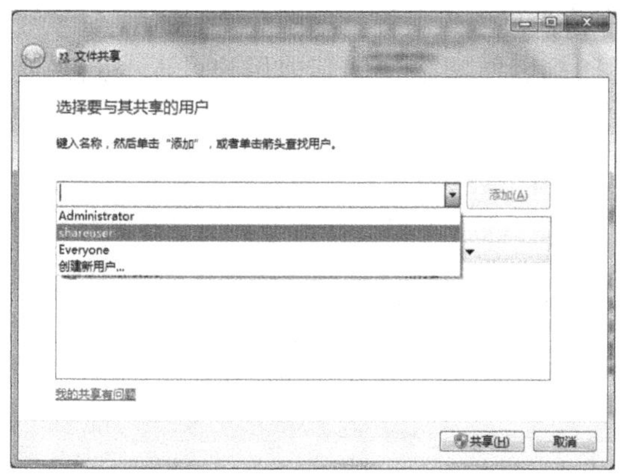

图 2-17　“文件共享”对话框

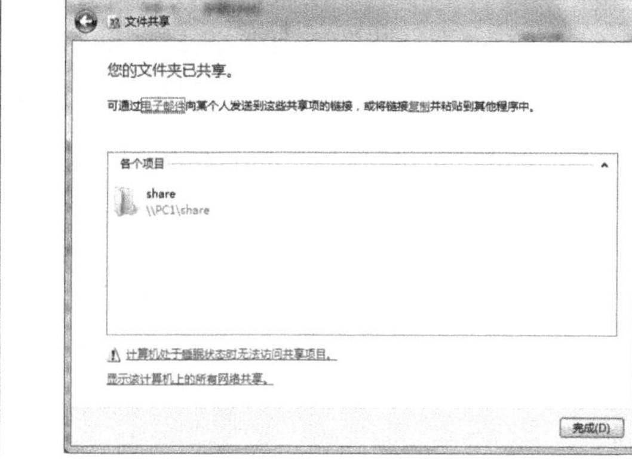

图 2-18　完成文件共享

7. 设置打印机共享

1）单击“开始”→“设备和打印机”，打开“设备和打印机”窗口。如图 2-19 所示。

2）单击“添加打印机”按钮，打开如图 2-20 所示的“添加打印机”对话框。

图 2-19　“设备和打印机”窗口

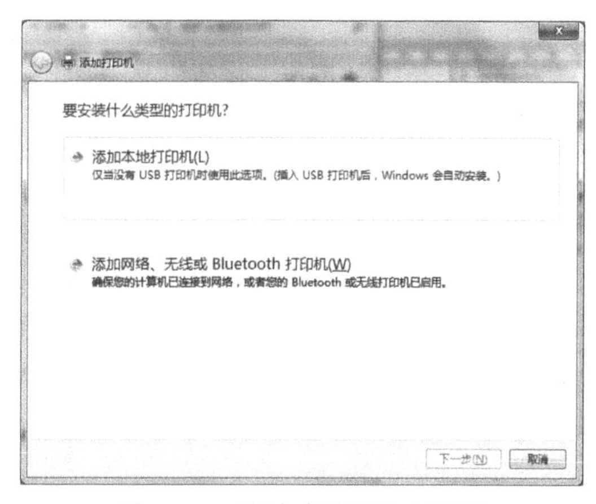

图 2-20　“添加打印机”对话框

3）选择“添加本地打印机”，在如图 2-21 所示的对话框中选择打印机端口。

4）单击“下一步”按钮，选择厂商和打印机型号。如图 2-22 所示。

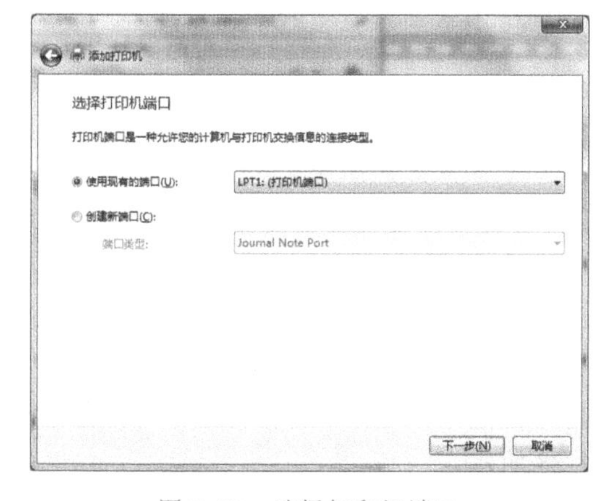

图 2-21　选择打印机端口

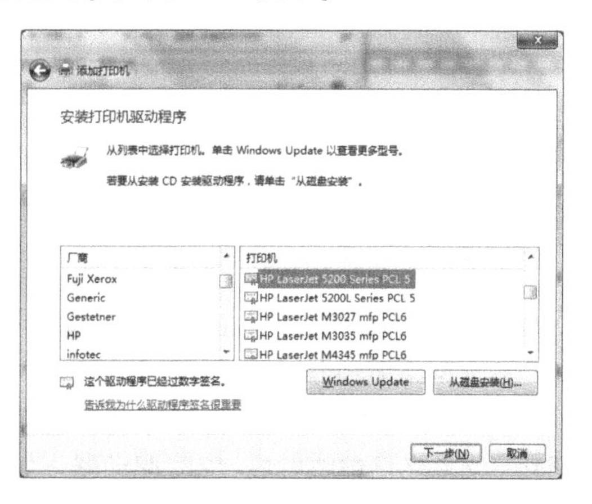

图 2-22　选择厂商和打印机型号

5）单击“下一步”按钮，在打开的对话框中输入打印机名称。如图2-23所示。

6）单击“下一步”按钮，选择“共享此打印机以便网络中的其他用户可以找到并使用它”单选按钮，共享该打印机。如图2-24所示。

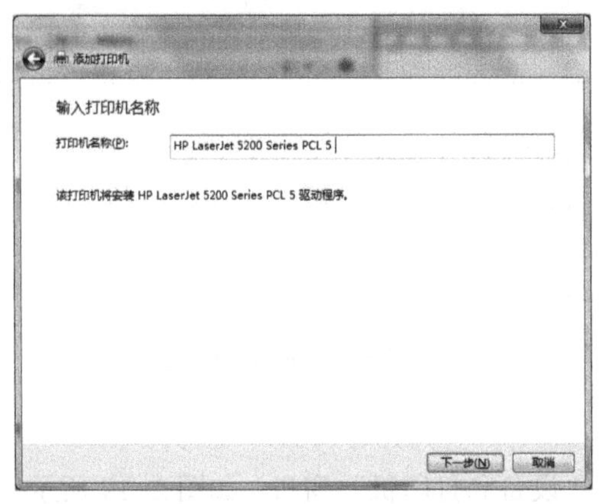

图2-23　输入打印机名称

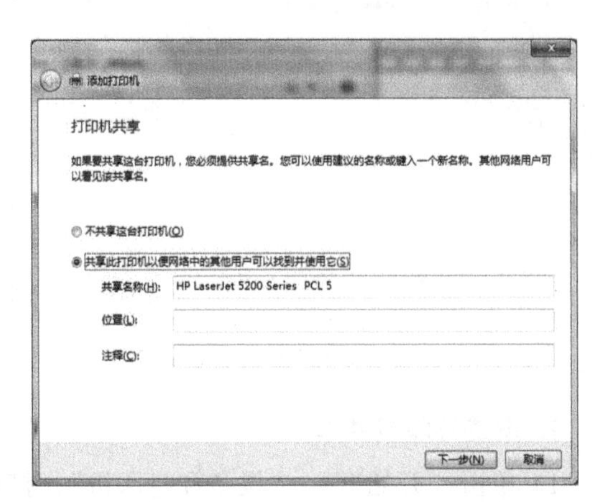

图2-24　打印机共享

7）单击“下一步”按钮，设置默认打印机。如图2-25所示。单击“完成”按钮，完成打印机安装。

8. 使用共享文件夹

1）在其他计算机中，如PC2，在资源管理器或IE浏览器的“地址”栏中输入共享文件所在的计算机名或IP地址，如输入“\\192.168.1.10”或“\\PC1”，输入用户名和密码，即可访问共享资源了（如共享文件夹“share”）。如图2-26所示。

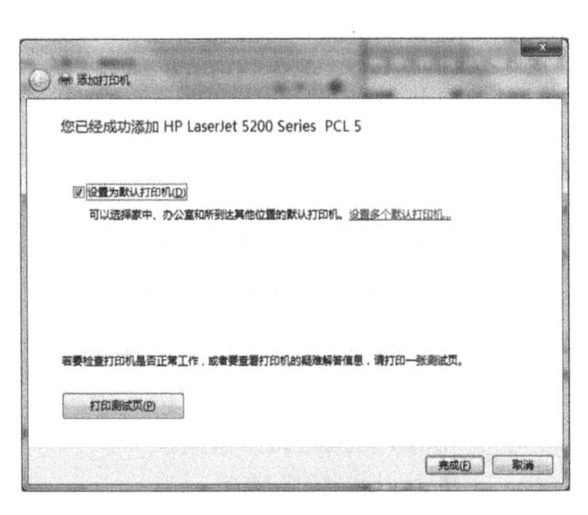

图2-25　设置默认打印机

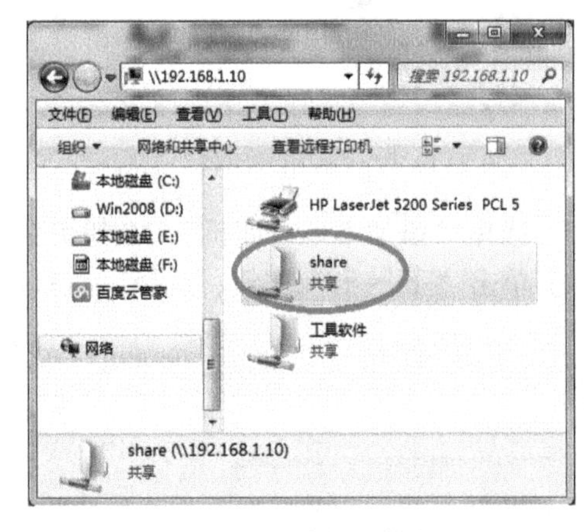

图2-26　共享文件夹

2）右击共享文件夹“share”图标，在弹出的快捷菜单中选择“映射网络驱动器”命令，打开“映射网络驱动器”对话框。如图2-27所示。

3）单击“完成”按钮，完成“映射网络驱动器”操作。双击打开“计算机”，这时可以看到共享文件夹已被映射成“Z”驱动器。如图2-28所示。

图 2-27　“映射网络驱动器”对话框

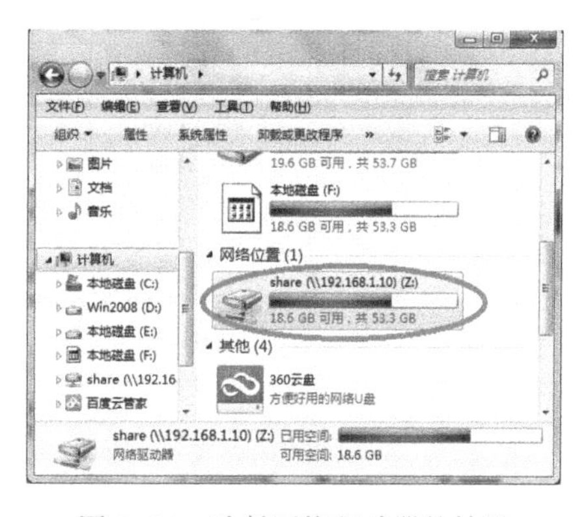

图 2-28　映射网络驱动器的结果

9. 使用共享打印机

1）在 PC2 或 PC3 中，单击“开始”→“设备和打印机”，打开“设备和打印机”窗口。

2）单击“添加打印机”按钮，打开如图 2-29 所示的对话框，选择要安装的打印机的类型。

3）选择“添加网络、无线或 Bluetooth 打印机”，打开如图 2-30 所示的对话框，添加网络打印机。

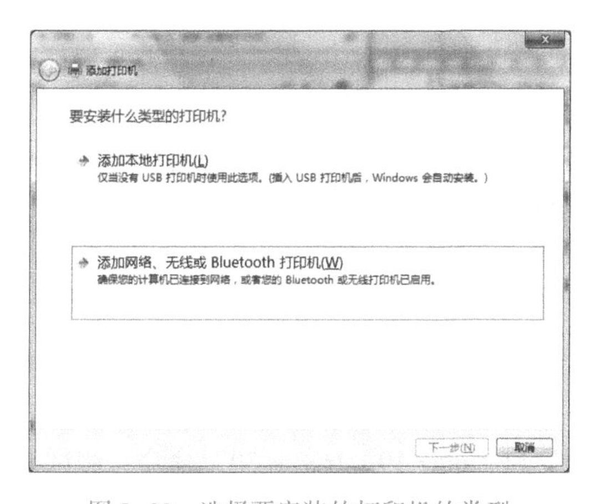

图 2-29　选择要安装的打印机的类型

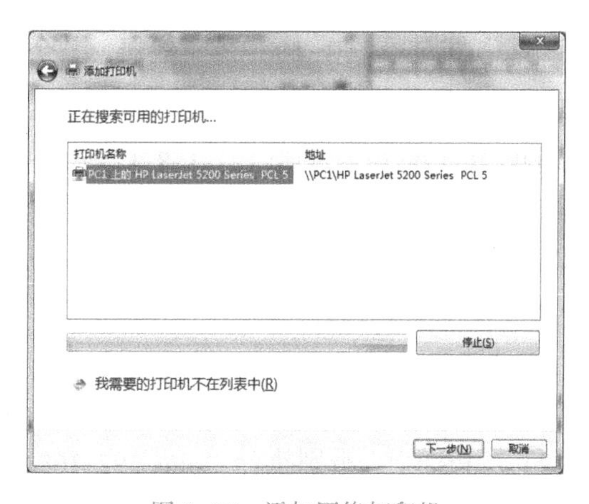

图 2-30　添加网络打印机

4）一般会自动搜索网络上共享的打印机，如果没有搜索到，则单击“我需要的打印机不在列表中”，打开如图 2-31 所示的“按名称或 TCP/IP 地址查找打印机”界面，选中“按名称选择共享打印机”单选按钮，输入 UNC 方式的共享打印机，本例中可以输入“\\192.168.1.10\共享打印机名称”或“\\PC1\共享打印机名称”。如图 2-31 所示。

5）单击“下一步”按钮继续，最后单击“完成”按钮，完成网络共享打印机的安装。

提示： 也可以在 PC2 或 PC3 上，使用 UNC 路径（\\192.168.1.10）列出 PC1 上的共享资源，包括共享打印机资源。然后在共享打印机上右击，在弹出的快捷菜单中选择“连接”命令进行网络共享打印机的安装。

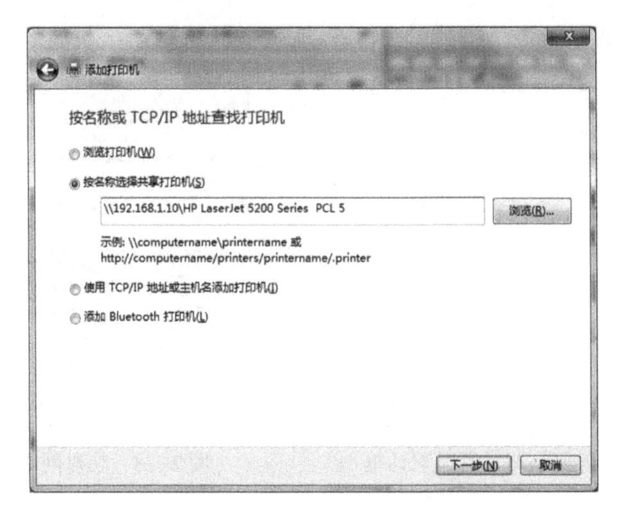

图 2-31　按名称或 TCP/IP 地址查找打印机

任务 2-2　小型交换式对等网的组建

为了完成本次实训任务，搭建如图 2-10 所示的网络拓扑结构，将网络中的集线器换成交换机。组建小型交换式对等网的步骤如下。

1. 硬件连接

用交换机替换图 2-10 中的集线器，其余连接同上一个任务。

2. TCP/IP 配置

配置 PC1 的 IP 地址为 192.168.1.10，子网掩码为 255.255.255.0；配置 PC2 的 IP 地址为 192.168.1.20，子网掩码为 255.255.255.0；配置 PC3 的 IP 地址为 192.168.1.30，子网掩码为 255.255.255.0。

3. 测试网络连通性

1）在 PC1 上，分别执行“ping 192.168.1.20”和“ping 192.168.1.30”命令，测试 PC1 与 PC2、PC3 的连通性。

2）在 PC2 上，分别执行“ping 192.168.1.10”和“ping 192.168.1.30”命令，测试 PC2 与 PC1、PC3 的连通性。

3）在 PC3 中，分别执行“ping 192.168.1.10”和“ping 192.168.1.20”命令，测试 PC3 与 PC1、PC2 的连通性。

4）观察使用集线器和使用交换机在连接速度等方面有何不同。

4. 文件共享与打印机共享

文件共享与打印机共享的设置和使用方法同上一个任务。

2.6 练习题

一、填空题

1. 局域网是一种在________地理范围内以实现________和信息交换为目的，由计算机和数据通信设备连接而成的计算机网络。

2. 局域网拓扑结构一般比较规则，常用的有星形、________、________、________。

3. 按局域网媒体访问控制方法，可以把局域网划分为________网和________网两大类。

4. CSMA/CD 技术包含________和冲突检测两个方面的内容。该技术只用于总线型网络拓扑结构。

5. 载波侦听多路访问技术是为了减少________。它是在源站点发送报文之前，首先侦听信道是否________，如果侦听到信道上有载波信号，则________发送报文。

6. 千兆以太网标准是现行________标准的扩展，经过修改的 MAC 子层仍然使用________协议。

二、选择题

1. 在共享式的网络环境中，由于公共传输介质为多个节点所共享，因此有可能出现（　　）。

A. 拥塞　　B. 泄密　　C. 冲突　　D. 交换

2. 采用 CSMA/CD 通信协议的网络为（　　）。

A. 令牌网　　B. 以太网　　C. 因特网　　D. 广域网

3. 以太网的拓扑结构是（　　）。

A. 星形　　B. 总线型　　C. 环形　　D. 树形

4. 与以太网相比，令牌环网的最大优点是（　　）。

A. 价格低廉　　B. 易于维护　　C. 高效可靠　　D. 实时性

5. IEEE 802 工程标准中的 802.3 协议是（　　）。

A. 局域网的载波侦听多路访问标准　　B. 局域网的令牌环网标准

C. 局域网的令牌总线标准　　D. 局域网的互联标准

6. IEEE 802 为局域网规定的标准只对应于 OSI 参考模型的（　　）。

A. 第一层　　B. 第二层

C. 第一层和第二层　　D. 第二层和第三层

三、简答题

1. 什么叫计算机局域网？它有哪些主要特点？局域网的组成包括哪几个部分？

2. 局域网可以采用哪些通信介质？简述几种常见局域网拓扑结构的优缺点。

3. 局域网参考模型各层功能是什么？与 OSI/RM 参考模型有哪些不同？

4. 以太网采用何种介质访问控制技术？简述其原理。

2.7 项目实训 2　组建小型交换式对等网

一、实训目的

- 掌握用交换机组建小型交换式对等网的方法。
- 掌握 Windows 7 对等网建设过程中的相关配置。
- 了解判断 Windows 7 对等网是否导通的几种方法。
- 掌握 Windows 7 对等网中文件夹共享的设置方法和使用。
- 掌握 Windows 7 对等网中映射网络驱动器的设置方法。

二、实训内容

1）使用交换机组建对等网。
2）配置计算机的 TCP/IP。
3）安装共享服务。
4）设置有权限共享的用户。
5）设置文件夹共享。
6）设置打印机共享。
7）使用共享文件夹。
8）使用共享打印机。

三、实训环境要求

网络拓扑图参考图 2-10 所示。

- 直通线 3 条。
- 打印机 1 台。
- 交换机 1 台。
- 安装 Windows 7 的计算机 3 台。（也可使用虚拟机）

四、实训思考题

- 如何组建对等网络？
- 对等网有何特点？
- 如何测试对等网是否建设成功？
- 如果超过 3 台计算机组成对等网，该增加何种设备？
- 如何实现文件、打印机等的资源共享？

项目 3　划分 IP 地址与子网

3.1　项目导入

Smile 新创办了一家公司，公司设有技术部、销售部和财务部等。目前，公司中的所有计算机相互之间可以访问。出于缩减网络流量、优化网络性能以及安全等方面的考虑，需要实现如下目标：

1）同一部门内的计算机之间能相互访问，如技术部中的计算机能相互访问。

2）不同部门之间的计算机不能相互访问，如技术部中的计算机不能访问销售部中的计算机。

要完成这个目标，而且要求不能增加额外的费用，该如何做呢？项目 3 将带领读者解决这个问题，达到既定目标。

3.2　职业能力目标和要求

◇ 熟练掌握 IP 和 IP 地址。

◇ 熟练掌握子网的划分。

◇ 掌握 IPv6。

◇ 了解 CIDR（无类别域间路由）。

3.3　相关知识

3.3.1　TCP

Internet 传输层包含了两个重要协议：传输控制协议（TCP）和用户数据报协议（UDP）。TCP 是专门为在不可靠的 Internet 上提供可靠的端到端的字节流通信而设计的一种面向连接的传输协议。UDP 是一种面向无连接的传输协议。

1. 传输层端口

Internet 传输层与网络层在功能上的最大区别是前者可提供进程间的通信能力。因此，TCP/IP 提出了端口（Port）的概念，用于标识通信的进程。TCP 和 UDP 都使用与应用层接口处的端口和上层的应用进程进行通信。也就是说，应用层的各种进程是通过相应的端口与传输实体进行交互的。

端口实际上是一个抽象的软件结构（包括一些数据结构和 I/O 缓冲区），它是操作系统可分配的一种资源。应用进程通过系统调用与某端口建立关联后，传输层传给该端口的数据都被相应的应用进程所接收，相应进程发给传输层的数据都通过该端口输出。从另一个角度讲，端口又是应用进程访问传输服务的入口点。

在 Internet 传输层中，每一端口是用套接字（Socket）来描述的。应用程序一旦向系统申请到一个 Socket，就相当于应用程序获得一个与其他应用程序通信的输入/输出接口。每一个 Socket 表示一个通信端点，且对应一个唯一传输地址，即（IP 地址，端口号）标识，其中，端口号是一个 16 位二进制数，约定 256 以下的端口号被标准服务保留，取值大于 256 的为自由端口。自由端口是在端主机的进程间建立传输连接时由本地用户进程动态分配得到。由于 TCP 和 UDP 是完全独立的两个软件模块，因此各自的端口号是相互独立的。

TCP 和 UDP 的保留端口如图 3-1 所示。

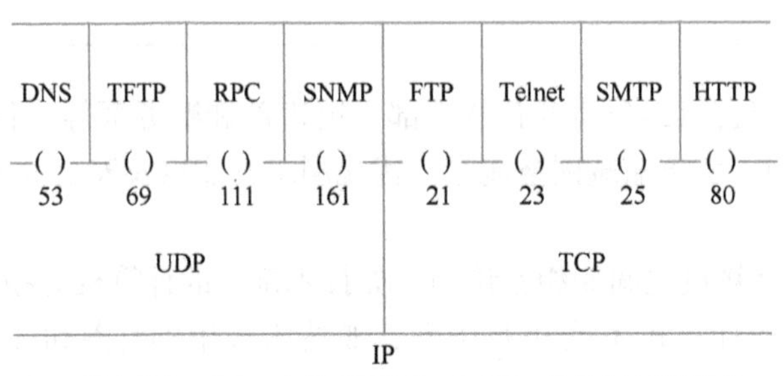

图 3-1　TCP 和 UDP 的保留端口

2. TCP 报文格式

TCP 只有一种类型的传输协议数据单元（Transport Protocol Data Unit，TPDU），叫作 TCP 段。一个 TCP 段由段头（称为 TCP 头或传输头）和数据流两部分组成，TCP 数据流是无结构的字节流，流中数据是由一个个字节序列构成的，TCP 中的序号和确认号都是针对流中字节的，而不针对段。TCP 报文的格式如图 3-2 所示。

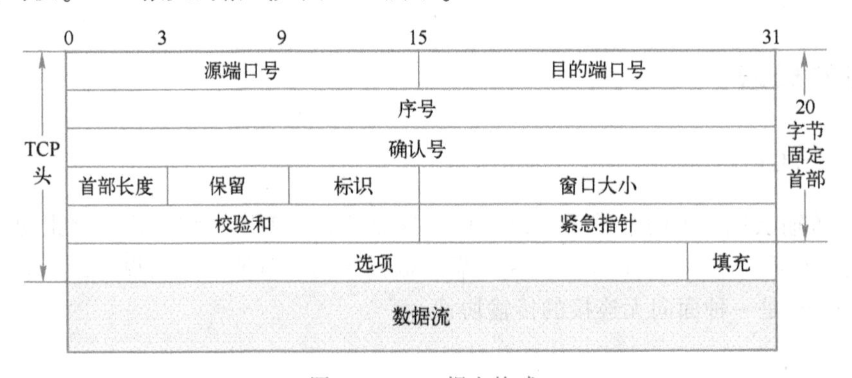

图 3-2　TCP 报文格式

TCP 报文各字段的含义如下。

1）源端口号和目的端口号：各占 16 位，标识发送端和接收端的应用进程。1024 以下的端口号被称为知名端口，它们被保留用于一些标准的服务。

2）序号：占 32 位，所发送的消息的第一字节的序号，用以标识从 TCP 发送端和 TCP 接收端发送的数据字节流。

3）确认号：占 32 位，期望收到对方的下一个消息第一字节的序号。只有在“标识”字段中的 ACK 位设置为 1 时，此序号才有效。

4）首部长度：占 4 位，以 32 位为计算单位的 TCP 报文段首部的长度。

5）保留：占 6 位，为将来的应用而保留，目前置为“0”。

6）标识：占 6 位，有 6 个标识位（以下是设置为 1 时的意义）。

- 紧急位（URG）：紧急指针有效。
- 确认位（ACK）：确认号有效。
- 急迫位（PSH）：接收方收到数据后，立即送往应用程序。
- 复位位（RST）：复位由于主机崩溃或其他原因而出现的错误的连接。
- 同步位（SYN）：SYN=1，ACK=0 表示连接请求消息；SYN=1，ACK=1 表示同意建立连接消息。
- 终止位（FIN）：表示数据已发送完毕，要求释放连接。

7）窗口大小：占 16 位，滑动窗口协议中的窗口大小。

8）校验和：占 16 位，对 TCP 报文段首部和 TCP 数据部分的校验。

9）紧急指针：占 16 位，当前序号到紧急数据位置的偏移量。

10）选项：用于提供一种增加额外设置的方法，如连接建立时，双方说明最大的负载能力。

11）填充：当“选项”字段长度不足 32 位时，需要加以填充。

12）数据流：来自高层（即应用层）的协议数据。

3. TCP 可靠传输

TCP 是利用网络层 IP 提供的不可靠的通信服务，为应用进程提供可靠的、面向连接的、端到端的基于字节流的传输服务。

TCP 连接是全双工和点到点的。全双工意味着可以同时进行双向传输，点到点的意思是每个连接只有两个端点，TCP 不支持组播或广播。为保证数据传输的可靠性，TCP 使用“三次握手”的机制来建立和释放传输的连接，并使用确认和重传机制来实现传输差错的控制。另外，TCP 采用窗口机制以实现流量控制和拥塞控制。

4. TCP 连接的建立与释放

为确保连接建立和释放的可靠性，TCP 使用了“三次握手”机制。所谓“三次握手”就是在连接建立和释放的过程中，通信的双方需要交换三个报文。

在创建一个新的连接过程中，三次握手要求每一端产生一个随机的 32 位初始序列号，由于每次请求新连接使用的初始序列号不同，TCP 可以将过时的连接区分开来，避免重复连接的产生。

对于一个已经建立的连接，TCP 使用改进的三次握手来释放连接（使用一个带有 FIN 附加标记的报文段），改进的三次握手亦称四次挥手。

图 3-3 显示了 TCP 三次握手以及四次挥手的过程。

（1）在三次握手和四次挥手中用到的序列号、确认号及标志位

1）序列号 seq：占 4 个字节，用来标记数据段的顺序，TCP 把连接中发送的所有数据字节都编一个序号，第一个字节的编号由本地随机产生，给字节编序号后，就给每一个报文段指派一个序号，序列号 seq 就是这个报文段中的第一个字节的数据编号。

2）确认号 ack：占 4 个字节，期待收到对方下一个报文段的第一个数据字节的序号，序列号表示报文段携带数据的第一个字节的编号，而确认号指的是期望接收到下一个字节的编

号，因此报文段最后一个字节的编号加1即是确认号。

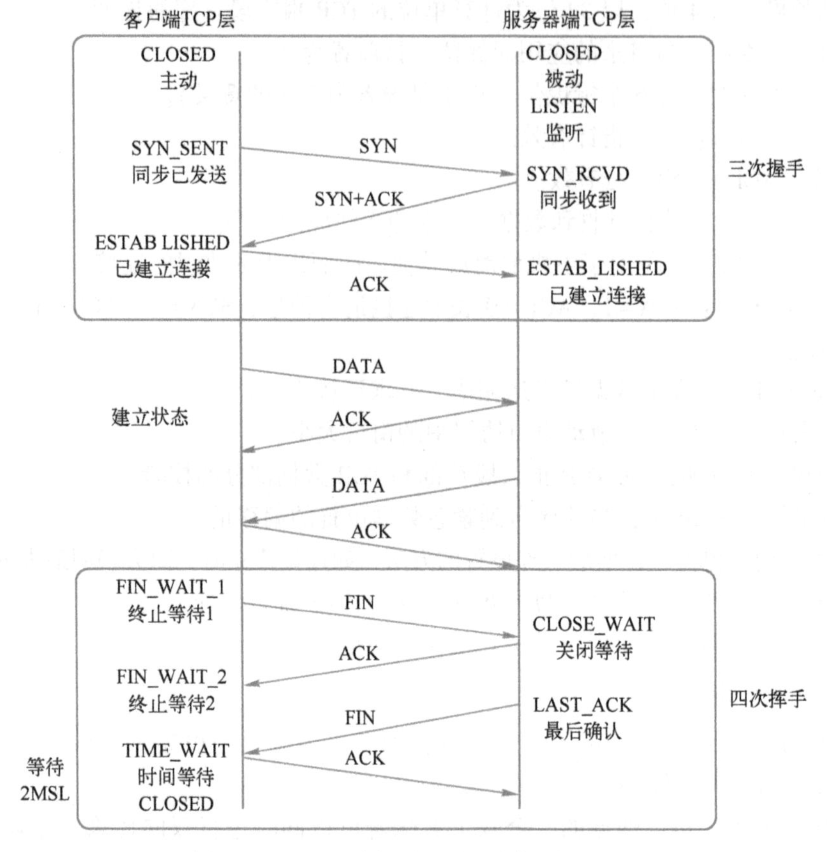

图3-3 TCP三次握手以及四次挥手的过程

3）确认ACK：占1位，仅当ACK=1时，确认号字段才有效；ACK=0时，确认号字段无效。

4）同步SYN：连接建立时用于同步序号。当SYN=1，ACK=0时，表示这是一个连接请求报文段。若同意连接，则在响应报文段中使用SYN=1，ACK=1。因此，SYN=1表示这是一个连接请求，或连接接收报文。

SYN标志位只有在TCP建立连接时才会被置为1，握手完成后SYN标志位被置为0。

5）终止FIN：用来释放一个连接。

（2）三次握手的过程

1）第一次握手：建立连接时，客户端发送SYN包到服务器，其中包含客户端的初始序号seq=x，并进入SYN_SENT状态，等待服务器确认。

其中，SYN=1，ACK=0，表示这是一个TCP连接请求数据报文；序号seq=x，表明传输数据时的第一个数据字节的序号是x。

2）第二次握手：服务器收到请求后，必须确认客户的数据包。同时自己也发送一个SYN包，即SYN+ACK包，此时服务器进入SYN_RCVD状态。

其中，在确认报文段中，若SYN=1，ACK=1，则表示这是一个TCP连接响应数据报文，并含服务端的初始序号seq(服务器)=y，以及服务器对客户端初始序号的确认号ack(服务器)=seq(客户端)+1=x+1。

3）第三次握手：客户端收到服务器的SYN+ACK包，向服务器发送一个序列号（seq=x+1），确认号为 ack(客户端)= y+1，此包发送完毕，客户端和服务器进入 ESTAB_LISHED（TCP 连接成功）状态，完成三次握手。

（3）四次挥手过程（关闭客户端到服务器的连接）

1）第一次挥手：首先，客户端发送一个 FIN，用来关闭客户端到服务器的数据传送，然后等待服务器的确认。其中终止标志位 FIN=1，序列号 seq=u。

2）第二次挥手：服务器收到这个 FIN，它会发送一个 ACK，确认 ack 为收到的序号加 1。

3）第三次挥手：关闭服务器到客户端的连接，发送一个 FIN 给客户端。

4）第四次挥手：客户端收到 FIN 后，发回一个 ACK 报文确认，并将确认序号 seq 设置为收到序号加 1。首先关闭的一方将执行主动关闭，而另一方执行被动关闭。

客户端发送 FIN 后，进入终止等待状态，服务器收到客户端连接释放报文段后，就立即给客户端发送确认，服务器就进入 CLOSE_WAIT 状态，此时 TCP 服务器进程就通知高层应用进程，从客户端到服务器的连接就释放了。此时是“半关闭状态”，即客户端不可以发送数据报给服务器，服务器可以发送数据报给客户端。

此时，如果服务器没有数据报发送给客户端，其应用程序就通知 TCP 释放连接，然后发送给客户端连接释放数据报，并等待确认。客户端发送确认后，进入 TIME_WAIT 状态，但是此时 TCP 连接还没有释放，然后经过等待计时器设置的 2MSL 后，才进入到 CLOSED 状态。

注意： 为什么需要 2MSL 时间？首先，MSL 即 Maximum Segment Lifetime，就是最大报文生存时间，是任何报文在网络上的存在的最长时间，超过这个时间报文将被丢弃。《TCP/IP 详解》中是这样描述的：MSL 是任何报文段被丢弃前在网络内的最长时间。RFC 793 中规定 MSL 为 2 min，实际应用中常用的是 30 s、1 min 和 2 min 等。

5. TCP 的差错控制（确认与重传）

在差错控制过程中，如果接收方的 TCP 正确收到一个数据报文，它要回发一个确认信息给发送方；若检测到错误，就丢弃该数据。而发送方在发送数据时，TCP 需要启动一个定时器。在定时器到时之前，如果没有收到一个确认信息（可能因为数据出错或丢失），则发送方重传该数据。图 3-4 说明了 TCP 的差错控制机制。

6. 流量控制

一旦连接建立起来后，通信双方就可以在该连接上传输数据了。在数据传输过程中，TCP 提供一种基于动态滑动窗口协议的流量控制机制，使接收方 TCP 实体能够根据自己当前的缓冲区容量来控制发送方 TCP 实体传送的数据量。假设接收方现有 2048 B 的缓冲区空间，如果发送方传送了一个 1024 B 的报文段并被正确接收到，那么接收方要确认该报文段。然而，因为它现在只剩下 1024 B 的缓冲区空间（在应用程序从缓冲区中取走数据之前），所以，它只声明 1024 B 大小的窗口，期待接收后续的数据。当发送方再次发送了 1024 B 的 TCP 报文段后，由于接收方无剩余的缓冲区空间，所以，最终的确认其声明的滑动窗口大小为 0。此时发送方必须停止发送数据直到接收方主机上的应用程序被确定从缓冲区中取走一些数据，接收方重新发出一个新的窗口值为止。

当滑动窗口为 0 时，在正常情况下，发送方不能再发送 TCP 报文段。但两种情况例外，一是紧急数据可以发送，比如，立即中断远程的用户进程；二是为防止窗口声明丢失时出现死锁，发送方可以发送 1 B 的 TCP 报文段，以便让接收方重新声明确认号和窗口大小。

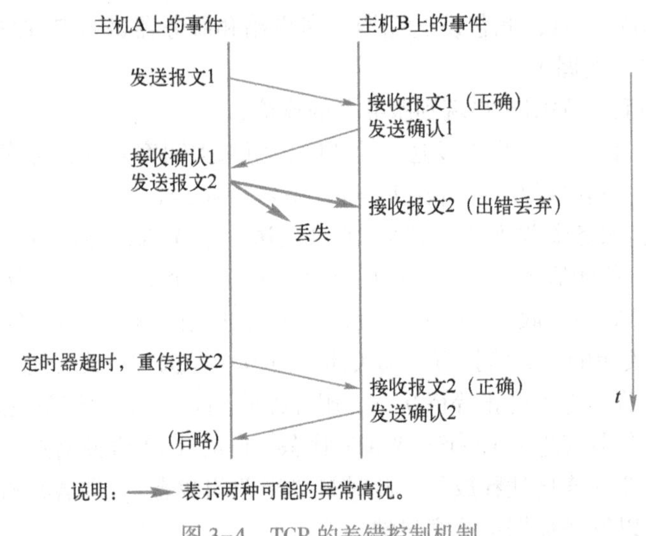

图 3-4 TCP 的差错控制机制

3.3.2 UDP

UDP 提供一种面向进程的无连接传输服务，这种服务不确认报文是否到达，不对报文排序，也不进行流量控制，因此 UDP 报文可能会出现丢失、重复和失序等现象。

对于差错、流量控制和排序的处理，则由上层协议（ULP）根据需要自行解决，UDP 本身并不提供。与 TCP 相同的是，UDP 也是通过端口号支持多路复用功能，多个 ULP 可以通过端口地址共享单一的 UDP 实体。

由于 UDP 是一种简单的协议机制，通信开销很小，效率比较高，比较适合于对可靠性要求不高，但需要快捷、低延迟通信的应用场合，如交互型应用（一来一往交换报文）。即使出错重传也比面向连接的传输服务开销小。特别是网络管理方面，大都使用 UDP。

1. UDP 的协议数据单元

UDP 的协议数据单元（TPDU）是由 8 B 报头和可选部分的 0 个或多个数据字节组成。它在 IP 分组数据报中的封装及组成如图 3-5 所示。所谓封装，实际上就是指发送端的 UDP 软件将 UDP 报文交给 IP 软件后，IP 软件在其前面加上 IP 报头，构成 IP 分组数据报。

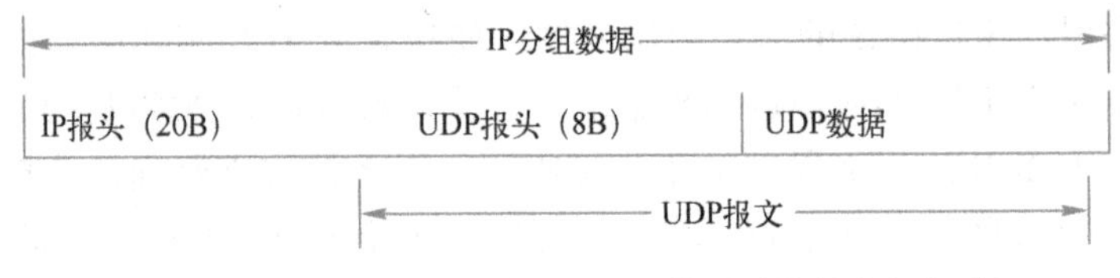

图 3-5 UDP 的 TPDU 在 IP 分组数据报的封装与组成

UDP 报文格式如图 3-6 所示。

0 15	16 31
源端口号（16bit）	目的端口号（16bit）
长度（16bit）	校验和（16bit）
数据（长度可变）	

图 3-6 UDP 报文格式

UDP 报头各个字段意义如下。

1）源端口号、目的端口号：分别用于标识和寻找源端和目的端的应用进程。它们分别与 IP 报头中的源端 IP 地址和目的端 IP 地址组合，从而唯一确定一个 UDP 连接。

2）报文长度：包括 UDP 报头和数据在内的报文长度，以字节为单位，最小值为 8（报头长度）。

3）校验和：可选字段。若计算校验和，则将 IP 首部、UDP 报头和 UDP 数据全部计算在内，用于检错，即由发送端计算校验和并存储，由接收端进行验证。否则，取值 0。

值得注意的是，UDP 校验和字段是可选项而非强制性字段。如果该字段为 0 就说明不进行校验。这样设计是为了使那些在可靠性很好的局域网上使用 UDP 的应用程序能够尽量减少开销。由于 IP 中的校验和并没有覆盖 IP 分组数据报中的数据部分，所以，UDP 校验和字段提供了验证数据是否正确到达目的地的唯一手段，因此，使用该字段是非常必要的。

2. UDP 的工作原理

利用 UDP 实现数据传输的过程远比利用 TCP 要简单得多。UDP 数据报是通过 IP 发送和接收的。发送端主机分配源端口，并指定目的端口，构造 UDP 的 TPDU，提交给 IP 处理。网间寻址由 IP 地址完成，进程间寻址则由 UDP 端口来实现。当发送数据时，UDP 实体构造好一个 UDP 数据报后递交给 IP，IP 将整个 UDP 数据报封装在 IP 数据报中，即加上 IP 报头，形成 IP 数据报发送到网络中。

在接收数据时，UDP 实体首先判断接收到的数据报的目的端口是否与当前使用的某端口相匹配。如果匹配，则将数据报放入相应的接收队列；否则丢弃该数据报，并向源端发送一个“端口不可达”的 ICMP 报文。

3.3.3 IP

IP 使用一个恒定不变的地址方案。在 TCP/IP 协议栈的最底层上运行并负责实际传送数据帧的各种协议都有互不兼容的地址方案。在每个网段上传递数据帧时使用的地址方案会随着数据帧从一个网段传递到另一个网段而变化，但是，IP 地址方案却保持恒定不变，它与每种基本网络技术的具体实施办法无关，并且不受其影响。

IP 是执行一系列功能的软件，它负责决定如何创建 IP 数据报，如何使数据报通过一个网络。当数据发送到计算机时，IP 执行一组任务；当从另一台计算机那里接收数据时，IP 则执行另一组任务。

每个 IP 数据报除了包含它要携带的数据有效负载外，还包含一个 IP 首部。数据有效负载是指任何一个协议层要携带的数据。源计算机上的 IP 负责创建 IP 首部。IP 首部中存在着大量的信息，包括源主机和目的主机的 IP 地址，甚至包含对路由器的指令。数据报从源计算机传送到目的计算机的路径上经过的每个路由器都要查看甚至更新 IP 首部的某个部分。

3.3.3 网络层数据包抓包分析

IP 数据报的格式如图 3-7 所示。其中，IP 首部的最小长度是 20 个字节，包含的信息如下。

- 版本：指明所用 IP 的版本。IP 的当前版本是 4，它的二进制模式是 0100。
- 报头长度：以 4 个字节为单位表示 IP 报头的长度。首部最小长度是 20 个字节。本域的典型二进制模式是 0101。
- 服务类型：源 IP 可以指定特定路由信息。主要选项涉及延迟、吞吐量、可靠性等。
- 总长度：以字节为单位表示 IP 数据报长度，该长度包括 IP 首部和数据有效负载。
- 标识：源 IP 赋予数据报的一个递增序号。
- 标志：用于指明分段可能性的标志。
- 片偏移：为实现顺序重组数据报而赋予每个相连数据报的一个数值。

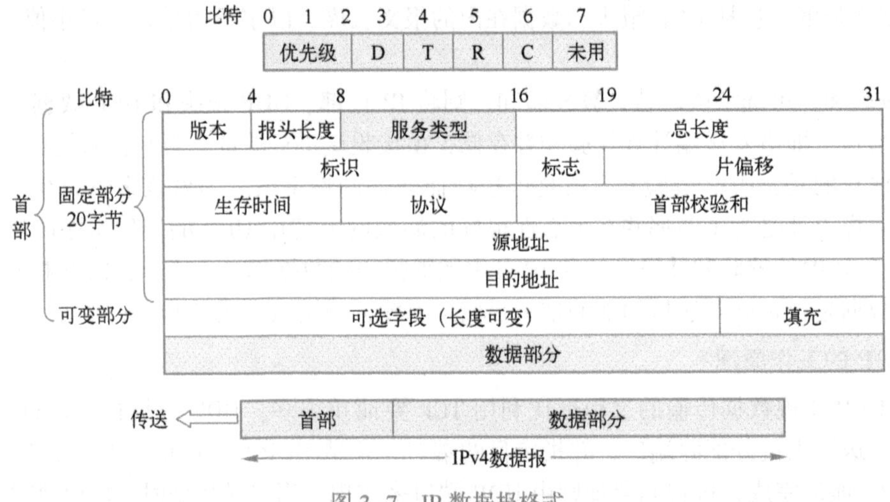

图 3-7 IP 数据报格式

- 生存时间（Time To Live，TTL）：指明数据报在被删除之前可以留存的时间，以秒或路由器划分的网段为单位。每个路由器都要查看该域并至少将它递减 1，或减去数据报在该路由器内延迟的秒数。当该域的值达到零时，该数据报即被删除。
- 协议：规定了使用 IP 的高层协议。
- 首部校验和：存放一个 16 位的计算值，用于检验首部的有效性。随着 TTL 域的值递减，本域的值在每个路由器中都要重新计算。
- 源地址：本地址供目的 IP 在发送回执时使用。
- 目的地址：本地址供目的 IP 用来检验数据传送的正确性。
- 可选字段（长度可变）：用于网络控制或测试，这个域是可选的。
- 填充：确保首部在 32 位边界处结束。
- 数据部分：本域常包含送往传输层 ICMP 或 IGMP 中的 TCP 或 UDP 的数据。

3.3.4 ICMP

在网络层中，最常用的协议是网际协议 IP，其他一些协议用来协助 IP 进行操作，如 ARP、ICMP、IGMP 等。

IP 在传送数据报时，如果路由器不能正确地传送或者检测到异常现象影响其正确传送，路由器就需要通知传送的源主机或路由器采取相应的措施，因特网控制消息协议（Internet Control Message Protocol，ICMP）为 IP 提供了差错控制、网络拥塞控制和路由控制等功能。主机、路由器和网关利用它来实现网络层信息的交互，ICMP 中最多的用途就是错误汇报。

ICMP 信息是在 IP 数据报内部被传输的。如图 3-8 所示。

ICMP 通常被认为是 IP 的一部分，因为 ICMP 消息是在 IP 分组内携带的，也就是说，ICMP 消息是 IP 的有效载荷，就像 TCP 或者 UDP 作为 IP 的有效载荷一样。

IP数据报

IP首部	ICMP报文

20字节

图 3-8 ICMP 封装在 IP 数据报内部

ICMP 信息有一个类型字段和一个代码字段，同时还包含导致 ICMP 消息首先被产生的 IP 数据报首部和其数据部分的前 8 个字节（由此可以确定导致错误的分组）。如图 3-9 所示。

8位类型	8位代码	16位校验和
（不同类型和代码有不同的内容）		

图3-9 ICMP格式

众所周知，ping程序就是给指定主机发送ICMP类型8代码0的报文，目的主机接收到回应请求后，返回一个类型0代码0的ICMP应答。表3-1给出了一些选定ICMP报文消息。

表3-1 ICMP报文消息

类 型	代 码	描 述
0	0	回应应答（执行ping）
3	0	目的网络不可达
3	1	目的主机不可达
3	2	目的协议不可达
3	3	目的端口不可达
4	0	源端抑制（拥塞控制）
8	0	回应请求
9	0	路由器公告
10	0	路由器发现
11	0	TTL过期
12	0	IP首部损坏

例如ICMP的源端抑制消息，其目的是执行拥塞控制。它允许一个拥塞路由器给主机发送一个ICMP源端抑制消息，迫使主机降低传送速率。

3.3.5 ARP和RARP

ARP（Address Resolution Protocol），即地址解析协议，实现通过IP地址得知其物理地址（MAC地址）。

在以太网协议中规定，同一局域网中的一台主机要和另一台主机进行直接通信，必须要知道目标主机的MAC地址。

1. ARP的工作原理

在每台安装有TCP/IP的计算机中都有一个ARP缓存表，表里的IP地址与MAC地址是一一对应的。

以主机A（192.168.1.5）向主机B（192.168.1.1）发送数据为例。

1）当发送数据时，主机A会在自己的ARP缓存表中寻找是否有目标IP地址。

2）如果找到了，也就知道了目标MAC地址，直接把目标MAC地址写入帧里面，就可以发送了。

3）如果在ARP缓存表中没有找到目标IP地址，主机A就会在网络上发送一个广播："我是192.168.1.5，我的MAC地址是00-aa-00-66-d8-13，请问IP地址为192.168.1.1的MAC地址是什么？"

4）网络上其他主机并不响应ARP询问，只有主机B接收到这个帧时，才向主机A做出这样的回应："192.168.1.1的MAC地址是00-aa-00-62-c6-09。"

5）这样，主机A就知道了主机B的MAC地址，它就可以向主机B发送信息了。

6）主机A和B还同时都更新了自己的ARP缓存表（因为A在询问的时候把自己的IP和MAC地址一起告诉了B），下次A再向B或者B向A发送信息时，直接从各自的ARP缓存表里查找就可以了。

7）ARP缓存表采用了老化机制（即设置了生存时间TTL），在一段时间内（一般为15~20 min）如果表中的某一行内容（IP地址与MAC地址的映射关系）没有被使用过，该行内容就会被删除，这样可以大大减少ARP缓存表的长度，加快查询速度。

2. RARP的工作原理

RARP（Reverse Address Resolution Protocol）即反向地址解析协议。

如果某站点被初始化后，只有自己的物理地址（MAC地址）而没有IP地址，则它可以通过RARP发出广播请求，征询自己的IP地址，RARP服务器负责回答。

RARP广泛用于无盘工作站获取IP地址。

RARP的工作原理如下。

1）源主机发送一个本地的RARP广播，在此广播包中，声明自己的MAC地址并且请求任何收到此请求的RARP服务器分配一个IP地址。

2）本地网段上的RARP服务器收到此请求后，检查其RARP列表，查找该MAC地址对应的IP地址。

3）如果存在，RARP服务器就向源主机发送一个响应数据包，并将此IP地址提供给源主机使用。

4）如果不存在，RARP服务器对此不做任何的响应。

5）源主机收到RARP服务器的响应信息，就利用得到的IP地址进行通信；如果一直没有收到RARP服务器的响应信息，表示初始化失败。

3.3.6 IP地址

在网络中，对主机的识别要依靠地址，所以，Internet在统一全网的过程中首先要解决地址的统一问题。因此IP编址与子网划分就显得很重要。

1. 物理地址与IP地址

地址用来标识网络系统中的某个资源，也称为“标识符”。通常标识符被分为3类：名字（Name）、地址（Address）和路径（Route）。三者分别告诉人们，资源是什么、资源在哪里以及怎样去寻找该资源。不同的网络所采用的地址编制方法和内容均不相同。

Internet是通过路由器（或网关）将物理网络互联在一起的虚拟网络。在任何一个物理网络中，各个节点的设备必须都有一个可以识别的地址，这样才能使信息在其中进行交换，这个地址称为“物理地址”（Physical Address）。由于物理地址体现在数据链路层上，因此，物理地址也被称为硬件地址或MAC地址。

网络的物理地址给Internet统一全网地址带来一些问题。

1）物理地址是物理网络技术的一种体现，不同的物理网络，其物理地址的长短、格式各不相同。例如，以太网的MAC地址在不同的物理网络中难以寻找，而令牌环网的地址格式也缺乏唯一性。显然，这两种地址管理方式都会给跨网通信造成障碍。

2）物理网络的地址被固化在网络设备中，通常是不能修改的。

3）物理地址属于非层次化的地址，它只能标识出单个的设备，而标识不出该设备连接的是哪一个网络。

Internet 采用一种全局通用的地址格式，为全网的每一个网络和每一台主机分配一个 Internet 地址，以此屏蔽物理网络地址的差异。IP 的一项重要功能就是专门处理这个问题，即通过 IP 把主机原来的物理地址隐藏起来，在网络层中使用统一的 IP 地址。

2. IP 地址的划分

根据 TCP/IP 规定，IP 地址由 32 bit 组成，它包括 3 个部分：地址类别、网络号和主机号（为方便划分网络，后面将“地址类别”和“网络号”合起来称作“网络号”）。如图 3-10 所示。如何将这 32 bit 的信息合理地分配给网络和主机作为编号，看似简单，意义却很重大。因为各部分比特位数一旦确定，就等于确定了整个 Internet 中所能包含的网络数量以及各个网络所能容纳的主机数量。

由于 IP 地址是以 32 位二进制数的形式表示的，这种形式非常不适合阅读和记忆，因此，为了便于用户阅读和理解 IP 地址，Internet 管理委员会采用了一种“点分十进制”表示方法来表示 IP 地址。也就是说，将 IP 地址分为 4 个字节（每个字节为 8 bit），且每个字节用十进制表示，并用点号“.”隔开。如图 3-11 所示。

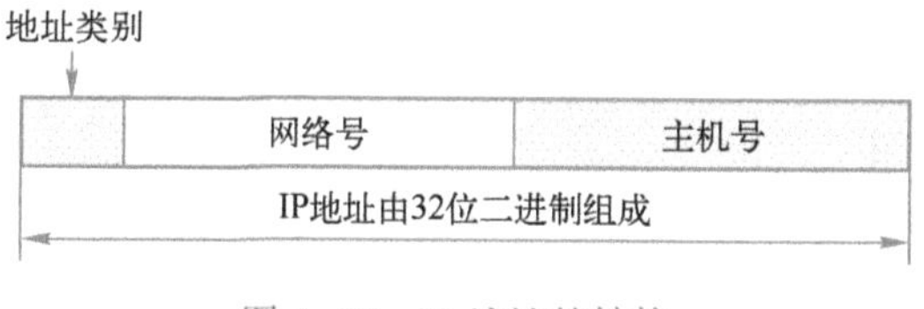

图 3-10　IP 地址的结构

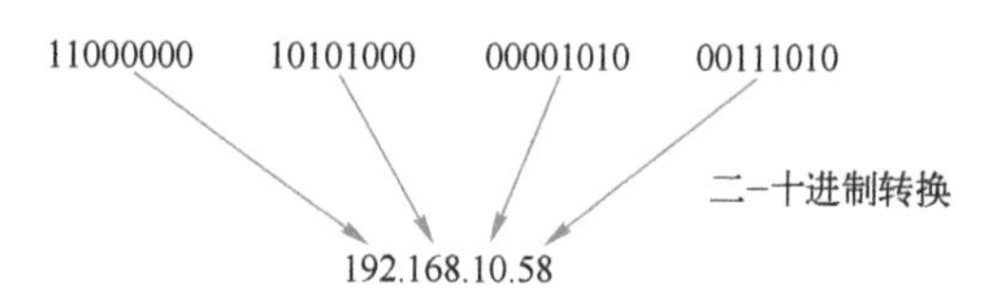

图 3-11　IP 点分十进制的 IP 地址表示方法

由于互联网上的每个接口必须有唯一的 IP 地址，因此必须要有一个管理机构为接入互联网的网络分配 IP 地址。这个管理机构叫互联网络信息中心（Internet Network Information Centre，InterNIC）。InterNIC 只分配网络号。主机号的分配由系统管理员来负责。

3. IP 地址分类

TCP/IP 用 IP 地址在 IP 数据报中标识源地址和目的地址。由于源主机和目的主机都位于某个网络中，要寻找一个主机，首先要找到它所在的网络，所以 IP 地址结构由网络号（Net ID）和主机号（Host ID）两部分组成，分别标识一个网络和一个主机，网络号和主机号也可分别称作网络地址和主机地址。IP 地址是网络和主机的一种逻辑编号，由网络信息中心（NIC）来分配。若局域网不与 Internet 相连，则该网络也可自定义它的 IP 地址。

IP 地址与网上设备并不一定是一对一的关系，网上不同的设备一定有不同的 IP 地址，但同一设备也可以分配几个 IP 地址。例如路由器若同时接通几个网络，它就需要拥有所接各个网络的 IP 地址。

IP 规定：IP 地址的长度为 4 个字节（32 位），分为 5 种类型，见表 3-2。

表 3-2　IP 地址分类

地址类	第 1 个 8 位位组的格式	可能的网络数目	网络中节点的最大数目	有效地址范围
A 类	0xxxxxxx	2^7-2	$2^{24}-2$	1. 0. 0. 1～126. 255. 255. 254
B 类	10xxxxxx	$2^{14}-2$	$2^{16}-2$	128. 0. 0. 1～191. 255. 255. 254
C 类	110xxxxx	$2^{21}-2$	2^8-2	192. 0. 0. 1～223. 255. 255. 254
D 类	1110xxxx	1110 后跟 28 bit 的多路广播地址		224. 0. 0. 1～239. 255. 255. 254
E 类	11110xxx	11110 开始，为将来使用保留		240. 0. 0. 1～247. 255. 255. 254

A类地址首位为“0”，网络号占8位，主机号占24位，适用于大型网络；B类地址前两位为“10”，网络号占16位，主机号占16位，适用于中型网络；C类地址前三位为“110”，网络号占24位，主机号占8位，适用于小型网络；D类地址前四位为“1110”，用于多路广播；E类地址前五位为“11110”，为将来使用保留，通常不用于实际工作环境。

对于IP地址的分配、使用应遵循以下规则。

- 网络号必须是唯一的。
- 网络号的首字节不能是127，此数保留给内部回送函数，用于诊断。
- 主机号对所属的网络号必须是唯一的。
- 主机号的各位不能全为“1”，全为“1”用作广播地址。
- 主机号的各位不能全为“0”，全为“0”表示本地网络。

4. 特殊地址

IP地址空间中的某些地址已经为特殊目的而保留，而且通常并不允许作为主机地址。如表3-3所示。

表3-3 特殊IP地址

网络部分	主机	地址类型	用途
Any	全0	网络地址	代表一个网段
Any	全1	广播地址	特定网段的所有节点
127	Any	回环地址	回环测试
全0		所有网络	用于指定默认路由
全1		广播地址	本网段所有节点

这些保留地址的规则如下。

1）IP地址的网络地址部分不能设置为“全部为1”或“全部为0”。

网络位不能全部都是0，因为0.0.0.0是一个不合法的网络地址，而且用于代表“未知网络或地址”。

2）IP地址的子网部分不能设置为“全部为1”或“全部为0”。

在一个子网中，将主机位设置为0将代表特定的子网。同样，为这个子网分配的所有位不能全为0，因为这将会代表上一级网络的网络地址。

3）IP地址的主机地址部分不能设置为“全部为1”或“全部为0”。

当IP地址中的主机地址中的所有位都设置为0时，它指示为一个网络，而不是哪个网络上的特定主机。这些类型的条目通常可以在路由选择表中找到，因为路由器控制网络之间的通信量，而不是单个主机之间的通信量。

4）127.x.x.x不能作为网络地址。

网络地址127.x.x.x已经分配给当地回路地址。这个地址的目的是提供对本地主机的网络配置的测试。使用这个地址提供了对协议堆栈的内部回路测试，这和使用主机的实际IP地址不同，它需要网络连接。

5. 私用地址

私用地址不需要注册，仅用于局域网内部，该地址在局域网内部是唯一的。当网络上的公用地址不足时，可以通过网络地址转换（NAT），利用少量的公用地址把大量的配有私用地址的机器连接到公用网上。

下列地址作为私用地址：

10.0.0.1~10.255.255.254

172.16.0.1~172.31.255.254

192.168.0.1~192.168.255.254

3.3.7 划分子网

出于对管理、性能和安全方面的考虑，许多单位把单一网络划分为多个物理网络，并使用路由器将它们连接起来。

1. 子网掩码

我们可以发现，在A类地址中，每个网络可以容纳16777214台主机，B类地址中，每个网络可以容纳65534台主机。在网络设计中一个网络内部不可能有这么多机器；另一方面我们知道IPv4面临IP资源短缺的问题。在这种情况下，可以采取划分子网的办法来有效地利用IP资源。所谓划分子网是指从主机位借出一部分来做网络位。借以增加网络数目，减少每个网络内的主机数目。

引入子网机制以后，就需要用到子网掩码。子网掩码定义了构成IP地址的32位中的多少位用于定义网络。子网掩码中的二进制位构成了一个过滤器，它仅仅能够通过应该解释为网络地址的IP地址的那一部分。完成这个任务的过程称为按位求与。按位求与是一个逻辑运算，它对地址中的每一位和相应的掩码位进行。AND运算的规则是：

x and 1 = x　　　　x and 0 =0

IP地址和其子网掩码相与后，得到该IP地址的网络号。比如172.10.33.2/20（表明子网掩码中1的个数为20），IP地址转换为二进制是10101100.00001010.00100001.00000010。子网掩码255.255.240.0，转换成二进制是11111111.11111111.11110000.00000000。IP地址与子网掩码做与运算，得到10101100.00001010.00100000.00000000，即172.10.32.0，可以得到该IP所在的网络号为172.10.32.0。

2. 划分子网的原因

出于对管理、性能和安全方面的考虑，许多单位把单一网络划分为多个物理网络，并使用路由器将它们连接起来。子网划分（Subneting）技术能够使单个网络地址横跨几个物理网络，这些物理网络统称为子网。

另外，使用路由器的隔离作用还可以将网络分为内外两个子网，并限制外部网络用户对内部网络的访问，以提高内部子网的安全性。

划分子网的原因有很多，主要包括以下几个方面。

（1）充分使用地址

由于A类网或B类网的地址空间太大，造成在不使用路由设备的单一网络中无法使用全部地址，比如，对于一个B类网络“172.17.0.0”，可以有$2^{16}-2$个主机，这么多的主机在单一的网络下是不能工作的。因此，为了能更有效地使用地址空间，有必要把可用地址分配给更多较小的网络。

（2）划分管理职责

划分子网还可以更易于管理网络。当一个网络被划分为多个子网时，每个子网就变得更易于控制。每个子网的用户、计算机及其子网资源可以让不同的管理员进行管理，减轻了单人管理大型网络的负担。

（3）提高网络性能

在一个网络中，随着网络用户的增长、主机的增加，网络通信也将变得非常繁忙。而繁忙的网络通信很容易导致冲突、丢失数据包以及数据包重传，因而降低了主机之间的通信效率。而如果将一个大型的网络划分为若干个子网，并通过路由器将其连接起来，就可以减少网络拥塞。这些路由器就像一堵墙把子网隔离开，使本地的通信不会转发到其他子网中。使同一子网中主机之间进行广播和通信，只能在各自的子网中进行。

3. 划分的方法

要创建子网，必须扩展地址的路由选择部分。Internet 把网络当成完整的网络来“了解”，识别成拥有 8、16、24 个路由选择位（网络号）的 A、B、C 类地址。子网字段表示的是附加的路由选择位，所以在组织内的路由器可在整个网络的内部辨认出不同的区域或子网。

子网掩码与 IP 地址使用一样的地址结构。即每个子网掩码是 32 位长，并且被分成了 4 个 8 位。子网掩码的网络和子网络部分全为 1，主机部分全为 0。默认情况下，B 类网络的子网掩码是 255. 255. 0. 0。如果为建立子网借用 8 位的话，子网掩码因为包括 8 个额外的 1 位而变成 255. 255. 255. 0。结合 B 类地址 130. 5. 2. 144（子网划分借走 8 位），路由器知道要把分组发送到网络 130. 5. 2. 0 而不是网络 130. 5. 0. 0。

因为一个 B 类网络地址的主机字段中含有两个 8 位，所以总共有 14 位可以被借来创建子网。一个 C 类地址的主机部分只含有一个 8 位，所以在 C 类网络中只有 6 位可以被借来创建子网。图 3-12 所示是 B 类网络划分子网情况。

子网字段总是直接跟在网络号后面。也就是说，被借的位必须是默认主机字段的前 N 位。这个 N 是新子网字段的长度。

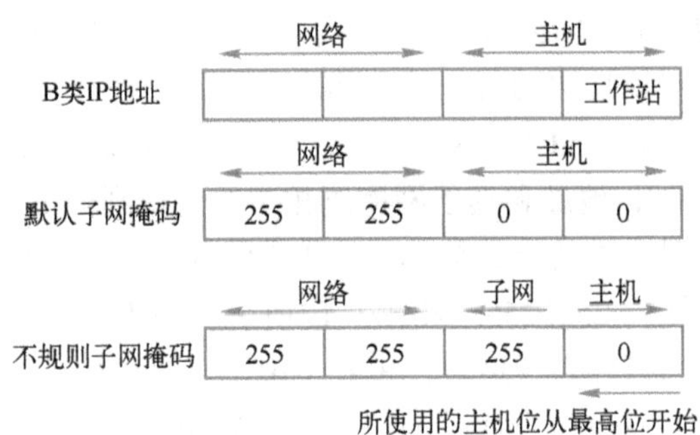

图 3-12 网络与主机地址

4. 子网掩码与子网的关系

（1）计算子网掩码和 IP 地址

从主机地址借位，应当注意到每次借用一位时，所创建出来的附加子网数量。在借位时不能只借一位，至少要借两位。借两位可以创建 2（2^2-2）个子网。当每次从主机字段借一位时，所创建的子网数量就增加 2 的乘方。所以，每从主机字段借一位，子网数量就增加一倍。

（2）计算每个子网中的主机数

当每次从主机字段借走一位时，用于主机数量的位就少一位。相应地，当每次从主机字段借一位时，可用主机的数量就减少 2 的乘方（减少一半）。

设想一下把一个 C 类网络划分成子网。如果从 8 位的主机字段借 2 位时，主机字段减少到 6 位。如果把剩下 6 位中 0 和 1 的所有可能的排列组合写出来，就会发现每个子网中主机总数减少到了 64（2^6）个，可用主机数减少到 62（2^6-2）个。

另一种用以计算子网掩码和网络数量的公式如下。

可用子网数（N）等于 2 的借用子网位数（n）次幂减去 2，即

$2^n-2=N$

可用主机数（M）等于 2 的剩余部分位数（m）次幂减去 2，即

$2^m-2=M$

举例如下。

某企业网络号为 10. 0. 0. 0，下属有 3 个部门，希望划分 3 个子网，请问如何划分？

根据公式 $2^n-2\geqslant3$ 得出 n 的值为 3。即要从主机位中借用 3 位作为网络位才可以至少划分出 3 个子网，其具体划分如下：

10. 0. 0. 0 中的 10 本身就是网络位，不用改变，而是将紧跟在后面的主机位中的前 3 位划为网络位。

因为默认子网掩码的二进制表示为：11111111. 00000000. 00000000. 00000000，所以按要求划分子网后，该网络的子网掩码变为（二进制表示）：

11111111. 11100000. 00000000. 00000000

即新的子网掩码为 255. 224. 0. 0。在新的子网掩码中，网络位所对应的原网络位不动，新加的 3 个网络位的改变就是新划分的子网，可划分的子网的网络号可以是

10. 001/00000. 0. 0，10. 010/00000. 0. 0，10. 011/00000. 0. 0

10. 100/00000. 0. 0，10. 101/00000. 0. 0，10. 110/00000. 0. 0

其中 10. 0. 0. 0 与 10. 224. 0. 0 不能够用来作为子网，所以新划分的网络最多有 6 个子网。

10. 0. 0. 0 与 10. 255. 255. 255 是所有子网的网络号与广播地址，即新形成的逻辑子网都从属于原来的网络。划分前后的情况具体见表 3-4。

表 3-4　子网划分示例

	划　分　前	划　分　后
可用网络数	1	6
子网掩码	11111111. 00000000. 00000000. 00000000 255. 0. 0. 0	11111111. 11100000. 00000000. 00000000 255. 224. 0. 0
网络号	10. 0. 0. 0	（10. 0. 0. 0 整个网络的网络号） 10. 32. 0. 0　10. 64. 0. 0　10. 96. 0. 0 10. 128. 0. 0　10. 160. 0. 0　10. 192. 0. 0
广播地址	10. 255. 255. 255	（10. 255. 255. 255 整个网络的广播地址） 10. 63. 255. 255　10. 95. 255. 255 10. 127. 255. 255　10. 159. 255. 255 10. 191. 255. 255　10. 223. 255. 255
网络主机范围（主机数）	10. 0. 0. 1 ~ 10. 255. 255. 254	10. 32. 0. 1 ~ 10. 63. 255. 254
		10. 64. 0. 1 ~ 10. 95. 255. 254
		10. 96. 0. 1 ~ 10. 127. 255. 254
		10. 128. 0. 1 ~ 10. 159. 255. 254
		10. 160. 0. 1 ~ 10. 191. 255. 254
		10. 192. 0. 1 ~ 10. 223. 255. 254

3. 3. 8　IPv6

现有的互联网是在 IPv4 的基础上运行的，IPv6（IP Version 6）是下一版本的互联网协议，也可以说是下一代互联网协议。IPv4 采用 32 位地址长度，只有大约 43 亿个地址，在不久的将来将被分配完毕。而 IPv6 采用 128 位地址长度，几乎可以不受限制地提供地址。

1. IPv6 的优点

与 IPv4 相比，IPv6 主要有以下的优点。

1）超大的地址空间。IPv6 将 IP 地址从 32 位增加到 128 位，所包含的地址数目高达 $2^{128}\approx3.4\times10^{38}$个地址。如果所有地址平均散布在整个地球表面，大约每平方米有 1024 个地址，远远超过了地球上的人数。

2）更好的首部格式。IPv6 采用了新的首部格式，将选项与基本首部分开，并将选项插入到首部与上层数据之间。首部具有固定的 40 字节的长度，简化和加速了路由选择的过程。

3）增加了新的选项。IPv6 有一些新的选项可以实现附加的功能。

4）允许扩充。留有充分的备用地址空间和选项空间，当有新的技术或应用需要时允许协议进行扩充。

5）支持资源分配。在 IPv6 中删除了 IPv4 中的服务类型，但增加了流标记字段，可用来标识特定的用户数据流或通信量类型，以支持实时音频和视频等需实时通信的通信量。

6）增加了安全性考虑。扩展了对认证、数据一致性和数据保密的支持。

2. IPv6 地址

（1）IPv6 的地址表示

IPv6 地址采用 128 位二进制数，其表示格式如下。

1）首选格式。按 16 位一组，每组转换为 4 位十六进制数，并用冒号隔开。例如，21DA:0000:0000:0000:02AA:000F:FE08:9C5A。

2）压缩表示。一组中的前导 0 可以不写；在有多个 0 连续出现时，可以用一对冒号取代，且只能取代一次。如上面地址可表示为：

21DA:0:0:0:2AA:F:FE08:9C5A　或　21DA::2AA:F:FE08:9C5A

3）内嵌 IPv4 地址的 IPv6 地址。为了从 IPv4 平稳过渡到 IPv6，IPv6 引入一种特殊的格式，即在 IPv4 地址前置 96 个 0，保留十进制点分格式，如::192.168.0.1。

（2）IPv6 掩码

与无类域间路由（CIDR）类似，IPv6 掩码采用前缀表示法，即表示成：IPv6 地址/前缀长度，如 21DA::2AA:F:FE08:9C5A/64。

（3）IPv6 地址类型

IPv6 地址有 3 种类型，即单播、组播和任播。IPv6 取消了广播类型。

1）单播地址。单播地址是点对点通信时使用的地址，该地址仅标识一个接口。

2）组播地址。组播地址（前 8 位均为“1”）表示主机组，它标识一组网络接口，发送给组播的分组必须交付到该组中的所有成员。

3）任播地址。任播地址也表示主机组，但它标识属于同一个系统的一组网络接口（通常属于不同的节点），路由器会将目的地址是任播地址的数据包发送给距离本地路由器最近的一个网络接口。如移动用户上网就需要因地理位置的不同而接入离用户距离最近的一个接收站，这样才可以使移动用户在地理位置上不受太多的限制。

当一个单播地址被分配给多于 1 个的接口时，就属于任播地址。任播地址从单播地址中分配，使用单播地址的任何格式，从语法上任播地址与单播地址没有任何区别。

（4）特殊 IPv6 地址

当所有 128 位都为“0”时（即 0:0:0:0:0:0:0:0），如果不知道主机自己的地址，在发送查询报文时用作源地址。注意该地址不能用作目的地址。

- 当前 127 位为“0”，而第 128 位为“1”时（即 0:0:0:0:0:0:0:1），作为回送地址使用。
- 当前 96 位为“0”，而最后 32 位为 IPv4 地址时，用作在 IPv4 向 IPv6 过渡期两者兼容时使用的内嵌 IPv4 地址的 IPv6 地址。

3. IPv6 的数据报格式

IPv6 的数据报由一个 IPv6 的基本报头、多个扩展报头和一个高层协议数据单元组成。基本报头长度为 40 个字节。一些可选的内容放在扩展报头中实现，此种设计方法可提高数据报的处理效率。IPv6 数据报格式对 IPv4 不向下兼容。

IPv6 数据报格式如图 3-13 所示。

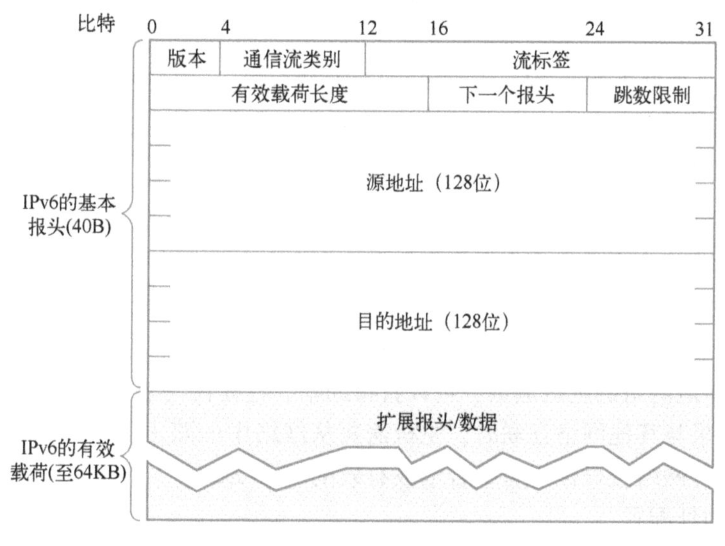

图 3-13　IPv6 数据报格式

IPv6 数据报的主要字段有：

1）版本。占 4 位，取值为 6，意思是 IPv6 协议。

2）通信流类别。占 8 位，表示 IPv6 的数据报类型或优先级，以提供区分服务。

3）流标签。占 20 位，用来标识这个 IP 数据报属于源节点和目标节点之间的一个特定数据报序列。流是指从某个源节点向目标节点发送的分组群中，源节点要求中间路由器作特殊处理的分组。

4）有效载荷长度。占 16 位，是指除基本报头外的数据，包含扩展报头和高层数据。

5）下一个报头。占 8 位，如果存在扩展报头，该字段的值指明下一个扩展报头的类型；如果无扩展报头，该字段的值指明高层数据的类型，如 TCP(6)、UDP(17)等。

6）跳数限制。占 8 位，指 IP 数据报丢弃之前可以被路由器转发的次数。

7）源地址。占 128 位，指发送方的 IPv6 地址。

8）目的地址。占 128 位，大多情况下，该字段为最终目的节点的 IPv6 地址，如果有路由扩展报头，目的地址可能为下一个转发路由器的 IPv6 地址。

9）IPv6 扩展报头。扩展报头是可选报头，紧接在基本报头之后，IPv6 数据报可包含多个扩展报头，而且扩展报头的长度并不固定，IPv6 扩展报头代替了 IPv4 报头中的选项字段。

IPv6的基本报头为固定40字节长，一些可选报头信息由IPv6扩展报头实现。IPv6的基本报头中“下一个报头”字段指出第一个扩展报头类型。每个扩展报头中都包含“下一个报头”字段，用以指出后继扩展报头类型。最后一个扩展报头中的“下一个报头”字段指出高层协议的类型。

扩展报头包含的内容：

1）逐跳选项报头。类型为0，由中间路由器处理的扩展报头。

2）目的站选项报头。类型为60，用于携带由目的节点检查的信息。

3）路由报头。类型为43，用来指出数据报从数据源到目的节点传输过程中，需要经过的一个或多个中间路由器。

4）分片报头。类型为44，IPv6对分片的处理类似于IPv4，该字段包括数据报标识符、段号和是否终止标识符。在IPv6中，只能由源主机对数据报进行分片，源主机对数据报分片后要加分片选项扩展头。

5）认证报头。类型为51，用于携带通信双方进行认证所需的参数。

6）封装安全有效载荷报头。类型为52，与认证报头结合使用，也可单独使用，用于携带通信双方进行认证和加密所需的参数。

4. IPv6的地址自动配置

（1）无状态地址配置

128位的IPv6地址由64位前缀和64位网络接口标识符（网卡MAC地址，IPv6中IEEE已经将网卡MAC地址由48位改为64位）组成。

如果主机与本地网络的主机通信，可以直接通信，这是因为它们处于同一网络中，有相同的64位前缀；如果与其他网络互联时，主机需要从网络中的路由器中获得该网络使用的网络前缀，然后与64位网络接口标识符结合形成有效的IPv6地址。

（2）有状态地址配置

自动配置需要DHCPv6服务器的支持，主机向本地链接中所有DHCPv6服务器发多点广播“DHCP请求信息”，DHCPv6返回“DHCP应答消息”中分配的地址给请求主机，主机利用该地址作为自己的IPv6地址进行配置。

3.4 项目设计与准备

虽然为每个部门设置不同的网络号可实现如上目标，但这样会造成大量的IP地址浪费，也不便于网络管理。

由于IPv4固有的不足，在IP地址紧缺的今天，可为整个公司设置一个网络号，再对这个网络号进行子网划分，使不同部门位于不同子网中。由于各个子网在逻辑上是独立的，因此，没有路由器的转发，子网之间的主机不能相互通信，尽管这些主机可能处于同一个物理网络中。

划分子网是通过设置子网掩码来实现的。由于不同子网分属于不同的广播域，划分子网可创建规模更小的广播域，缩减网络流量、优化网络性能。划分子网后，可利用“ping”命令测试子网内部和子网之间的连通性。

在本项目中，需要如下设备（可考虑每5名学生一组）：

- 装有Windows 7操作系统的PC 5台。
- 交换机1台。

- 直通线 5 根。

3.5 项目实施

任务 3-1　IP 地址与子网划分

假如 10 台计算机组成一个局域网，该局域网的网络地址是 200.200. 组号 .0，将该局域网划分成两个子网，求出子网掩码和每个子网的 IP 地址，并重新设置该组计算机的 IP 地址。测试结果。

1. 划分子网

以 2 组为例，对 IP 地址进行规划和设置。也就是对于网络 200.200.2.0，拥有 10 台计算机，若将该局域网划分成两个子网，则子网掩码和每个子网的 IP 地址该如何规划。

（1）求子网掩码

1）根据 IP 地址 200.200.2.0 确定该网是 C 类网络，主机地址是低 8 位，子网数是 2 个，设子网的位数是 m，则 $2^m-2\geqslant2$，即 $m\geqslant2$，根据满足子网条件下，主机数最多原则，取 m 等于 2。

2）根据上述分析计算出子网掩码是 11111111.11111111.11111111.11000000，即 255.255.255.192。

（2）求子网号

将 200.200.2.0 划成点分二进制形式：11001000.11001000.00000010.00000000。

如果 $m=2$，共划分(2^m-2)个子网，即 2 个子网。子网号由低 8 位的前 2 位决定，主机数由 IP 地址的低 8 位的后 6 位决定，所以子网号分别如下。

- 子网 1：11001000.11001000.00000010.**01**000000，即 200.200.2.64。
- 子网 2：11001000.11001000.00000010.**10**000000，即 200.200.2.128。

（3）分配 IP 地址

1）子网 1 的 IP 地址范围应是：

11001000.11001000.00000010.01**000001**

11001000.11001000.00000010.01**000010**

11001000.11001000.00000010.01**000011**

…

11001000.11001000.00000010.01**111110**

即 200.200.2.65~200.200.2.126。

2）子网 2 的 IP 地址范围应是：

11001000.11001000.00000010.10**000001**

11001000.11001000.00000010.10**000010**

11001000.11001000.00000010.10**000011**

…

11001000.11001000.00000010.10**111110**

即 200.200.2.129~200.200.2.190。

所以子网 1 的 5 台计算机的 IP 地址为 200.200.2.65~200.200.2.69，子网 2 的 5 台计算机的 IP 地址为 200.200.2.129~200.200.2.133。

（4）设置各子网中计算机的 IP 地址和子网掩码。

1）按前述步骤打开 TCP/IP 属性对话框。

2）输入 IP 地址和子网掩码。

3）单击“确定”按钮完成子网配置。

2. 使用“ping”命令测试子网的连通性

1）使用“ping”命令可以测试 TCP/IP 的连通性。选择“开始”→“程序”→“附件”→“命令提示符”命令，打开“命令提示符”窗口，输入“ping/?”，查看“ping”命令用法。

2）输入“ping 200. 200. 2. *”，该地址为同一子网中的 IP 地址，观察测试结果。（如利用 IP 地址为 200. 200. 2. 65 的计算机去 ping IP 地址为 200. 200. 2. 67 的计算机）。

3）输入“ping 200. 200. 2. *”，该地址为不同子网中的 IP 地址，观察测试结果。（如利用 IP 地址为 200. 200. 2. 65 的计算机去 ping IP 地址为 200. 200. 2. 129 的计算机）。

3. 继续思考

1）用“ping”命令测试网络，测试结果可能出现几种情况？分析每种情况出现的可能原因。

2）图 3-14 所示是一个划分子网的网络拓扑图，看图回答问题。

- 如何求图中各台主机的子网号。
- 如何判断图中各台主机是否属于同一个子网。
- 求出 192. 168. 1. 0 在子网掩码为 255. 255. 255. 240 情况下的所有子网划分的地址表。

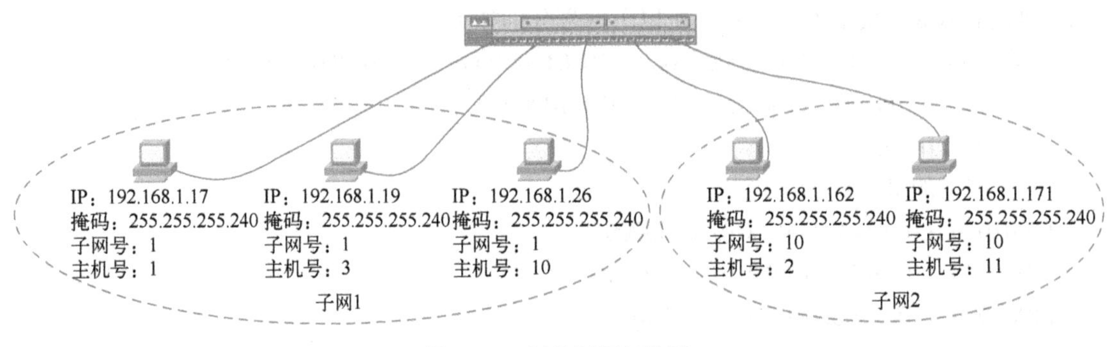

图 3-14 划分子网拓扑图

任务 3-2 IPv6 的使用

1. 手工简易配置 IPv6

1）在计算机 1 上，依次单击“开始”→“控制面板”→“网络和 Internet”→“网络和共享中心”→“更改适配器设置”，打开“网络连接”窗口。

2）右击“本地连接”图标，在弹出的快捷菜单中选择“属性”命令，打开“本地连接属性”对话框。如图 3-15 所示。

3）选择“本地连接 属性”对话框中的“Internet 协议版本 6（TCP/IPv6）”选项，再单击“属性”按钮（或双击“Internet 协议版本 6（TCP/IPv6）”选项），打开“Internet 协议版本 6（TCP/IPv6）属性”对话框。如图 3-16 所示。

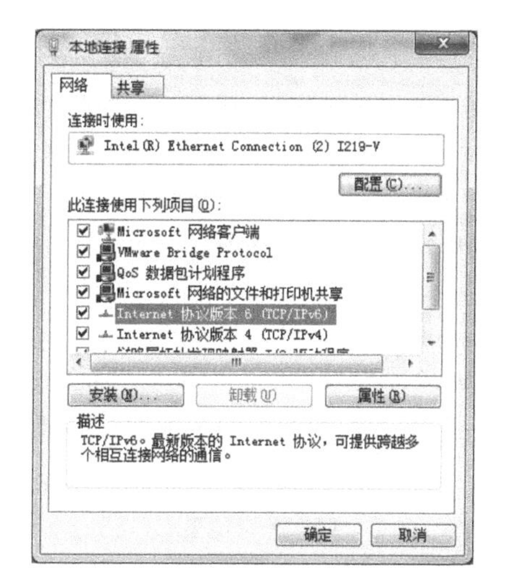

图 3-15　“本地连接 属性”对话框

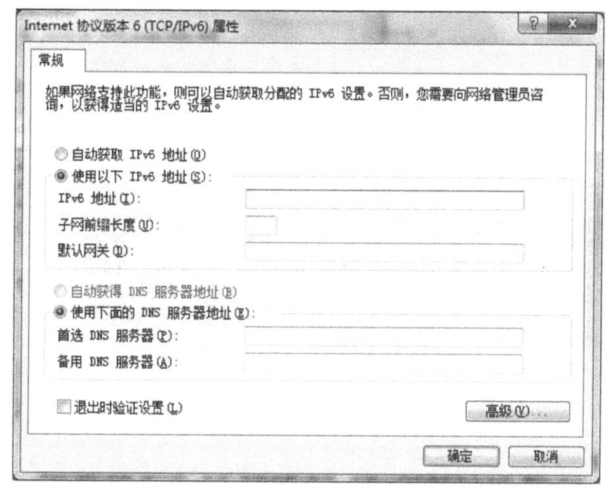

图 3-16　Internet 协议版本 6（TCP/IPv6）属性

4）输入 ISP 给定的 IPv6 地址，包括网关等信息。

2. 使用程序配置 IPv6

1）选择“开始”→“运行”命令，在“运行”对话框中输入“cmd”命令，单击“确定”按钮，进入命令提示符模式，可以用“**ping　::1**”命令来验证 IPv6 是否正确安装。如图 3-17 所示。

2）选择“开始”→“运行”命令，在“运行”对话框中输入“netsh”命令，单击“确定”按钮，进入系统网络参数设置环境。如图 3-18 所示。

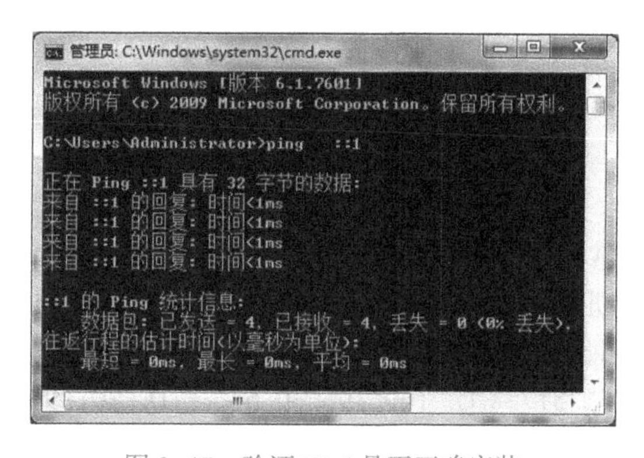

图 3-17　验证 IPv6 是否正确安装

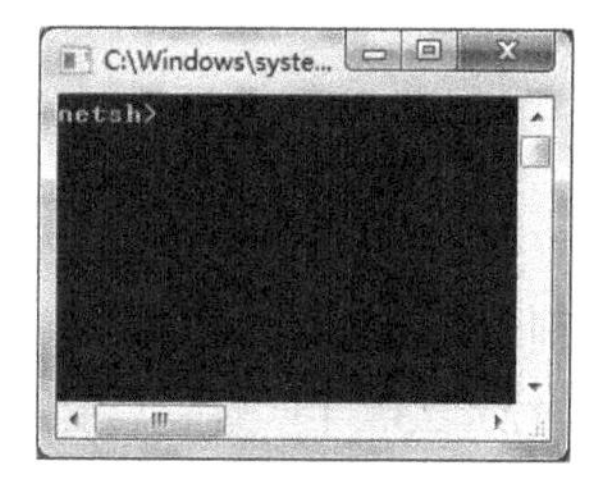

图 3-18　“netsh”命令

3）设置 IPv6 地址及默认网关。假如网络管理员分配给客户端的 IPv6 地址为 2010:da8:207::1010，默认网关为 2010:da8:207::1001，则：

- 执行“interface　ipv6　add　address　"本地连接"　2010:da8:207::1010”命令即可设置 IPv6 地址。
- 执行“interface　ipv6　add　route　::/0　"本地连接"　2010:da8:207::1001　publish=yes”命令即可设置 IPv6 默认网关。如图 3-19 所示。

4）查看“本地连接”的“Internet 协议版本 6（TCP/IPv6）”属性，可发现 IPv6 地址已经配置好。如图 3-20 所示。

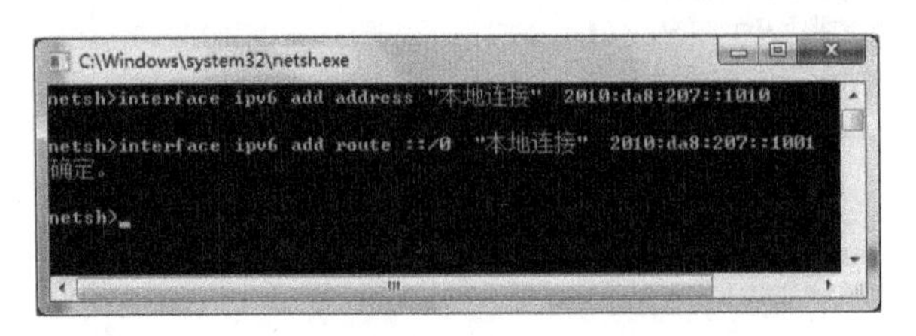

图 3-19 使用程序配置 IPv6 协议

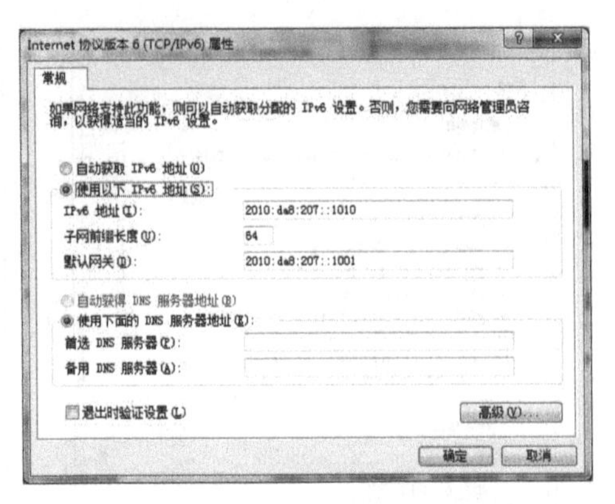

图 3-20 “Internet 协议版本 6（TCP/IPv6）”属性配置结果

3.6 练习题

一、填空题

1. IP 地址由________和________组成。
2. Internet 传输层包含了两个重要协议：________和________。
3. TCP 的全称是指________，IP 全称是指________。
4. IPv4 地址由________位二进制数组成，IPv6 地址由________位二进制数组成。
5. 以太网利用________协议获得目的主机 IP 地址与 MAC 地址的映射关系。
6. ________是用来判断任意两台计算机的 IP 地址是否属于同一网络的根据。
7. 已知某主机的 IP 地址为 132.102.101.28，子网掩码为 255.255.255.0，那么该主机所在子网的网络地址是________。
8. 只有两台计算机处于同一个________，才可以进行直接通信。

二、选择题

1. 为了保证连接的可靠建立，TCP 通常采用（　　）。
   A. 三次握手机制　B. 窗口控制机制　C. 自动重发机制　D. 端口机制
2. 下列 IP 地址中，（　　）是 C 类地址。
   A. 127.233.13.34　B. 212.87.256.51　C. 169.196.30.54　D. 202.96.209.21
3. IP 地址 205.140.36.88 的哪一部分表示主机号？（　　）
   A. 205　B. 205.140　C. 88　D. 36.88
4. 以下（　　）表示网卡的物理地址（MAC 地址）。
   A. 192.168.63.251　B. 19-23-05-77-88
   C. 0001.1234.Fbc3　D. 50-78-4C-6F-03-8D
5. IP 地址 127.0.0.1 表示（　　）。
   A. 一个暂时未用的保留地址　B. 一个 B 类 IP 地址
   C. 一个本网络的广播地址　D. 一个表示本机的 IP 地址

三、简答题

1. IP 地址中的网络号与主机号各起了什么作用？

2. 为创建一个子网至少要借多少位？

3. 有一个IP地址：222.98.117.118/27，请写出该IP地址所在子网内的合法主机IP地址范围、广播地址及子网的网络号。

4. 一个公司有3个部门，分别为财务、市场和人事。要求建3个子网，请根据网络号172.17.0.0/16划分，写出每个子网的网络号、子网掩码和合法主机范围。要求有步骤。

5. 为什么要推出IPv6？IPv6中的变化体现在哪几个方面？

3.7 项目实训3　划分子网及应用

一、实训目的

- 正确配置IP地址和子网掩码。
- 掌握子网划分的方法。

二、实训内容

3.7 IP子网规划与划分

1）划分子网。

2）配置不同子网的IP地址。

3）测试结果。

三、实训环境要求

1. 所需设备

- 装有Windows 7操作系统的PC 5台（可分组进行）。
- 交换机1台。
- 直通线5根。

2. 子网划分及应用的网络拓扑图

子网划分及应用的网络拓扑图如图3-21所示。

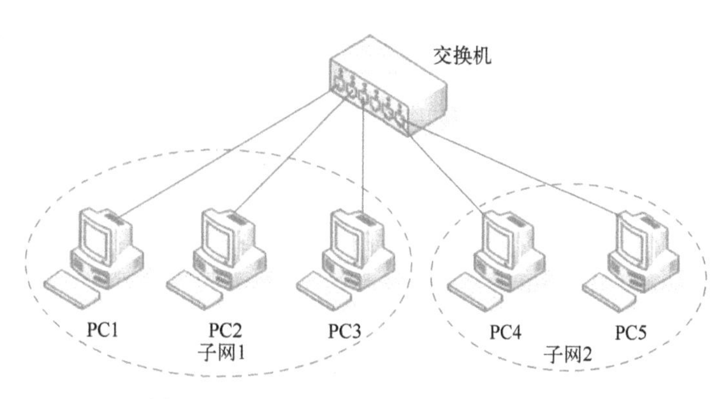

图3-21　IP地址与子网划分的网络拓扑图

3. 实训步骤

（1）硬件连接

如图3-21所示，将5条直通双绞线的两端分别插入每台计算机网卡的RJ-45接口和交换机的RJ-45接口中，检查网卡和交换机的相应指示灯是否亮起，判断网络是否正常连通。

（2）TCP/IP配置

1）配置PC1的IP地址为192.168.1.17，子网掩码为255.255.255.0；配置PC2的IP地址为192.168.1.18，子网掩码为255.255.255.0；配置PC3的IP地址为192.168.1.19，子网掩码为255.255.255.0；配置PC4的IP地址为192.168.1.33，子网掩码为255.255.255.0；配置PC5的IP地址为192.168.1.34，子网掩码为255.255.255.0。

2）在PC1、PC2、PC3、PC4、PC5之间用“ping”命令测试网络的连通性，将测试结果填入表3-5。

表3-5　计算机之间的连通性表1

计　算　机	PC1	PC2	PC3	PC4	PC5
PC1	/				
PC2		/			
PC3			/		
PC4				/	
PC5					/

(3) 划分子网1

1) 保持PC1、PC2、PC3三台计算机的IP地址不变，而将它们的子网掩码都修改为255.255.255.240。

2) 在PC1、PC2、PC3之间用“ping”命令测试网络的连通性，将测试结果填入表3-6。

表3-6　计算机之间的连通性表2

计　算　机	PC1	PC2	PC3
PC1	/		
PC2		/	
PC3			/

(4) 划分子网2

1) 保持PC4、PC5两台计算机的IP地址不变，而将它们的子网掩码都修改为255.255.255.240。

2) 在PC4、PC5之间用“ping”命令测试网络的连通性，将测试结果填入表3-7。

表3-7　计算机之间的连通性表3

计　算　机	PC4	PC5
PC4	/	
PC5		/

(5) 子网1和子网2之间连通性测试

在PC1、PC2、PC3（子网1）与PC4、PC5（子网2）之间用“ping”命令测试网络的连通性，将测试结果填入表3-8。

表3-8　计算机之间的连通性表4

计　算　机		子网2	
		PC4	PC5
子网1	PC1		
	PC2		
	PC3		

提示：①子网1的子网号是192.168.1.16，子网2的子网号是192.168.2.32。②该实训最好分组进行，每组5人，每组的IP地址可设计为192.168.组号.XX。

项目 4 配置交换机与组建虚拟局域网

4.1 项目导入

Smile 的公司越来越壮大，由原来的租住写字间发展到使用自主产权的写字楼。随着网络节点数的不断增加，网内数据传输量日益增大。由于广播风暴等原因，网速变得越来越慢，网络堵塞现象时有发生。

另外，由于公司内部人员流动频繁，经常需要更改办公场所，同一部门的人员可能分布在不同的楼层，不能相对集中办公。由于原局域网中各部门之间的信息可以互通，一些重要部门的敏感信息可能被其他部门访问，网络安全问题日益突出。

为此，公司领导要求信息化处帮助解决以上问题，要求在原有网络的基础上，提高网络传输速度，各部门之间的信息不能相互访问。

作为信息化处的主管技术的工程师，你该如何做呢？项目 4 将带领读者解决这个问题，并达到既定目标。

4.2 职业能力目标和要求

◇ 了解交换式以太网的特点。
◇ 掌握以太网交换机的工作过程和数据传输方式。
◇ 掌握以太网交换机的通信过滤、地址学习和生成树协议。
◇ 掌握 VLAN 的组网方法和特点。

4.3 相关知识

4.3.1 交换式以太网的提出

1. 共享式以太网存在的主要问题

- 覆盖的地理范围有限。按照 CSMA/CD 的有关规定，以太网覆盖的地理范围随网络速度的增加而减小。
- 网络总带宽容量固定。
- 不能支持多种速率。

2. 交换的提出

通常，人们利用“分段”的方法解决共享式以太网存在的问题。所谓的“分段”，就是将一个大型的以太网分割成两个或多个小型的以太网，每个段（分割后的每个小以太网）使用CSMA/CD介质访问控制方法维持段内用户的通信。段与段之间通过一种“交换”设备进行沟通。这种交换设备可以将在一段接收到的信息，经过简单的处理转发给另一段。

在实际应用中，如果通过四个集线器级联部门1、部门2和部门3组成大型以太网。尽管部门1、部门2和部门3都通过各自的集线器组网，但是，由于使用共享集线器连接3个部门的网络，因此，所构成的网络仍然属于一个大的以太网。这样，每台计算机发送的信息，将在全网流动，即使他访问的是本部门的服务器也是如此。

通常，部门内部计算机之间的相互访问是最频繁的。为了限制部门内部信息在全网流动，可以使每个部门组成一个小的以太网，部门内部仍可使用集线器，但在部门之间通过交换设备相互连接。如图4-1所示。通过分段，既可以保证部门内部信息不会流至其他部门，又可以保证部门之间的信息交互。以太网节点的减少使冲突和碰撞的概率更小，网络的效率更高。不仅如此，分段之后，各段可按需要选择自己的网络速率，组成性能价格更高的网络。

交换设备有多种类型，局域网交换机、路由器等都可以作为交换设备。交换机工作于数据链路层，用于连接较为相似的网络（例如以太网-以太网），而路由器工作于互联层，可以实现异型网络的互联（例如以太网-帧中继）。

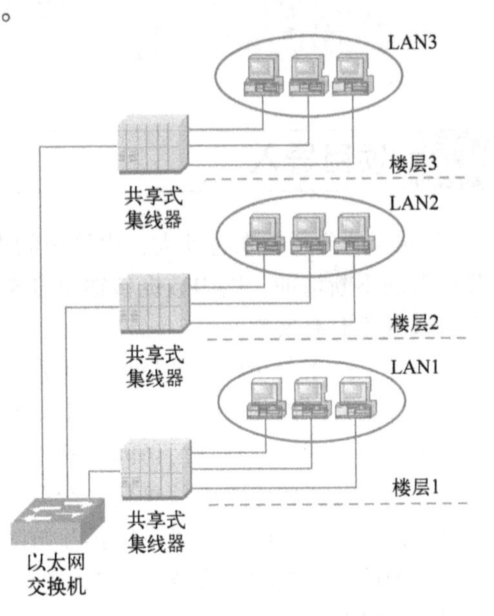

图4-1 交换机将共享式以太网分段

4.3.2 以太网交换机的工作过程

典型的交换机结构与工作过程如图4-2所示。图中的交换机有6个端口，其中端口1、5、6分别连接了节点A、节点D和节点E。节点B和节点C通过共享式以太网连入交换机的端口

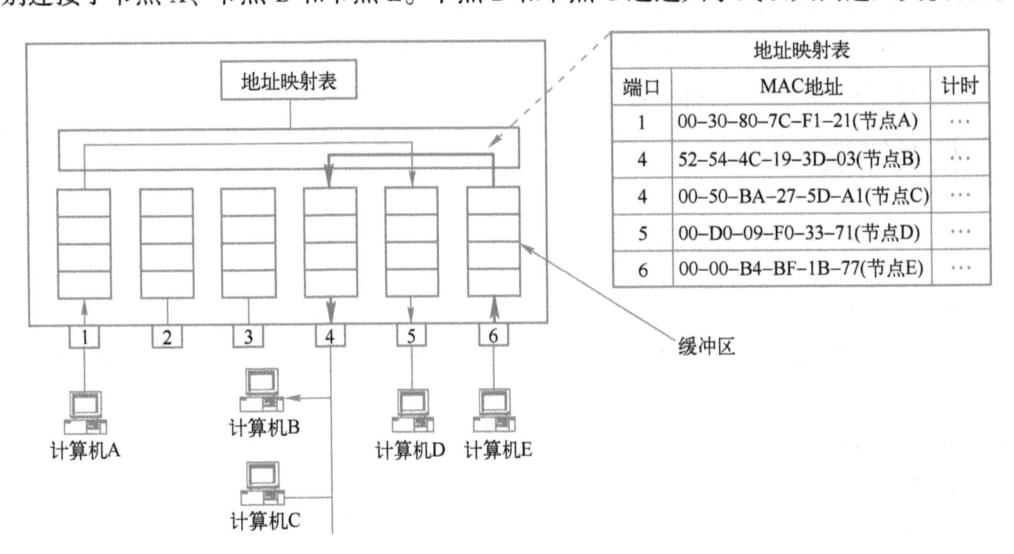

地址映射表

端口	MAC地址	计时
1	00-30-80-7C-F1-21(节点A)	…
4	52-54-4C-19-3D-03(节点B)	…
4	00-50-BA-27-5D-A1(节点C)	…
5	00-D0-09-F0-33-71(节点D)	…
6	00-00-B4-BF-1B-77(节点E)	…

图4-2 交换机的结构与工作过程

4。于是，交换机“端口/MAC 地址映射表”就可以根据以上端口与节点 MAC 地址的对应关系建立起来。

当节点 A 需要向节点 D 发送信息时，节点 A 首先将目的 MAC 地址指向节点 D 的帧发往交换机端口 1。交换机接收该帧，并在检测到其目的 MAC 地址后，在交换机的“端口/MAC 地址映射表”中查找节点 D 所连接的端口号。一旦查到节点 D 所连接的端口号 5，交换机在端口 1 与端口 5 之间建立连接，将信息转发到端口 5。与此同时，节点 E 需要向节点 B 发送信息。于是，交换机的端口 6 与端口 4 也建立一条连接，并将端口 6 接收到的信息转发至端口 4。

这样，交换机在端口 1 至端口 5 和端口 6 至端口 4 之间建立了两条并发的连接。节点 A 和节点 E 可以同时发送消息，节点 D 和接入交换机端口 4 的以太网可以同时接收信息。根据需要，交换机的各端口之间可以建立多条并发连接。交换机利用这些并发连接，对通过交换机的数据信息进行转发和交换。

1. 数据转发方式

以太网交换机的数据交换与转发方式可以分为直接交换、存储转发交换和改进的直接交换 3 类。

（1）直接交换

在直接交换方式中，交换机边接收边检测。一旦检测到目的地址字段，就立即将该数据转发出去，而不管数据是否出错，出错检测任务由节点主机完成。这种交换方式的优点是交换延迟时间短，缺点是缺乏差错检测能力，不支持不同输入输出速率的端口之间的数据转发。

（2）存储转发交换

在存储转发方式中，交换机首先要完整的接收站点发送的数据，并对数据进行差错检测。如接收数据是正确的，再根据目的地址确定输出端口号，将数据转发出去。这种交换方式的优点是具有差错检测能力，并能支持不同输入输出速率端口之间的数据转发，缺点是交换延迟时间相对较长。

（3）改进的直接交换

改进的直接交换方式将直接交换与存储转发交换结合起来，在接收到数据的前 64 字节之后，判断数据的头部字段是否正确，如果正确则转发出去。这种方法对于短数据来说，交换延迟与直接交换方式比较接近；而对于长数据来说，由于它只对数据前部的主要字段进行差错检测，因此交换延迟将会明显减少。

2. 地址学习

以太网交换机利用“端口/MAC 地址映射表”进行信息的交换，因此，端口 MAC 地址映射表的建立和维护显得相当重要。一旦地址映射表出现问题，就可能造成信息转发错误。那么，交换机中的地址映射表是怎样建立和维护的呢？

这里有两个问题需要解决，一是交换机如何知道哪台计算机连接到哪个端口，二是当计算机在交换机的端口之间移动时，交换机如何维护地址映射表。显然，通过人工建立交换机的地址映射表是不切实际的，交换机应该自动建立地址映射表。通常，以太网交换机利用“地址学习”法来动态建立和维护端口/MAC 地址映射表。以太网交换机的地址学习是通过读取帧的源地址并记录帧进入交换机的端口进行的。当得到 MAC 地址与端口的对应关系后，交换机就将该对应关系添加到地址映射表，如果已经存在，交换机将更新该表项。因此，在以太网交换机中，地址是动态学习的。只要这个节点发送信息，交换机就能捕获到它的 MAC 地址与其所在端口的对应关系。

在每次添加或更新地址映射表的表项时，添加或更改的表项都被赋予一个计时器，使得该端口与 MAC 地址的对应关系能够存储一段时间。如果在计时器溢出之前没有再次捕获到该端口与 MAC 地址的对应关系，该表项将被交换机删除。这样，通过移走过时的或老的表项，交换机维护了一个精确且有用的地址映射表。

3. 通信过滤

交换机建立起端口/MAC 地址映射表之后，它就可以对通过的信息进行过滤了。以太网交换机在地址学习的同时还检查每个帧，并基于帧中的目的地址作出是否转发或转发到何处的决定。

图 4-2 显示了两个以太网和两台计算机通过以太网交换机相互连接的示意图。通过一段时间的地址学习，交换机形成了图 4-3 所示的端口/MAC 地址映射表。

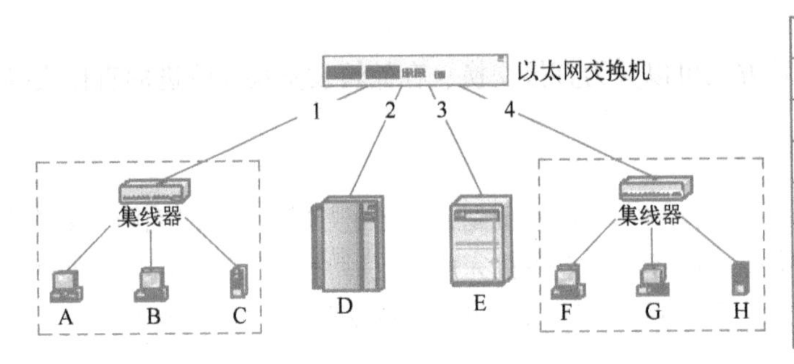

地址映射表		
端口	MAC地址	计时
1	00-30-80-7C-F1-21(A)	…
1	52-54-4C-19-3D-03(B)	…
1	00-50-BA-27-5D-A1(C)	…
2	00-D0-09-F0-33-71(D)	…
4	00-00-B4-BF-1B-77(F)	…
4	00-E0-4C-49-21-25(H)	…

图 4-3　交换机的通信过滤

假设站点 A 需要向站点 C 发送数据，因为站点 A 通过集线器连接到交换机的端口 1，所以，交换机从端口 1 读入数据，并通过地址映射表决定将该数据转发到哪个端口。通过搜索地址映射表，交换机发现站点 C 与端口 1 相连，与发送的源站点处于同一端口。遇到这种情况，交换机不再转发，简单地将数据抛弃，数据信息被限制在本地流动。

以太网交换机隔离了本地信息，从而避免了网络上不必要的数据流动。而交换机所连的网段只听到发给他们的信息流，减少了局域网上总的通信负载，因此提供了更多的带宽。

但是，如果站点 A 需要向站点 G 发送信息，交换机在端口 1 读取信息后检索地址映射表，结果发现站点 G 在地址映射表中并不存在。在这种情况下，为了保证信息能够到达正确的目的地，交换机将向除端口 1 之外的所有端口之外的所有端口转发信息。当然，一旦站点 G 发送信息，交换机就会捕获到它与端口的连接关系，并将得到的结果存储到地址映射表中。

4. 生成树协议

集线器可以按照水平或树形结构进行级联，但是，集线器的级联决不能出现环路，否则发送的数据将在网中无休止地循环，造成整个网络的瘫痪。那么具有环路的交换机级联网络是否可以正常工作呢？答案是肯定的。

实际上，以太网交换机除了按照上面所描述的转发机制对信息进行转发外，还执行生成树协议（Spanning Tree Protocol，STP）。生成树协议计算无环路的最佳路径，当发现环路时，可以相互交换信息，并利用这些信息将网络中的某些环路断开，从而维护一个无环路的网络，以保证整个局域网在逻辑上形成一种树形结构，产生一个生成树。交换机按照这种逻辑结构转发信息，保证网络上发送的信息不会绕环旋转。

4.3.3　交换机的管理与基本配置

1. 交换机的硬件组成

如同 PC 一样，交换机或路由器也由硬件和软件两部分组成。

- 硬件包括 CPU、存储介质、端口等。
- 软件主要是 IOS（Internetwork Operating System）操作系统。

交换机的端口主要有以太网端口（Ethernet）、快速以太网端口（Fast Ethernet）、吉比特以太网端口（Gigabit Ethernet）和控制台端口（Console）等。

存储介质主要有 ROM、RAM、Flash 和 NVRAM。CPU 提供控制和管理交换机功能，包括所有网络通信的运行，通常由称为 ASIC 的专用硬件来完成。

1）ROM 和 RAM：RAM 主要用于辅助 CPU 工作，对 CPU 处理的数据进行暂时存储；ROM 主要用于保存交换机或路由器的启动引导程序。

2）Flash：用来保存交换机或路由器的 IOS 操作系统程序。当交换机或路由器重新启动时并不擦除 Flash 中的内容。

3）NVRAM：非易失性 RAM，用于保存交换机或路由器的配置文件。当交换机或路由器重新启动时并不擦除 NVRAM 中的内容。

2. 交换机的启动过程

Cisco 公司将自己的操作系统称为 Cisco IOS，它内置在所有 Cisco 交换机和路由器中。

交换机启动顺序如下。

1）交换机开机时，先进行开机自检（POST），POST 检查硬件以验证设备的所有组件目前是可运行的。例如，POST 检查交换机的各种端口。POST 存储在 ROM 中并从 ROM 中运行。

2）Bootstrap 检查并加载 Cisco IOS 操作系统。Bootstrap 程序也是位于 ROM 中的程序，用于在初始化阶段启动交换机。默认情况下，所有 Cisco 交换机或路由器都从 Flash 加载 IOS 软件。

3）IOS 软件在 NVRAM 中查找 startup-config 配置文件，只有当管理员将 running-config 文件复制到 NVRAM 中时才产生该文件。

4）如果 NVRAM 中有 startup-config 配置文件，交换机将加载并运行此文件；如果 NVRAM 中没有 startup-config 文件，交换机将启动 setup 程序以对话方式来初始化配置过程，此过程也称为 setup 模式。

3. 交换机的配置模式

有 4 种方式可对交换机进行配置。

1）通过 Console 端口访问交换机。新交换机在进行第一次配置时必须通过 Console 端口访问交换机。Console 线和交换机连线如图 4-4 所示。

2）通过 Telnet 访问交换机。如果网络管理员离交换机较远，可通过 Telnet 远程访问交换机，前提是预先在交换机上配置 IP 地址和访问密码，并且管理员的计算机与交换机之间是 IP 可达的。

3）通过 Web 访问交换机。

4）通过 SNMP 网管工作站访问交换机。

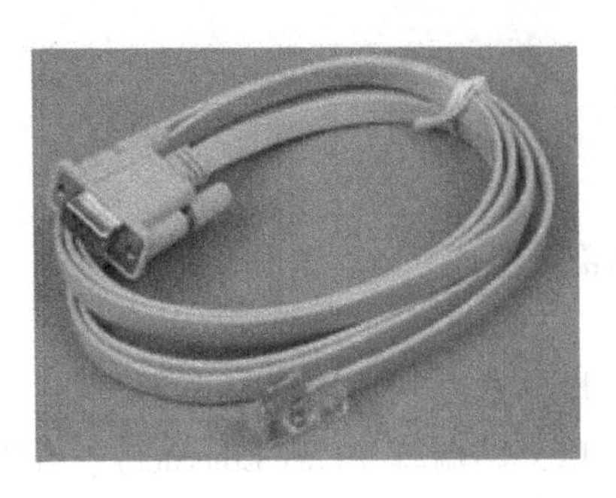

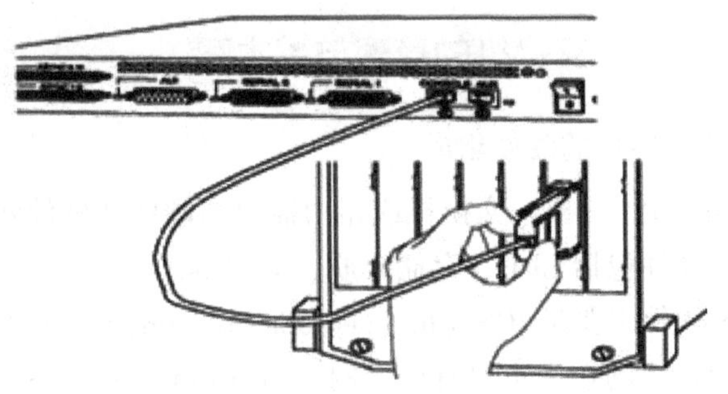

图 4-4 Console 线和交换机连线

4. 交换机的命令行操作模式

交换机的命令行操作模式主要包括：用户模式、特权模式、全局配置模式、端口模式等。

1）用户模式：进入交换机后的第一个操作模式，在该模式下可以简单查看交换机的软、硬件版本信息，并进行简单的测试。用户模式提示符为“Switch>”。

2）特权模式：在用户模式下，输入“enable”命令可进入特权模式，在该模式下可以对交换机的配置文件进行管理，查看交换机的配置信息，进行网络的测试和调试等。特权模式提示符为“Switch#”。

3）全局配置模式：在特权模式下，输入“configure terminal”命令可进入全局配置模式，在该模式下可以配置交换机的全局性参数（如主机名、登录信息等）。在该模式下可以进入下一级的配置模式，对交换机具体的功能进行配置。全局配置模式提示符为“Switch(config)#”。

4）端口模式：在全局配置模式下，输入“interface 接口类型 接口号”命令，如“interface fastethernet0/1”，可进入端口模式，在该模式下可以对交换机的端口参数进行配置。端口模式提示符为“Switch(config-if)#”。

交换机的命令行操作模式如图 4-5 所示。

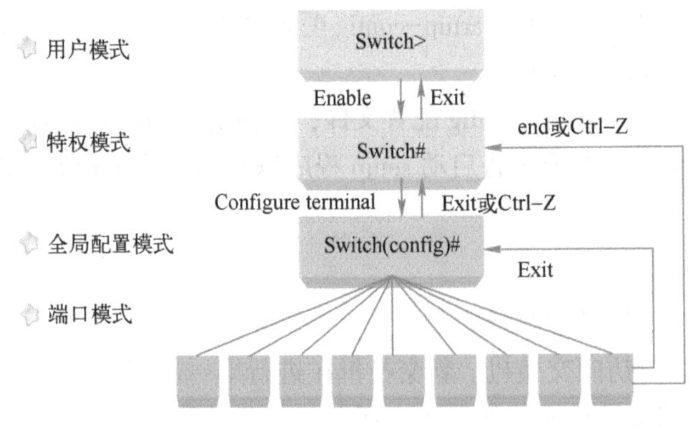

图 4-5 交换机的命令行操作模式

5. 交换机的口令基础

IOS 可以配置控制台口令、AUX 口令、Telnet 或 VTY 口令。此外，还有 Enable 口令。各种口令关系如图 4-6 所示。

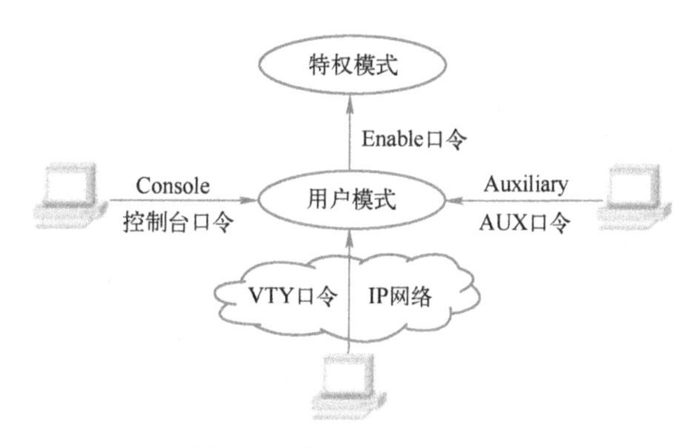

图4-6 交换机的各种口令

Enable 口令设置命令有两个：Enable Password 和 Enable Secret。

- 用 Enable Password 设置的口令没有经过加密，在配置文件中以明文显示。
- 用 Enable Secret 设置的口令是经过加密的，在配置文件中以密文显示。

Enable Password 命令的优先级没有 Enable Secret 高，这意味着，如果用 Enable Secret 设置过口令，则用 Enable Password 设置的口令就会无效。

4.3.4 虚拟局域网

在 IEEE 802.1Q 标准中对虚拟局域网（Virtual LAN，VLAN）是这样定义的：VLAN 是由一些局域网网段构成的与物理位置无关的逻辑组，而这些网段具有某些共同的需求。每一个 VLAN 的帧都有一个明确的标识符，指明发送这个帧的工作站是属于哪一个 VLAN。

利用以太网交换机可以很方便地实现虚拟局域网。这里要指出，虚拟局域网其实只是局域网给用户提供的一种服务，而并不是一种新型局域网。

图 4-7 给出的是使用了 3 台交换机的网络拓扑。

从图 4-7 可看出，每一个 VLAN 的工作站可处在不同的局域网中，也可以不在同一层楼中。

利用交换机可以很方便地将这 9 个工作站划分为 3 个虚拟局域网：VLAN1、VLAN2 和 VLAN3。在虚拟局域网上的每一个站都可以听到同一虚拟局域网上的其他成员所发出的广播，而听不到不同虚拟局域网上的其他成员的广播信息。这样，虚拟局域网限制了接收广播信息的工作站数，使得网络不会因传播过多的广播信息（即所谓的“广播风暴”）而引起性能恶化。在共享传输媒体的局域网中，网络总带宽的绝大部分都是由广播帧消耗的。

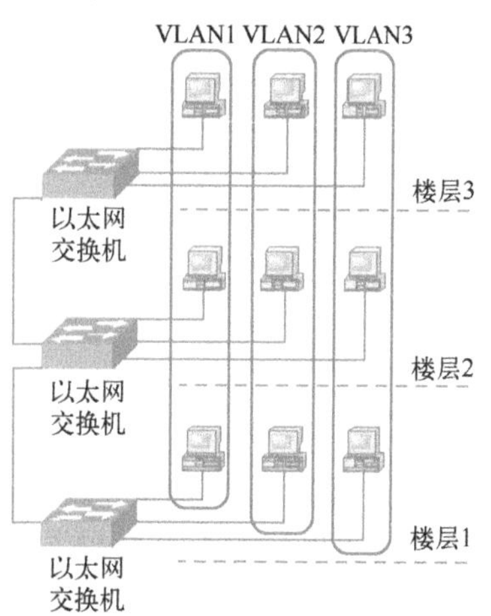

图4-7 虚拟局域网

1. 共享式以太网与 VLAN

在传统的局域网中，通常一个工作组是在同一个网段上，每个网段可以是一个逻辑工作组。多个逻辑工作组之间通过交换机（或路由器）等互联设备交换数据，如图 4-8a 所示。如果一个逻辑工作组的站点仅仅需要转移到另一个逻辑工作组（如从 LAN1 移动到 LAN3），就需要将该计算机从一个集线器（如 1 楼的集线器）撤出，连接到另一个集线器（如 LAN1 中的站点）。如果仅仅需要物理位置的移动（如从 1 楼移动到 3 楼），那么，为了保证该站点仍然隶属于原来的逻辑工作组 LAN1，它必须连接至 1 楼的集线器，即使它连入 3 楼的集线器更方便。在某些情况下，移动站点的物理位置或逻辑工作组甚至需要重新布线。因此，逻辑工作组的组成受到了站点所在网段物理位置的限制。

虚拟局域网 VLAN 建立在局域网交换机之上，它以软件方式实现逻辑工作组的划分与管理。因此，逻辑工作组的站点组成不受物理位置的限制，如图 4-8b 所示。同一逻辑工作组的成员可以不必连接在同一个物理网段上。只要以太网交换机是互联的，他们既可以连接在同一个局域网交换机上，也可以连接在不同局域网交换机上。当一个站点从一个逻辑工作组转移到另一个逻辑工作组时，只需要通过软件设定，而不需要改变它在网络中的物理位置，当一个站点从一个物理位置移动到另一个物理位置时（例如 3 楼的计算机需要移动到 1 楼）只要将该计算机接入另一台交换机（例如 1 楼的交换机），通过交换机软件设置，这台计算机还可以成为原工作组的一员。同一个逻辑工作组的站点可以分布在不同的物理网段上，但它们之间的通信就像在同一个物理段上一样。

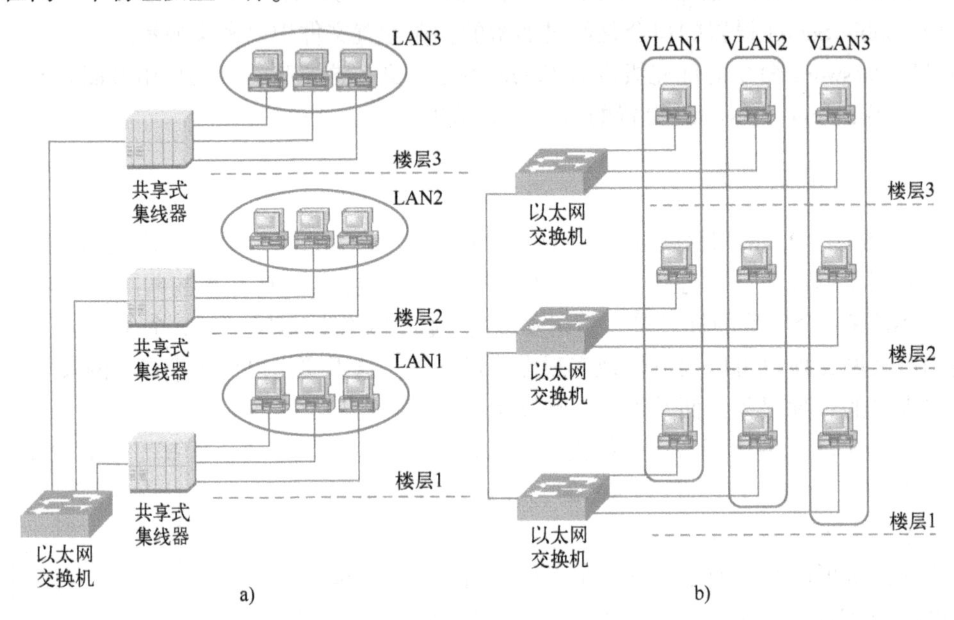

图 4-8 共享式以太网与 VLAN
a）交换机将共享式以太网分段 b）VLAN 将以太网分段

2. VLAN 的组网方法

VLAN 的划分可以根据功能、部门或应用而无须考虑用户的物理位置。以太网交换机的每个端口都可以分配给一个 VLAN。分配给同一个 VLAN 的端口共享广播域（一个站点发送希望所有站点接收的广播信息，同一 VLAN 中的所有站点都可以听到），分配给不同 VLAN 的端口不共享广播域，这将全面提高网络的性能。

VLAN 的组网方法包括静态 VLAN 和动态 VLAN 两种。

（1）静态 VLAN

静态 VLAN 就是静态地将以太网交换机上的一些端口划分给一个 VLAN。这些端口一直保持这种配置关系直到人工改变它们。

在图 4-9 所示的 VLAN 配置中，以太网交换机端口 1、2、6 和 7 组成 VLAN1，端口 3、4、5 组成 VLAN2。

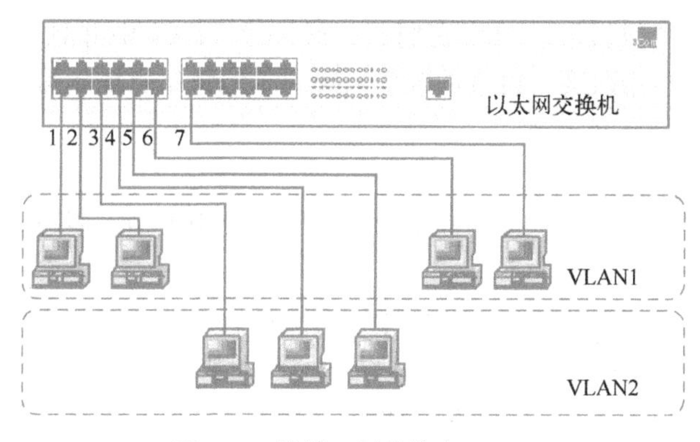

图 4-9　按端口划分静态 VLAN

尽管静态 VLAN 需要网络管理员通过配置交换机软件来改变其成员的隶属关系，但它们有良好的安全性，配置简单应可以直接监控，因此，很受网络管理人员的欢迎。特别是站点设备位置相对稳定时，应用静态 VLAN 是一种最佳选择。

（2）动态 VLAN

所谓的动态 VLAN 是指交换机上 VLAN 端口是动态分配的。通常，动态分配的原则以 MAC 地址、逻辑地址或数据包的协议类型为基础。如图 4-10 所示。

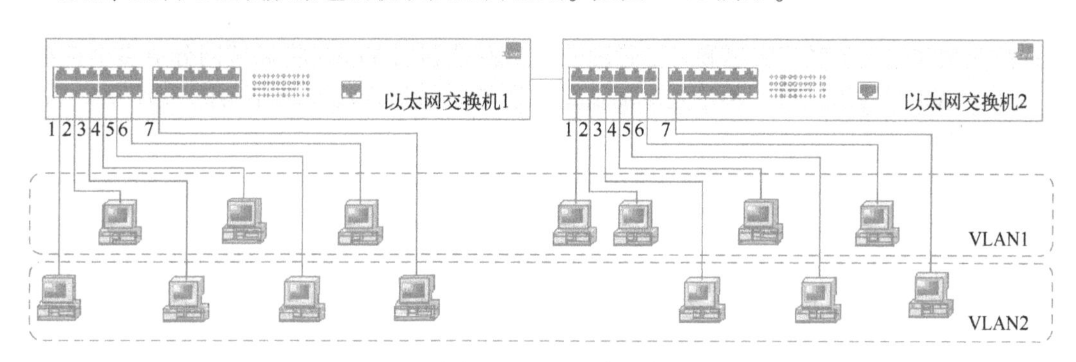

图 4-10　动态 VLAN 可以跨越多台交换机

虚拟局域网既可以在单台交换机中实现，也可以跨越多个交换机。在图 4-10 中，VLAN 的配置跨越两台交换机。以太网交换机 1 的端口 2、4、6 和以太网交换机 2 的端口 1、2、4、6 组成 VLAN1，以太网交换机 1 的端口 1、3、5、7 和以太网交换机 2 的端口 3、5、7 组成 VLAN2。

如果以 MAC 地址为基础分配 VLAN，网络管理员可以通过指定具有哪些 MAC 地址的计算机属于哪一个 VLAN 进行配置（例如 MAC 地址为 00-03-0D-60-1B-5E 的计算机属于 VLAN1），不管这些计算机连接到哪个交换机的端口。这样，如果计算机从一个位置移动到另一个位置，连接的端口从一个换到另一个，只要计算机的 MAC 地址不变（计算机使用的网卡不变），它仍将属于原 VLAN，无须重新配置。

3. VLAN 的优点

（1）减少网络管理开销

在有些情况下，部门重组和人员流动不但需要重新布线，而且需要重新配置网络设备。VLAN 为控制这些改变和减少网络设备的重新配置提供了一个有效的方法。当 VLAN 的站点从一个位置移到另一个位置时，只要它们还在同一个 VLAN 中并且仍可以连接到交换机端口，则这些站点本身就不用改变。位置的改变只要简单地将站点插到另一个交换机端口并对该端口进行配置就可。

（2）控制广播活动

广播在每个网络中都存在。广播的频率依赖于网络应用类型、服务器类型、逻辑段数目及网络资源的使用方法。

大量的广播可以形成广播风暴，致使整个网络瘫痪，因此，必须采取一些措施来预防广播带来的问题。尽管以太网交换机可以利用端口/MAC 地址映射表来减少网络流量，但却不能控制广播数据包在所有端口的传播。VLAN 的使用在保持了交换机良好性能的同时，也可以保护网络免受潜在广播风暴的危害。

一个 VLAN 中的广播流量不会传输到该 VLAN 之外，邻近的端口和 VLAN 也不会收到其他 VLAN 产生的任何广播信息。VLAN 越小，VLAN 中受广播活动影响的用户就越少。这种配置方式大大地减少了广播流量，弥补了局域网受广播风暴影响的弱点。

（3）提供较好的网络安全性

传统的共享式以太网非常严重的安全问题是它很容易被穿透。因为网上任一节点都需要侦听共享信道上的所有信息，所以，通过插接到集线器的一个活动端口，用户就可以获得该段内所有流动的信息。网络规模越大，安全性就越差。

提高安全性的一个经济实惠和易于管理的技术就是利用 VLAN 将局域网分成多个广播域。因为一个 VLAN 上的信息流（不论是单播信息流还是广播信息流）就不会流入另一个 VLAN，从而就可以提高网络的安全性。

4.3.5 TRUNK 技术

Trunk 是指主干链路（Trunk Link），它是在不同交换机之间的一条链路，可以传递不同 VLAN 的信息。Trunk 的用途之一是实现 VLAN 跨越多个交换机进行定义。如图 4-11 所示。

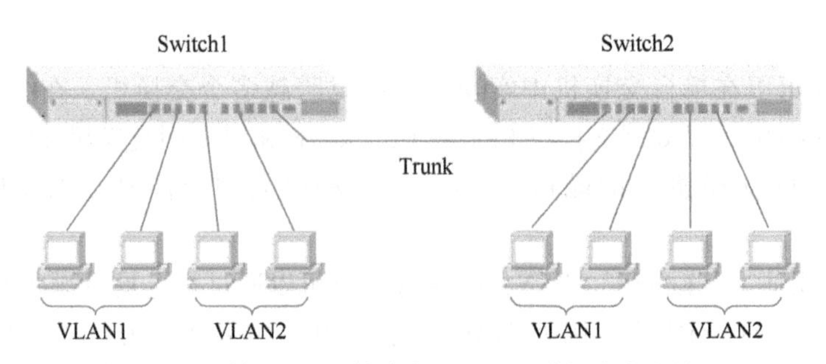

图 4-11 利用 Trunk 技术实现 VLAN 跨越多台交换机

Trunk 技术标准如下。

1）IEEE 802.1Q 标准。这种标准在每个数据帧中加入一个特定的标识，用以识别每个数据帧属于哪个 VLAN。IEEE 802.1Q 属于通用标准，许多厂家的交换机都支持此标准。

2）ISL 标准。这是 Cisco 自有的标准，它只能用于 Cisco 公司生产的交换机产品，其他厂家的交换机不支持。Cisco 交换机与其他厂商的交换机相连时，不能使用 ISL 标准，只能采用 802.1Q 标准。

4.4 项目设计与准备

在公司原交换式局域网中，所有节点处于同一个广播域中，网络中任一节点的广播会被网络中所有节点接收到。

随着局域网中节点数的不断增加，大量的广播信息占用了网络带宽，用户可用带宽也变得越来越小，从而使得网速变慢，甚至出现网络堵塞现象。

有两种方法可提高网速。

- 一是升级主干线路，增加网络总带宽，如把原来的千兆局域网升级到万兆局域网，但这势必要增加大量投资。
- 二是采用虚拟局域网（VLAN）技术，按部门、功能、应用等因素将用户从逻辑上划分为一个个功能相对独立的工作组，这些工作组属于不同的广播域，这样，将整个网络分割成多个不同的广播域，缩小广播域的范围，从而降低广播风暴的影响，提高网络速度。

另外，不同的工作组（VLAN）之间是不能相互访问的，这样可防止一些重要部门的敏感信息泄漏。

为此，信息处决定采用 VLAN 技术改善内部网络管理，通过对交换机进行 VLAN 配置，把不同部门划分到不同的 VLAN 中。

由于同一部门可能位于不同的地理位置，连接在不同的交换机上，同一 VLAN 要跨越多个交换机，这些交换机之间需要使用 Trunk 技术进行连接。

为了使得全网的 VLAN 信息一致，减少手工配置 VLAN 的麻烦，可采用 VLAN 中继协议（VTP），让不同交换机上的 VLAN 信息保持同步。

在本项目中，需要如下设备：

- 装有 Windows 7 操作系统的 PC 4 台。
- Cisco 2950 交换机 2 台。
- Console 控制线 2 根。
- 直通线 4 根。
- 交叉线 1 根。

4.5 项目实施

任务 4-1　基本配置交换机 C2950

基本配置交换机 C2950 的网络拓扑图如图 4-12 所示。

基本配置交换机 C2950 的步骤如下。

1. 硬件连接

如图 4-12 所示，将 Console 控制线的一端插入计算机 COM1 串口，另一端插入交换机的 Console 接口。开启交换机的电源。

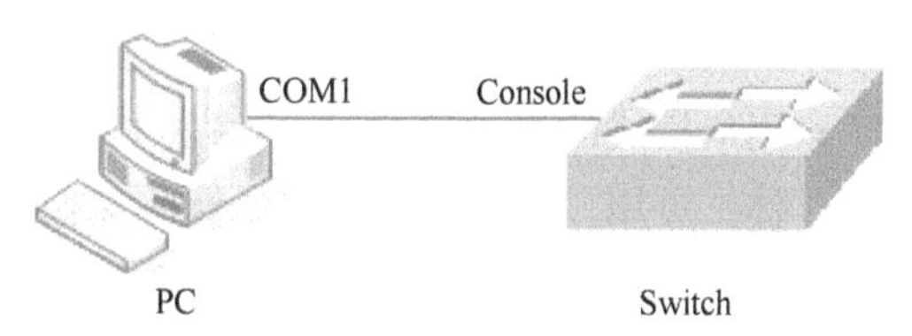

图 4-12　基本配置交换机 C2950 的网络拓扑图

2. 通过超级终端连接交换机

1）启动 Windows 7 操作系统，通过“开始”→“程序”→“附件”→“通信”→“超级终端”进入超级终端程序。如图4-13和图4-14所示。

图4-13 新建连接

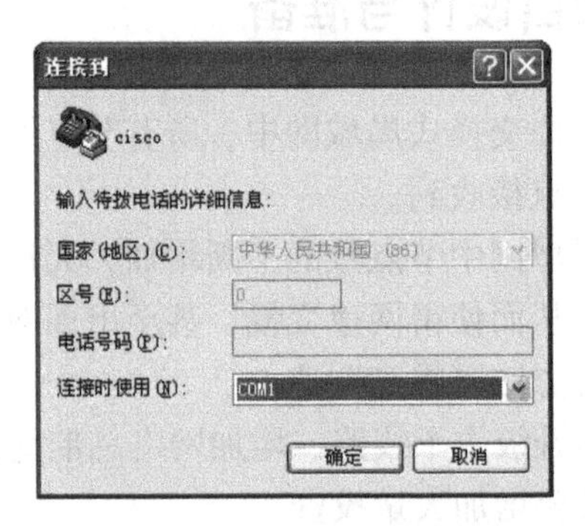

图4-14 连接到COM1

2）选择连接以太网交换机使用的串行口，并将该串行口设置为9600波特、8个数据位、1个停止位、无奇偶校验和硬件流量控制。如果单击“还原为默认值”按钮，则使用系统默认值重置串行口设置参数。如图4-15所示。

3）单击“确定”按钮，系统将收到以太网交换机的回送信息。

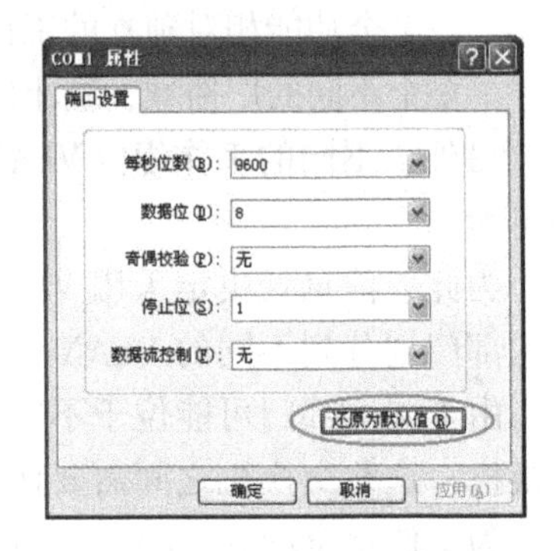

图4-15 COM1属性

3. 交换机的命令行使用方法

1）在任何模式下，输入“?”可显示相关帮助信息。

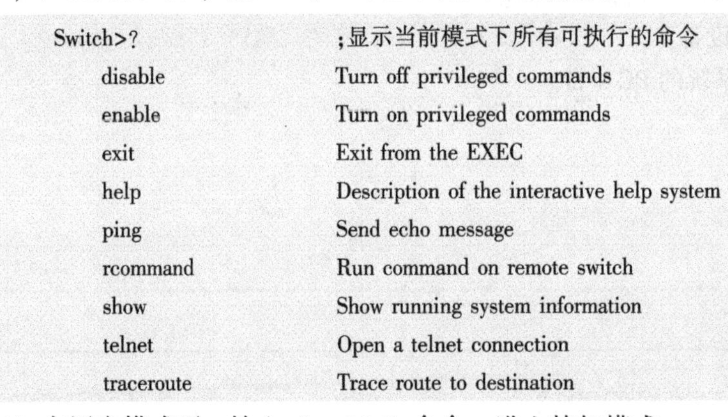

```
Switch>?                ;显示当前模式下所有可执行的命令
  disable               Turn off privileged commands
  enable                Turn on privileged commands
  exit                  Exit from the EXEC
  help                  Description of the interactive help system
  ping                  Send echo message
  rcommand              Run command on remote switch
  show                  Show running system information
  telnet                Open a telnet connection
  traceroute            Trace route to destination
```

2）在用户模式下，输入“enable”命令，进入特权模式。

```
Switch>enable           ;进入特权模式
Switch#
```

- 用户模式的提示符为“>”，特权模式的提示符为“#”，“Switch”是交换机的默认名称，可用“hostname”命令修改交换机的名称。
- 输入“disable”命令可从特权模式返回用户模式。输入“logout”命令可从用户模式或特权模式退出控制台操作。

3）如果忘记某命令的全部拼写，则输入该命令的部分字母后再输入“?”，会显示相关匹配命令。

```
Switch#co?                          ;显示当前模式下所有以 co 开头的命令
    configure               copy
```

4）输入某命令后，如果忘记后面跟什么参数，可输入“?”，会显示该命令的相关参数。

```
Switch#copy  ?                      ;显示 copy 命令后可执行的参数
    flash                           Copy from flash file system
    running-config                  Copy from current system configuration
    startup-config                  Copy from startup configuration
    tftp                            Copy from tftp file system
    xmodem                          Copy from xmodem file system
```

5）输入某命令的部分字母后，按〈Tab〉键可自动补齐命令。

```
Switch#conf(〈Tab〉键)              ;按〈Tab〉键自动补齐 configure 命令
Switch#configure
```

6）如果要输入的命令的拼写字母较多，可使用简写形式，前提是该简写形式没有歧义。如 config t 是 configure terminal 的简写，输入该命令后，从特权模式进入全局配置模式。

```
Switch#config t                     ;该命令代表 configure terminal,进入全局配置模式
Switch(config)#
```

4. 交换机的名称设置

在全局配置模式下，输入“hostname”命令可设置交换机的名称。

```
Switch(config)#hostname SwitchA             ;设置交换机的名称为 SwitchA
SwitchA(config)#
```

5. 交换机的口令设置

特权模式是进入交换机的第二个模式，比第一个模式（用户模式）有更大的操作权限，也是进入全局配置模式的必经之路。

在特权模式下，可用“enable password”和“enable secret”命令设置口令。

1）输入“enable password xxx”命令，可设置交换机的明文口令为 xxx，即该口令是没有加密的，在配置文件中以明文显示。

```
SwitchA(config)#enable password aaaa        ;设置特权明文口令为 aaaa
SwitchA(config)#
```

2）输入“enable secret yyy”命令，可设置交换机的密文口令为 yyy，即该口令是加密的，在配置文件中以密文显示。

```
SwitchA(config)#enable secret bbbb          ;设置特权密文口令为 bbbb
SwitchA(config)#
```

“Enable password”命令的优先级没有“enable secret”高，这意味着，如果用“enable secret”设置过口令，再用“enable password”设置的口令就会无效。

3）设置 console 控制台口令的方法如下。

```
SwitchA(config)#line console 0              ;进入控制台接口
SwitchA(config-line)#login                  ;启用口令验证
```

```
SwitchA(config-line)#password cisco          ;设置控制台口令为 cisco
SwitchA(config-line)#exit                    ;返回上一层设置
SwitchA(config)#
```

由于只有一个控制台接口，所以只能选择线路控制台 0(line console 0)。“config-line”是线路配置模式的提示符。“exit”命令是返回上一层设置。

4）设置“telnet”远程登录交换机的口令的方法如下。

```
SwitchA(config)#linevty 0 4                  ;进入虚拟终端
SwitchA(config-line)#login                   ;启用口令验证
SwitchA(config-line)#passwordzzz             ;设置 telnet 登录口令为 zzz
SwitchA(config-line)#exec-timeout 15 0       ;设置超时时间为 15 分钟 0 秒
SwitchA(config-line)#exit                    ;返回上一层设置
SwitchA(config)#exit
SwitchA#
```

只有配置了虚拟终端（vty）线路的密码后，才能利用 telnet 远程登录交换机。

较早版本的 Cisco IOS 支持 vty line 0~4，即同时允许 5 个 telnet 远程连接。新版本的 Cisco IOS 可支持 vty line 0~15，即同时允许 16 个 telnet 远程连接。

使用“no login”命令允许建立无口令验证的 telnet 远程连接。

6. 交换机的端口设置

1）在全局配置模式下，输入“interface fa0/1”命令，进入端口设置模式（提示符为“config-if”），可对交换机的 1 号端口进行设置。

```
SwitchA#config terminal                      ;进入全局配置模式
SwitchA(config)#interface fa0/1              ;进入端口 1
SwitchA(config-if)#
```

2）在端口设置模式下，通过“description”“speed”“duplex”等命令可设置端口的描述、速率、单双工模式等，如下所示。

```
SwitchA(config-if)#description link to office    ;端口描述(连接至办公室)
SwitchA(config-if)#speed 100                     ;设置端口通信速率为 100 Mbit/s
SwitchA(config-if)#duplex full                   ;设置端口为全双工模式
SwitchA(config-if)#shutdown                      ;禁用端口
SwitchA(config-if)#no  shutdown                  ;启用端口
SwitchA(config-if)#end                           ;直接退回到特权模式
SwitchA#
```

7. 交换机可管理 IP 地址的设置

交换机的 IP 地址配置实际上是在 VLAN 1 的端口上进行配置，默认时交换机的每个端口都是 VLAN 1 的成员。

在端口配置模式下使用“ip address”命令可设置交换机的 IP 地址，在全局配置模式下使用“ip default-gateway”命令可设置默认网关。

```
SwitchA#config terminal                      ;进入全局配置模式
SwitchA(config)#interface vlan 1             ;进入 vlan 1
```

```
SwitchA(config-if)#ip address 192.168.1.100 255.255.255.0    ;设置交换机可管理 IP 地址
SwitchA(config-if)#no  shutdown                              ;启用端口
SwitchA(config-if)#exit                                      ;返回上一层设置
SwitchA(config)#ip default-gateway 192.168.1.1               ;设置默认网关
SwitchA(config)#exit
SwitchA#
```

8. 显示交换机信息

在特权配置模式下，可利用“show”命令显示各种交换机信息。

```
SwitchA#show version                  ;查看交换机的版本信息
SwitchA#show int vlan1                ;查看交换机可管理 IP 地址
SwitchA#show vtp status               ;查看 vtp 配置信息
SwitchA#show running-config           ;查看当前配置信息
SwitchA#show startup-config           ;查看保存在 NVRAM 中的启动配置信息
SwitchA#show vlan                     ;查看 vlan 配置信息
SwitchA#show interface                ;查看端口信息
SwitchA#show int fa0/1                ;查看指定端口信息
SwitchA#show mac-address-table        ;查看交换机的 mac 地址表
```

9. 保存或删除交换机配置信息

交换机配置完成后，在特权配置模式下，可利用“copy running-config startup-config”命令（当然也可利用简写命令“copy run start”）或“write”（“wr”）命令，将配置信息从 DRAM 内存中手工保存到非易失 RAM（NVRAM）中；利用“erase startup-config”命令可删除 NVRAM 中的内容，如下所示。

```
SwitchA#copy running-config startup-config      ;保存配置信息至 NVRAM 中
SwitchA#erase startup-config                    ;删除 NVRAM 中的配置信息
```

任务 4-2 单交换机上的 VLAN 划分

单交换机上的 VLAN 划分的网络拓扑图如图 4-16 所示。

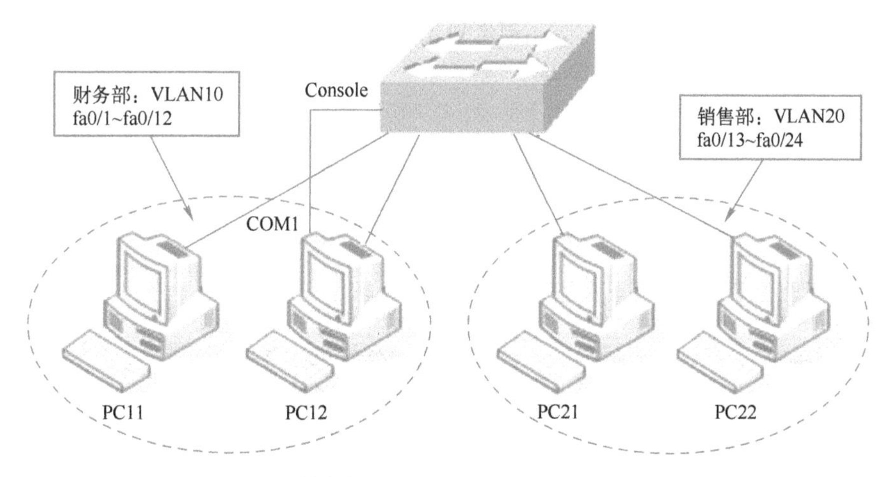

图 4-16 单交换机上的 VLAN 划分的网络拓扑图

单交换机上的 VLAN 划分的步骤如下。

1. 硬件连接

1）如图 4-16 所示，将 Console 控制线的一端插入 PC12 的 COM1 串口，另一端插入交换机的 Console 接口。

2）用 4 根直通线把 PC11、PC12、PC21、PC22 分别连接到交换机的 fa0/2、fa0/3、fa0/13、fa0/14 端口上。

3）开启交换机的电源。

2. TCP/IP 配置

1）配置 PC11 的 IP 地址为 192.168.1.11，子网掩码为 255.255.255.0。

2）配置 PC12 的 IP 地址为 192.168.1.12，子网掩码为 255.255.255.0。

3）配置 PC21 的 IP 地址为 192.168.1.21，子网掩码为 255.255.255.0。

4）配置 PC22 的 IP 地址为 192.168.1.22，子网掩码为 255.255.255.0。

3. 连通性测试

用“ping”命令在 PC11、PC12、PC21、PC22 之间测试连通性，结果填入表 4-1 中。

表 4-1　计算机之间的连通性

计算机	PC11	PC12	PC21	PC22
PC11	/			
PC12		/		
PC21			/	
PC22				/

4. VLAN 划分

1）在 PC12 上打开超级终端，配置交换机的 VLAN，新建 VLAN 的方法如下。

```
Switch>enable
Switch#config t
Switch(config)#vlan 10                ;创建 VLAN 10,并取名为 caiwubu(财务部)
Switch(config-vlan)#name caiwubu
Switch(config-vlan)#exit
Switch(config)#vlan 20                ;创建 VLAN 20,并取名为 xiaoshoubu(销售部)
Switch(config-vlan)#name xiaoshoubu
Switch(config-vlan)#exit
Switch(config)#exit
Switch#
```

2）在特权模式下，输入“show vlan”命令，查看新建的 VLAN。

```
Switch#show vlan
VLAN NAME              Status    Ports
1    default           active    Fa0/1, Fa0/2, Fa0/3, Fa0/4
                                 Fa0/5, Fa0/6, Fa0/7, Fa0/8
                                 Fa0/9, Fa0/10, Fa0/11, Fa0/12
                                 Fa0/13, Fa0/14, Fa0/15, Fa0/16
                                 Fa0/17, Fa0/18, Fa0/19, Fa0/20
```

```
                                  Fa0/21, Fa0/22, Fa0/23, Fa0/24
10   caiwubu          active
20   xiaoshoubu       active
```

3）可利用“interface range”命令指定端口范围，利用“switchport access”把端口分配到VLAN中。把端口fa0/1~fa0/12分配给VLAN 10，把端口fa0/13~fa0/24分配给VLAN 20的方法如下。

```
Switch#config t
Switch(config)#interface range fa0/1-12
Switch(config-if-range)#switchport access vlan 10
Switch(config-if-range)#exit
Switch(config)#interface range fa0/13-24
Switch(config-if-range)#switchport access vlan 20
Switch(config-if-range)#end
Switch#
```

4）在特权模式下，输入“show vlan”命令，再次查看新建的VLAN。

```
Switch#show vlan
VLAN NAME              Status     Ports
1    default           active
10   caiwubu           active     Fa0/1, Fa0/2, Fa0/3, Fa0/4
                                  Fa0/5, Fa0/6, Fa0/7, Fa0/8
                                  Fa0/9, Fa0/10, Fa0/11, Fa0/12
20   xiaoshoubu        active     Fa0/13, Fa0/14, Fa0/15, Fa0/16
                                  Fa0/17, Fa0/18, Fa0/19, Fa0/20
                                  Fa0/21, Fa0/22, Fa0/23, Fa0/24
```

5）用“ping”命令在PC11、PC12、PC21、PC22之间再次测试连通性，结果填入表4-2中。

表4-2 计算机之间的连通性

计算机	PC11	PC12	PC21	PC22
PC11	/			
PC12		/		
PC21			/	
PC22				/

6）输入“show running-config”命令，查看交换机的运行配置。

```
Switch#show running-config
```

任务 4-3 多交换机上的 VLAN 划分

多交换机上的VLAN划分的网络拓扑图如图4-17所示。

多交换机上的VLAN划分的步骤如下。

1. 硬件连接

1）如图 4-17 所示，用 2 根直通线把 PC11、PC21 连接到交换机 SW1 的 fa0/2、fa0/13 端口上，再用 2 根直通线把 PC12、PC22 连接到交换机 SW2 的 fa0/2、fa0/13 端口上。

2）用一根交叉线把 SW1 交换机的 fa0/1 端口和 SW2 交换机的 fa0/1 端口连接起来。

3）将 Console 控制线的一端插入 PC11 的 COM1 串口，另一端插入 SW1 交换机的 Console 接口。

4）将另一根 Console 控制线的一端插入 PC12 的 COM1 串口，另一端插入 SW2 交换机的 Console 接口。

5）开启 SW1、SW2 交换机的电源。

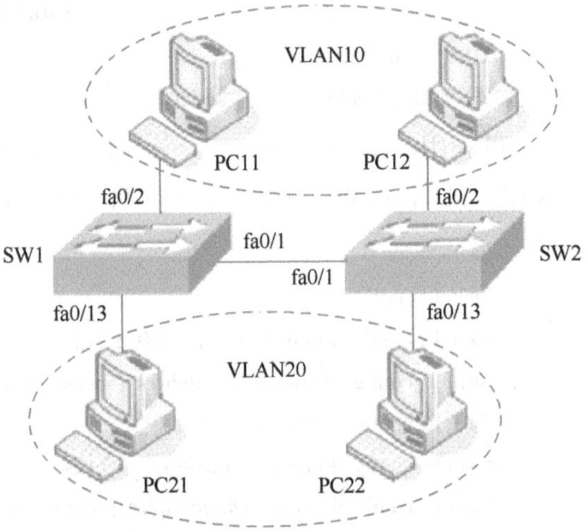

图 4-17　多交换机上的 VLAN 划分的网络拓扑图

2. TCP/IP 配置

1）配置 PC11 的 IP 地址为 192.168.1.11，子网掩码为 255.255.255.0。

2）配置 PC12 的 IP 地址为 192.168.1.12，子网掩码为 255.255.255.0。

3）配置 PC21 的 IP 地址为 192.168.1.21，子网掩码为 255.255.255.0。

4）配置 PC22 的 IP 地址为 192.168.1.22，子网掩码为 255.255.255.0。

3. 测试网络连通性

用"ping"命令在 PC11、PC12、PC21、PC22 之间测试连通性，结果填入表 4-3 中。

表 4-3　计算机之间的连通性

计算机	PC11	PC12	PC21	PC22
PC11	/			
PC12		/		
PC21			/	
PC22				/

4. 配置 SW1 交换机

1）在 PC11 上打开超级终端，配置 SW1 交换机。设置 SW1 交换机为 VTP 服务器模式，方法如下。

```
Switch>enable
Switch#config t
Switch(config)#hostname SW1              ;设置交换机的名称为 SW1
SW1(config)#exit
SW1#vlan database                        ;VLAN 数据库
SW1(vlan)#vtp domain smile               ;设置 VTP 域名为 smile
SW1(vlan)#vtp server                     ;设置 VTP 工作模式为 server(服务器)
SW1(vlan)#exit
SW1#
```

2）在 SW1 交换机上创建 VLAN 10 和 VLAN 20，并将 SW1 交换机的 fa0/2～fa0/12 端口划分到 VLAN 10，将 fa0/13～fa0/24 划分到 VLAN 20，具体方法参见“任务 4-2”。fa0/1 端口默认位于 VLAN 1 中。

3）将 SW1 交换机的 fa0/1 端口设置为干线 trunk，方法如下。

```
SW1#config t
SW1(config)#interface fa0/1
SW1(config-if)#switchport trunk encapsulation dot1q       ;设置封装方式为 dot1q
SW1(config-if)#switchport mode trunk                      ;设置该端口为干线 trunk 端口
SW1(config-if)#switchport trunk allowed vlan all          ;允许所有 VLAN 通过 trunk 端口
SW1(config-if)#no shutdown
SW1(config-if)#end
SW1#
```

5. 配置 SW2 交换机

1）在 PC12 上打开超级终端，设置 SW2 交换机为 VTP 客户机模式，方法如下。

```
Switch>enable
Switch#config t
Switch(config)#hostname SW2              ;设置交换机的名称为 SW2
SW2(config)#exit
SW2#vlan database                        ;VLAN 数据库
SW2(vlan)#vtp domain smile               ;加入 smile 域
SW2(vlan)#vtp client                     ;设置 VTP 工作模式为 client(客户端)
SW2#
```

SW2 交换机工作在 VTP 客户端模式，它可从 VTP 服务器（SW1）那里获取 VLAN 信息（如 VLAN 10、VLAN 20 等），因此，在 SW2 交换机上不必也不能新建 VLAN 10 和 VLAN 20。

2）将 SW2 交换机的 fa0/2～fa0/12 端口划分到 VLAN 10，将 fa0/13～fa0/24 划分到 VLAN 20，具体方法参见“任务 4-2”。

3）参照上面的“4. 配置 SW1 交换机”中的步骤 3），将 SW2 交换机的 fa0/1 端口设置为干线 trunk。

4）用“ping”命令在 PC11、PC12、PC21、PC22 之间测试连通性，结果填入表 4-4 中。

表 4-4　计算机之间的连通性

计算机	PC11	PC12	PC21	PC22
PC11	/			
PC12		/		
PC21			/	
PC22				/

4.6 练习题

一、填空题

1. 以太网交换机的数据转发方式可以分为________、________和________3 类。

2. 交换式局域网的核心设备是________。

3. 局域网交换机首先完整地接收数据帧，并进行差错检测。如果正确，则根据帧目的地址确定输出端口号再转发出去，这种交换方式为________。

4. 当 Ethernet 交换机采用改进的直接交换方式时，它接收到帧的前________字节后开始转发。

5. 虚拟局域网建立在交换技术的基础上，以软件方式实现________工作组的划分与管理。

6. Cisco 交换机的默认 VTP 模式是________。

7. 根据交换机的工作模式，填写表 4-5。

表 4-5 交换机的工作模式

工作模式	提示符	启动方式
用户模式		
特权模式		
全局配置模式		
接口配置模式		
VLAN 模式		
线路模式		

二、选择题

1. VLAN 在现代组网技术中占有重要地位，同一个 VLAN 中的两台主机（　　）。
   A. 必须连接在同一台交换机上　　B. 可以跨越多台交换机
   C. 必须连接在同一台集线器上　　D. 可以跨越多台路由器。

2. 下面说法中错误的是（　　）。
   A. 以太网交换机可以对通过的信息进行过滤
   B. 在交换式以太网中可以划分 VLAN
   C. 以太网交换机中端口的速率可能不同
   D. 利用多个以太网交换机组成的局域网不能出现环路

3. Ethernet 交换机实质上是一个多端口的（　　）。
   A. 中继器　　B. 集线器　　C. 网桥　　D. 路由器

4. 交换式局域网增加带宽的方法是在交换机端口节点之间建立（　　）。
   A. 并发连接　　B. 点-点连接
   C. 物理连接　　D. 数据连接

5. 虚拟局域网以软件方式来实现逻辑工作组的划分与管理。如果同一逻辑工作组的成员之间希望进行通信，那么它们（　　）。
   A. 可以处于不同的物理网段，而且可以使用不同的操作系统
   B. 可以处于不同的物理网段，但必须使用相同的操作系统
   C. 必须处于相同的物理网段，但可以使用不同的操作系统
   D. 必须处于相同的物理网段，而且必须使用相同的操作系统

4.7 项目实训 4

项目实训 4-1　交换机的了解与基本配置

一、实训目的

- 熟悉 Cisco Catalyst 2950 交换机（以下简称“2950 交换机”）的开机界面和软硬件情况。
- 掌握对 2950 交换机进行基本设置的方法。
- 了解 2950 交换机的端口及其编号。

4.7-1　交换机的了解与基本配置

二、实训内容

1）通过 Console 口连接到交换机上，观察交换机的启动过程和默认配置。

2）了解交换机启动过程所提供的软硬件信息。

3）对交换机进行一些简单的基本配置。

三、实训拓扑图

实训拓扑如图 4-18 所示。

四、实训步骤

在开始实验之前，建议先删除各交换机的初始配置后再重新启动交换机，这样可以防止由残留的配置所带来的问题。

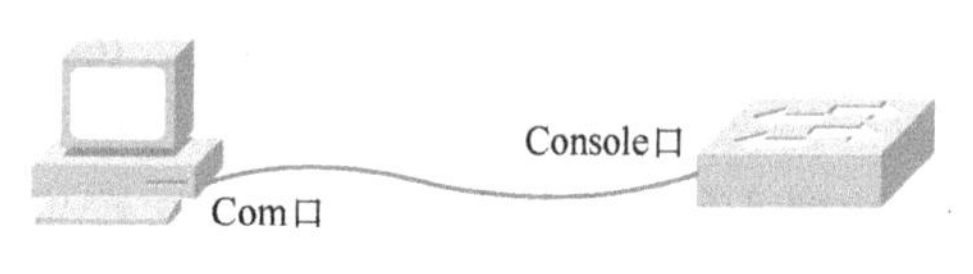

图 4-18　实训拓扑图

连接好相关电缆，将 PC 设置好超级终端，经检查硬件连接没有问题之后，接通 2950 交换机的电源，实验开始。

1. 启动 2950 交换机

（1）查看 2950 交换机的启动信息

```
C2950 Boot Loader(CALHOUN-HBOOT-M) Version 12.1(0.0.34)EA2, CISCO DEVELOPMENT TEST
VERSION                                   —Boot 程序版本
Compiled Wed 07-Nov-01 20:59 by antonino
WS-C2950G-24 starting...                  —硬件平台
〈以下内容略，请读者仔细查看〉
...............................
Press RETURN to get started!
```

其中较为重要的内容已经在前面进行了注释。启动过程提供了非常丰富的信息，用户可以利用这些信息对 2950 交换机的硬件结构和软件加载过程有直观的认识。在产品验货时，有关部件号、序列号、版本号等信息也非常有用。

（2）查看 2950 交换机的默认配置

```
switch>enable
switch#
switch#show running-config
```

```
Building configuration...
<以下内容略……>
```

2. 2950交换机的基本配置

在默认配置下，2950交换机就可以进行工作了，但为了方便管理和使用，首先应该对它进行基本的配置。

1）首先进行的配置是enable口令和主机名。应该指出的是，通常在配置中，enable password和enable secret两者只配置一个即可。

```
switch#conf t
Enter configuration commands, one per line. End with CNTL/Z.
switch(config)#hostname C2950
C2950(config)#enable password cisco1
C2950(config)#enable secret cisco
```

2）默认配置下，所有接口处于可用状态，并且都属于VLAN1。对vlan1接口的配置是基本配置的重点。VLAN1管理VLAN（有的书又称它为native VLAN），vlan1接口属于VLAN1，是交换机上的管理接口，此接口上的IP地址将用于对此交换机的管理，如Telnet、HTTP、SNMP等。

```
C2950(config)#interface vlan1
C2950(config-if)#ip address 192.168.1.1 255.255.255.0
C2950(config-if)#no shutdown
```

有时为便于通信和管理，还需要配置默认网关、域名、域名服务器等。

3）“show version”命令可以显示本交换机的硬件、软件、接口、部件号、序列号等信息，这些信息与开机启动时所显示的基本相同。但注意最后的“设置寄存器”的值。

```
Configuration register is 0xF
```

问题：设置寄存器有何作用。此处值0xF表示什么意思。

4）show interface vlan1可以列出此接口的配置和统计信息。

```
C2950#show int vlan1
```

3. 配置2950交换机的端口属性

2950交换机的端口属性默认地支持一般网络环境下的正常工作，在某些情况下需要对其端口属性进行配置，主要配置对象有速率、双工和端口描述等。

1）设置端口速率为100 Mbit/s，全双工，端口描述为“to_PC”。

```
C2950#conf t
Enter configration command, one per line. End with Ctrl/Z.
C2950(config)#interface fa0/1
C2950(config-if)#speed ?
10      Force 10Mbps operation
100     Force 100Mbps operation
auto    Enable AUTO speed operation
C2950(config-if)#speed 100
C2950(config-if)#duplex ?
auto    Enable AUTO duplex operation
```

```
full   Enable full-duplex operation
half   Enable half-duplex operation
C2950(config-if)#duplex full
C2950(config-if)#description to_PC
C2950(config-if)#^Z
```

2)“show interface”命令可以查看到配置的结果。“show interface fa0/1 status”命令以简捷的方式显示了用户通常较为关心的项目，如端口名称、端口状态、所属 VLAN、全双工属性和速率等。其中端口名称处显示的即为端口描述语句所设定的字段。“show interface fa0/1 description”专门显示了端口描述，同时也显示了相应的端口和协议状态信息。

```
C2950#show  interface  fa0/1 status
```

五、实训问题参考答案

设置寄存器的目的是指定交换机从何处获得启动配置文件。0xF 表明是从 NVRAM 获得。

项目实训 4-2　VLAN Trunking 和 VLAN 配置

一、实训目的

- 进一步了解和掌握 VLAN 的基本概念，掌握按端口划分 VLAN 的配置。
- 掌握通过 VLAN Trunking 配置跨交换机的 VLAN。
- 掌握配置 VTP 的方法。

4.7-2　VLAN Trunking 和 VLAN 配置

二、实训内容

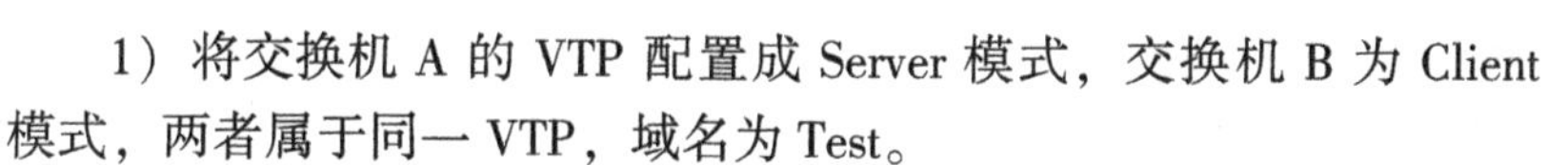

1）将交换机 A 的 VTP 配置成 Server 模式，交换机 B 为 Client 模式，两者属于同一 VTP，域名为 Test。

2）在交换机 A 上配置 VLAN。

3）通过实验验证当在两者之间配置 Trunk 后，交换机 B 自动获得了与交换机 A 同样的 VLAN 配置。

三、实训拓扑图

用交叉网线把 C2950A 交换机的 Fast Ethernet 0/24 端口和 C2950B 交换机的 Fast Ethernet 0/24 端口连接起来。如图 4-19 所示。

四、实训步骤

1. 配置 C2950A 交换机的 VTP 和 VLAN

图 4-19　实训拓扑图

1）电缆连接完成后，在超级终端正常开启的情况下，接通 2950 交换机的电源，实验开始。

在 2950 系列交换机上配置 VTP 和 VLAN 的方法有两种，这里使用“vlan database”命令配置 VTP 和 VLAN。

2）使用“vlan database”命令进入 VLAN 配置模式，在 VLAN 配置模式下，设置 VTP 的一系列属性，把 C2950A 交换机设置成“server”模式（默认配置），VTP 域名为“test”。

```
C2950A#vlan database
C2950A(vlan)#vtp server
```

```
Setting device to VTP SERVER mode.
C2950A(vlan)#vtp domain test
Changing VTP domain name from exp to test .
```

3）定义 V10、V20、V30 和 V40 共 4 个 VLAN。

```
C2950A(vlan)#vlan 10 name V10
C2950A(vlan)#vlan 20 name V20
C2950A(vlan)#vlan 30 name V30
C2950A(vlan)#vlan 40 name V40
```

每增加一个 VLAN，交换机便显示增加 VLAN 信息。

4）“show vtp status” 命令显示 VTP 相关的配置和状态信息。主要应当关注 VTP 模式、域名、VLAN 数量等信息。

```
C2950A#show vtp status
```

5）“show vtp counters” 命令列出 VTP 的统计信息。各种 VTP 相关包的收发情况表明，因为 C2950A 交换机与 C2950B 交换机暂时还没有进行 VTP 信息的传输，所以各项数值均为 0。

```
C2950A#show vtp counters
```

6）把端口分配给相应的 VLAN，并将端口设置为静态 VLAN 访问模式。

在接口配置模式下用“switchport access vlan”和“switchport mode access”命令（只用后一条命令也可以）。

```
C2950A(config)#interface fa0/1
C2950A(config-if)#switchport mode access
C2950A(config-if)#switchport access vlan 10
C2950A(config-if)#int fa0/2
C2950A(config-if)#switchport mode access
C2950A(config-if)#switchport access vlan 20
C2950A(config-if)#int fa0/3
C2950A(config-if)#switchport mode access
C2950A(config-if)#switchport access vlan 30
C2950A(config-if)#int fa0/4
C2950A(config-if)#switchport mode access
C2950A(config-if)#switchport access vlan 40
```

2. 配置 C2950B 交换机的 VTP

配置 C2950B 交换机的 VTP 属性，域名设为“test”，模式为“client”。

```
C2950B#vlan database
C2950B(vlan)#vtp domain test
Changing VTP domain name from exp to test .
C2950B(vlan)#vtp client
Setting device to VTP CLIENT mode.
```

3. 配置和监测两个交换机之间的 VLAN Trunking

1）将交换机 A 的 24 口配置成 Trunk 模式。

```
C2950A(config)#interface fa0/24
C2950A(config-if)#switchport mode trunk
```

2）将交换机 B 的 24 口也配置成 Trunk 模式。

```
C2950B(config)#interface fa0/24
C2950B(config-if)#switchport mode trunk
```

3）用“show interface fa0/24 switchport”查看 Fa0/24 端口上的交换端口属性，用户关心的是几个与 Trunk 相关的信息。即运行方式为 Trunk，封装格式为 802.1Q，Trunk 中允许所有 VLAN 传输等。

```
C2950B#sh int fa0/24 switchport
Name: Fa0/24
Switchport: Enabled
Administrative Mode: trunk
Operational Mode: trunk
Administrative Trunking Encapsulation: dot1q
Operational Trunking Encapsulation: dot1q
Negotiation of Trunking: On
Access Mode VLAN: 1(default)
Trunking Native Mode VLAN: 1(default)
Trunking VLANs Enabled: ALL
Pruning VLANs Enabled: 2-1001
    Protected: false
    Voice VLAN: none(Inactive)
Appliance trust: none
```

4. 查看 C2950B 交换机的 VTP 和 VLAN 信息

完成两台交换机之间的 Trunk 配置后，在 C2950B 上发出命令查看 VTP 和 VLAN 信息。

```
C2950B#show vtp status
VTP Version                          : 2
Configuration Revision               : 2
Maximum VLANs supported locally      : 250
Number of existing VLANs             : 9
VTP Operating Mode                   : Client
VTP Domain Name                      : Test
VTP Pruning Mode                     : Disabled
VTP V2 Mode                          : Disabled
VTP Traps Generation                 : Disabled
MD5 digest                           : 0x74 0x33 0x77 0x65 0xB1 0x89 0xD3 0xE9
Configuration last modified by 0.0.0.0 at 3-1-93 00:20:23
Local updater ID is 0.0.0.0(no valid interface found)
C2950B#sh vlan brief
```

```
VLAN Name                             Status    Ports
---- -------------------------------- --------- -------------------------------
1    default                          active    Fa0/1, Fa0/2, Fa0/3, Fa0/4
                                                Fa0/5, Fa0/6, Fa0/7, Fa0/8
                                                Fa0/9, Fa0/10, Fa0/11, Fa0/12
                                                Fa0/13, Fa0/14, Fa0/15, Fa0/16
                                                Fa0/17, Fa0/18, Fa0/19, Fa0/20
                                                Fa0/21, Fa0/22, Fa0/23, Fa0/24
                                                Gi0/1, Gi0/2
10   V10                              active
20   V20                              active
30   V30                              active
40   V40                              active
1002 fddi-default                     active
1003 token-ring-default               active
1004 fddinet-default                  active
1005 trnet-default                    active
```

可以看到 C2950B 交换机已经自动获得 C2950A 交换机上的 VLAN 配置。

注意： 虽然交换机可以通过 VTP 学到 VLAN 配置信息，但交换机端口的划分是学不到的，而且每台交换机上端口的划分方式各不一样，需要分别配置。

若为交换机 A 的 vlan1 配置好地址，在交换机 B 上对交换机 A 的 vlan1 接口用“ping”命令验证两台交换机的连通情况，输出结果也将表明 C2950A 和 C2950B 之间在 IP 层是连通的，同时再次验证了 Trunking 的工作是正常的。

五、实训思考题

在配置 VLAN Trunking 前，交换机 B 能否从交换机 A 学到 VLAN 配置。

提示： 不可以。VLAN 信息的传播必须通过 Trunk 链路，所以只有配置好 Trunk 链路后，VLAN 信息才能从交换机 A 传播到交换机 B。

第二篇

Windows Server 2012 局域网组建

——工欲善其事，必先利其器

项目5　规划与安装 Windows Server 2012 网络操作系统

项目6　管理局域网的用户和组

项目7　管理局域网的文件系统与共享资源

项目 5 规划与安装 Windows Server 2012 网络操作系统

5.1 项目导入

某高校组建了学校的校园网，需要架设一台具有 Web、FTP、DNS 以及 DHCP 等功能的服务器来为校园网用户提供服务，现需要选择一种既安全又易于管理的网络操作系统。

在完成该项目之前，首先应当选定网络中计算机的组织方式；其次，根据 Microsoft 系统的组织确定每台计算机应当安装的版本；此后，还要对安装方式、安装磁盘的文件系统格式、安装启动方式等进行选择；最终才能开始系统的安装过程。

5.2 职业能力目标和要求

◇ 了解不同版本的 Windows Server 2012 系统的安装要求。
◇ 了解 Windows Server 2012 的安装方式。
◇ 掌握完全安装 Windows Server 2012 的方法。
◇ 掌握配置 Windows Server 2012 的方法。
◇ 掌握添加与管理角色的方法。

5.3 相关知识

Windows Server 2012 R2 是基于 Windows 8/Windows 8. 1 以及 Windows 8RT/Windows 8. 1RT 界面的新一代 Windows Server 操作系统，提供企业级数据中心和混合云解决方案，具有易于部署、具有成本效益、以应用程序为重点、以用户为中心的特点。

5. 3. 1 制订安装配置计划

为了保证网络的稳定运行，在将计算机安装或升级到 Windows Server 2012 之前，需要在实验环境下全面测试操作系统，并且要有一个清晰、文档化的过程。这个文档化的过程就是配置计划。

首先是关于目前的基础设施、环境的信息、公司组织的方式和网络详细描述。其中网络详细描述包括协议、寻址和到外部网络的连接（例如，局域网之间的连接和 Internet 的连接）。此外，配置计划应该标识出在用户的环境下使用，可能因 Windows Server 2012 R2 的引入而受到影响的应用程序。这些程序包括多层应用程序、基于 Web 的应用程序和将要运行在 Windows Server 2012 R2 计算机上的所有组件。一旦确定需要的各个组件，配置计划就应该记录安装的具体特征，包括测试环境的规格说明、将要被配置的服务器的数目和实施顺序等。

最后，作为应急预案，配置计划还应该包括发生错误时需要采取的步骤。制定偶然事件处理方案来对付潜在的配置问题是计划阶段最重要的方面之一。很多 IT 公司都有维护和灾难恢复计划，这个计划标识了具体步骤，以备在将来的自然灾害事件中恢复服务器，并且计划中可以存放当前的硬件平台、应用程序版本相关信息，以及重要商业数据。

5.3.2 Windows Server 2012 的安装方式

Windows Server 2012 有多种安装方式，分别适用于不同的环境，选择合适的安装方式可以提高工作效率。除了常规的使用 DVD 启动安装方式以外，还有升级安装、通过 Windows 部署服务远程安装及服务器核心安装。

1. 全新安装

使用 DVD 启动服务器并进行全新安装，这是最基本的方法。根据提示信息适时插入 Windows Server 2012 安装光盘即可。

2. 升级安装

Windows Server 2012 R2 的任何版本都不能在 32 位机器上进行安装或升级。遗留的 32 位服务器要想运行 Windows Server 2012 R2，Windows Server 2012 R2 必须升级到 64 位系统。

Windows Server 2012 R2 在开始升级过程之前，要确保断开一切 USB 或串口设备。Windows Server 2012 R2 安装程序会发现并识别它们，在检测过程中会发现 UPS 系统等此类问题。可以安装传统监控，然后再连接 USB 或串口设备。

3. 通过 Windows 部署服务远程安装

如果网络中已经配置了 Windows 部署服务，则通过网络远程安装也是一种不错的选择。但需要注意的是，采取这种安装方式必须确保计算机网卡具有 PXE（预启动执行环境）芯片，支持远程启动功能；否则，就需要使用 rbfg. exe 程序生成启动软盘来启动计算机进行远程安装。

在利用 PXE 功能启动计算机的过程中，根据提示信息按下引导键（一般为〈F12〉键），会显示当前计算机所使用的网卡的版本等信息，并提示用户按下键盘上的〈F12〉键，启动网络服务引导。

4. 服务器核心安装

服务器核心是从 Windows Server 2008 开始新推出的功能。如图 5-1 所示。确切地说，Windows Server 2012 服务器核心是微软公司的革命性的功能部件，是不具备图形界面的纯命令行服务器操作系统，只安装了部分应用和功能，因此会更加安全和可靠，同时降低了管理的复杂度。

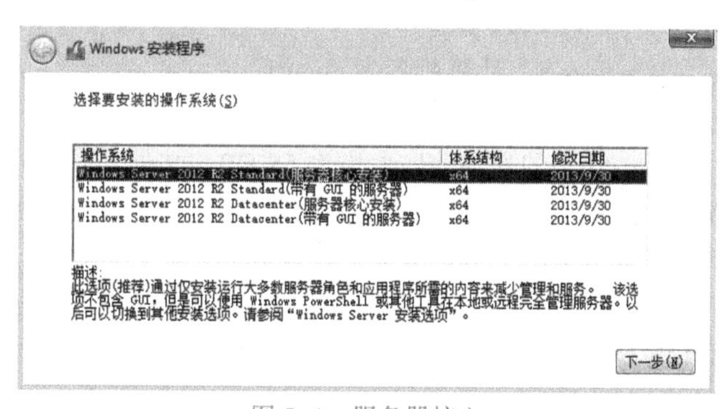

图 5-1 服务器核心

通过RAID卡实现磁盘冗余是大多数服务器常用的存储方案，既可提高数据存储的安全性，又可以提高网络传输速率。带有RAID卡的服务器在安装和重新安装操作系统之前，往往需要配置RAID。不同品牌和型号服务器的配置方法略有不同，应注意查看服务器使用手册。对于品牌服务器而言，也可以使用随机提供的安装向导光盘引导服务器，这样，将会自动加载RAID卡和其他设备的驱动程序，并提供相应的RAID配置界面。

注意： 在安装Windows Server 2012时，必须在“您想将Windows安装在何处”对话框中，单击“加载驱动程序”超链接，打开如图5-2所示的“选择要安装的驱动程序”对话框，为该RAID卡安装驱动程序。另外，RAID卡的设置应当在操作系统安装之前进行。如果重新设置RAID，将删除所有硬盘中的全部内容。

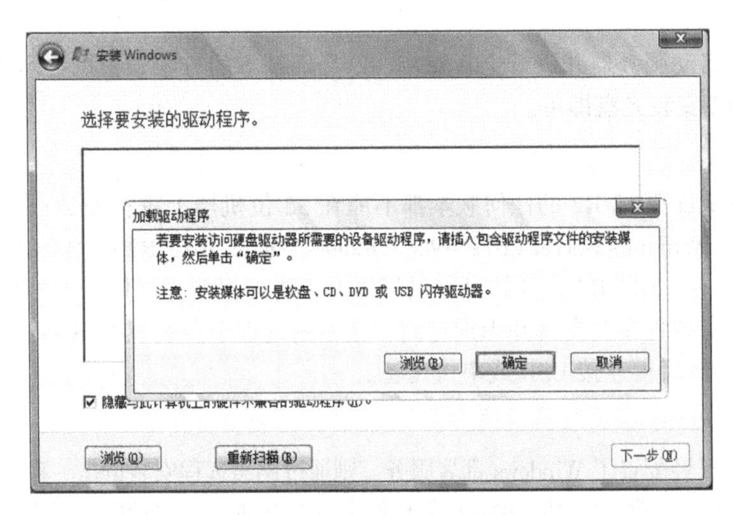

图5-2 加载RAID驱动程序

5.4 项目设计与准备

5.4.1 项目设计

在为学校选择网络操作系统时，首先推荐Windows Server 2012操作系统。在安装Windows Server 2012操作系统时，根据教学环境不同，为教与学的方便选择不同的安装形式。本书选择在VMware中安装Windows Server 2012 R2

1）物理主机安装了Windows 8，计算机名为client1。

2）Windows Server 2012 R2　DVD-ROM或镜像已准备好。

3）要求Windows Server 2012的安装分区大小为55 GB，文件系统格式为NTFS，计算机名为win2012-1，管理员密码为P@ssw0rd1，服务器的IP地址为192.168.10.1，子网掩码为255.255.255.0，DNS服务器为192.168.10.1，默认网关为192.168.10.254，属于工作组COMP。

4）要求配置桌面环境、关闭防火墙，运行“ping”命令。

5）该网络拓扑图如图5-3所示。

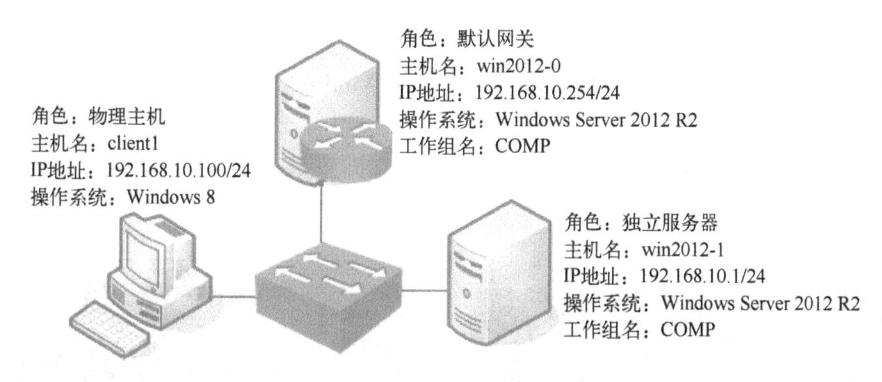

图 5-3　安装 Windows Server 2012 拓扑图

提示：*后面所有的虚拟机都既可以在 Hyper-V 下实现，也可以在 VMWorkstation 下实现。在 VM 下可能更方便。*

5.4.2　项目准备

1）满足硬件要求的计算机 1 台。

2）Windows Server 2012 R2 相应版本的安装光盘或镜像文件。

3）用纸张记录安装文件的产品密匙（安装序列号）。规划启动盘的大小。

4）在可能的情况下，在运行安装程序前用磁盘扫描程序扫描所有硬盘，检查硬盘错误并进行修复，否则安装程序运行时，如检查到有硬盘错误会很麻烦。

5）如果想在安装过程中格式化 C 盘或 D 盘（建议安装过程中格式化用于安装 Windows Server 2012 R2 系统的分区），需要备份 C 盘或 D 盘有用的数据。

6）导出电子邮件账户和通讯录：将“C:\Documents and Settings\Administrator（或自己的用户名）”中的“收藏夹”目录复制到其他盘，以备份收藏夹。

5.5　项目实施

下面讲解如何安装与配置 Windows Server 2012 R2。

任务 5-1　使用光盘安装 Windows Server 2012 R2

5.5-1　使用 VMware 安装 Windows Server 2012 R2

使用 Windows Server 2012 R2 标准版的引导光盘进行安装是最简单的安装方式。在安装过程中，需要用户干预的地方不多，只需掌握几个关键点即可顺利完成安装。需要注意的是，如果当前服务器没有安装 SCSI 设备或者 RAID 卡，则可以略过相应步骤。

提示：*下面的安装操作可以用 VMware 虚拟机来完成。需要创建虚拟机，设置虚拟机中使用的 ISO 镜像所在的位置、内存大小等信息。操作过程类似。*

1）设置光盘引导。重新启动系统并把光盘驱动器设置为第一启动设备，保存设置。

2）从光盘引导。将 Windows Server 2012 R2 安装光盘放入光驱并重新启动。如果硬盘内没有安装任何操作系统，计算机会直接从光盘启动到安装界面；如果硬盘内安装有其他操作系统，计算机就会显示“Press any key to boot from CD or DVD……”的提示信息，此时在键盘上按任意键，才从 DVD-ROM 启动。

3）启动安装过程以后，显示如图 5-4 所示的“Windows 安装程序”窗口，首先需要选择安装语言及输入法。

4）单击“下一步”按钮，接着出现询问是否立即安装 Windows Server 2012 R2 的窗口，如图 5-5 所示。

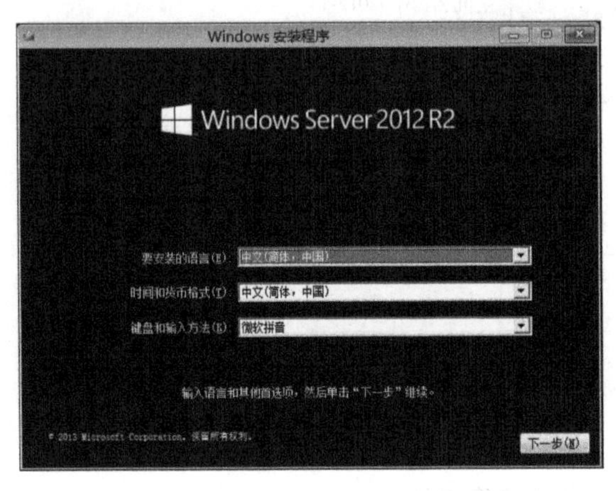

图 5-4 安装 Windows 窗口

图 5-5 现在安装

5）单击“现在安装”按钮，显示如图 5-6 所示的“选择要安装的操作系统”对话框。在操作系统列表框中列出了可以安装的操作系统。这里选择“Windows Server 2012 R2 Standard（带有 GUI 的服务器）”，安装 Windows Server 2012 R2 标准版。

6）单击“下一步”按钮，选择“我接受许可条款”接受许可协议，单击“下一步”按钮，出现如图 5-7 所示的“您想进行何种类型的安装”对话框。“升级”用于从 Windows Server 2008 升级到 Windows Server 2012，如果当前计算机没有安装操作系统，则该项不可用；“自定义（高级）”用于全新安装。

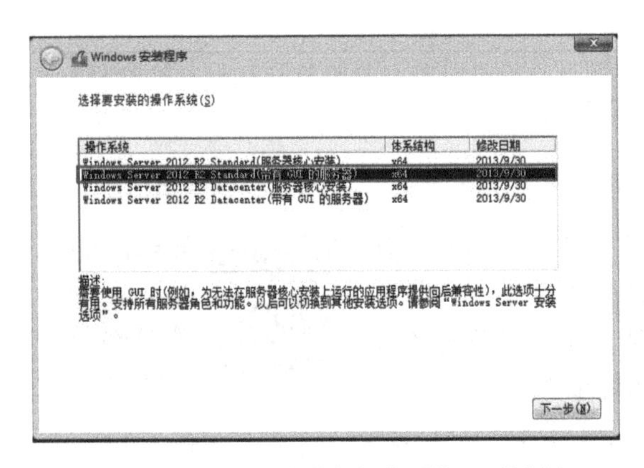

图 5-6 “选择要安装的操作系统”对话框

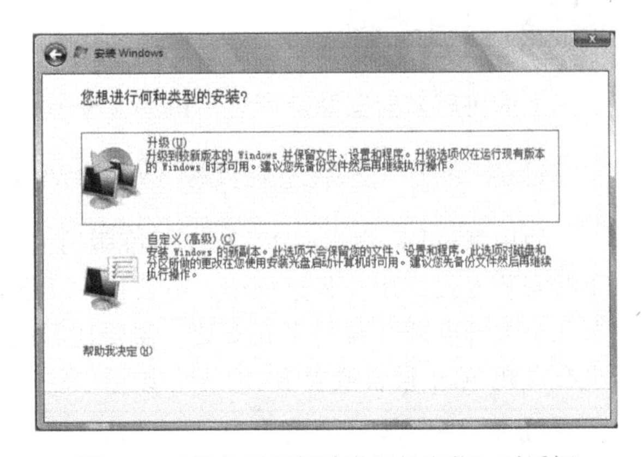

图 5-7 “您想进行何种类型的安装”对话框

7）单击“自定义（高级）”，显示如图 5-8 所示的“您想将 Windows 安装在哪里”对话框，显示当前计算机硬盘上的分区信息。如果服务器安装有多块硬盘，则会依次显示为驱动器 0、驱动器 1、驱动器 2……。

8）对硬盘进行分区，单击“新建”按钮，在“大小”文本框中输入分区大小，比如 55000 MB。如图 5-8 所示。单击“应用”按钮，弹出如图 5-9 所示的创建额外分区的提示。单击“确定”按钮，完成系统分区（第一分区）和主分区（第二个分区）的建立。其他分区照此操作。

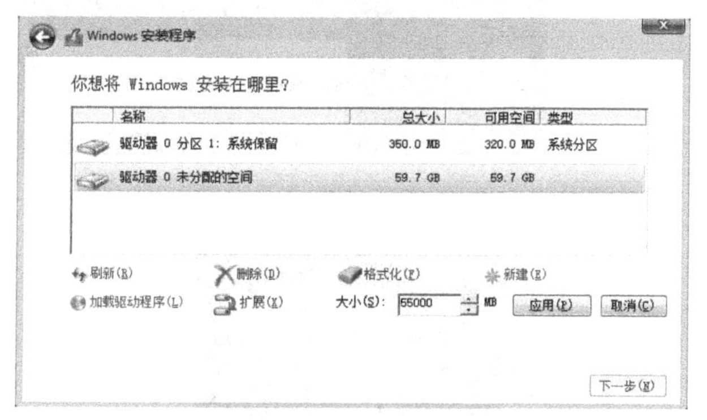

图 5-8　“您想将 Windows 安装在何处”对话框

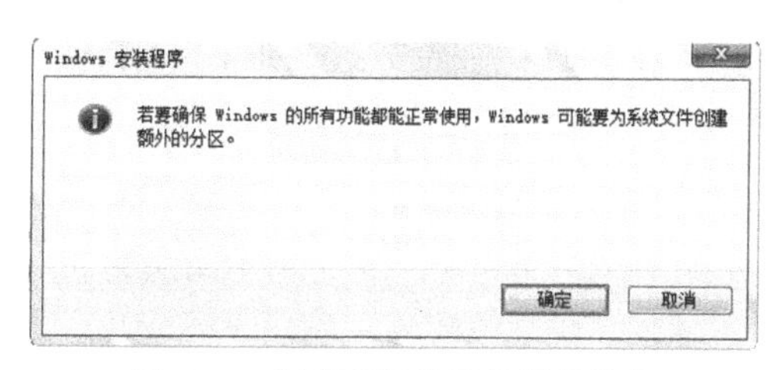

图 5-9　创建额外分区的提示信息

9）完成分区后的对话框如图 5-10 所示。

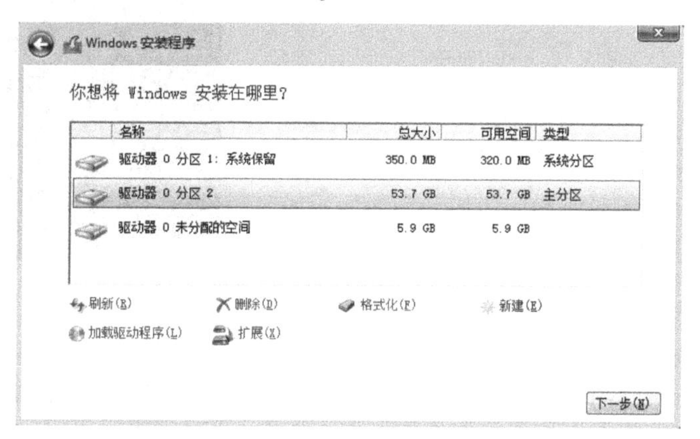

图 5-10　完成分区后的对话框

10）选择第二个分区来安装操作系统，单击“下一步”按钮，显示如图 5-11 所示的“正在安装 Windows”对话框，开始复制文件并安装 Windows。

11）在安装过程中，系统会根据需要自动重新启动。在安装完成之前，要求用户设置 Administrator 的密码。如图 5-12 所示。

对于账户密码，Windows Server 2012 的要求非常严格，无论管理员账户还是普通账户，都要求必须设置强密码。除必须满足“至少 6 个字符”和“不包含 Administrator 或 admin”的要求外，还至少满足以下 2 个条件。

- 包含大写字母（A，B，C 等）。
- 包含小写字母（a，b，c 等）。
- 包含数字（0，1，2 等）。
- 包含非字母数字字符（#，&，~等）。

12）按要求输入密码并按〈Enter〉键，即可完成 Windows Server 2012 R2 系统的安装。接着按〈Alt+Ctrl+Del〉复合键，输入管理员密码就可以正常登录 Windows Server 2012 R2 系统了。系统默认自动启动“初始配置任务”窗口。如图 5-13 所示。

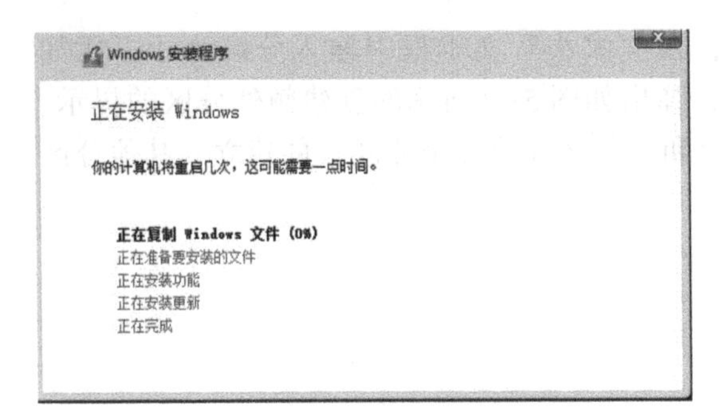

图 5-11　“正在安装 Windows” 对话框

图 5-12　提示设置密码

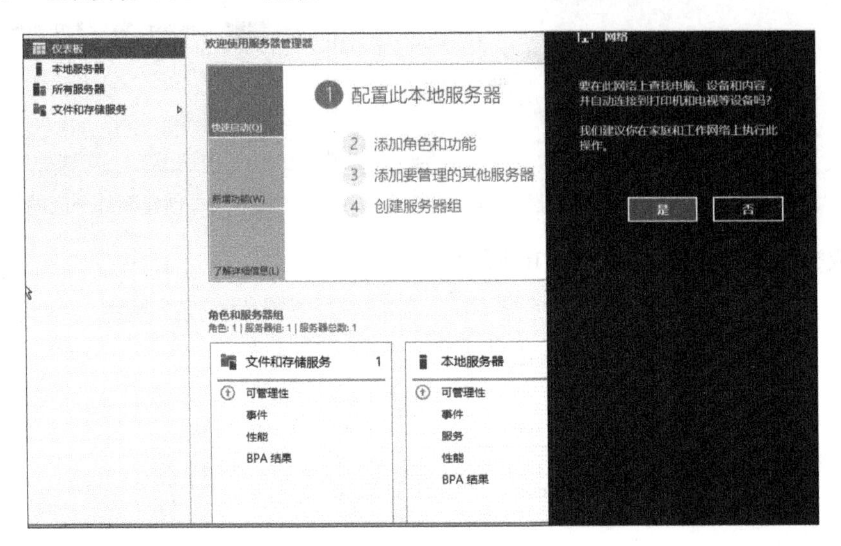

图 5-13　“初始配置任务” 窗口

13）激活 Windows Server 2012 R2。单击“开始”→“控制面板”→“系统和安全”→“系统”菜单，打开如图 5-14 所示的“系统”窗口。右下角显示 Windows 激活的状况，可以在

图 5-14　“系统” 窗口

此激活 Windows Server 2012 R2 网络操作系统和更改产品密钥。激活有助于验证 Windows 的副本是否为正版，以及在多台计算机上使用的 Windows 数量是否已超过 Microsoft 软件许可条款所允许的数量。激活的最终目的有助于防止软件伪造。如果不激活，可以试用 60 天。

至此，Windows Server 2012 R2 安装完成，现在就可以使用了。

任务 5-2　配置 Windows Server 2012 R2

在安装完成后，应先设置一些基本配置，如计算机名、IP 地址、配置自动更新等，这些均可在“服务器管理器”中完成。

1. 更改计算机名

Windows Server 2012 系统在安装过程中不需要设置计算机名，而是使用由系统随机配置的计算机名。但系统配置的计算机不仅冗长，而且不便于标记。因此，为了更好地标识和识别服务器，应将其更改为易记或有一定意义的名称。

1）打开“开始”→“管理工具”→“服务器管理器”，或者直接单击左下角的“服务器管理器”按钮，打开“服务器管理器”窗口，再单击左侧的“本地服务器”按钮。如图 5-15 所示。

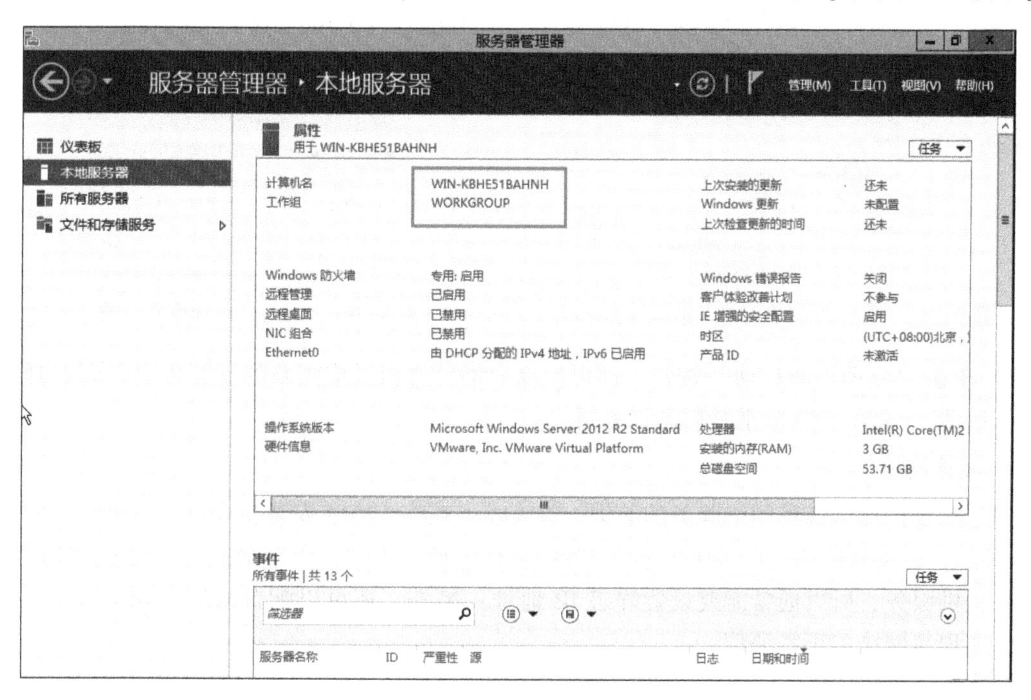

图 5-15　“服务器管理器”窗口

2）直接单击“计算机名”和“工作组”后面的名称，对计算机名和工作组名进行修改即可。先单击计算机名称，出现修改计算机名的对话框。如图 5-16 所示。

3）单击“更改”按钮，显示如图 5-17 所示的“计算机名/域更改”对话框。在“计算机名”文本框中输入新的名称，如 win2012-1。在“工作组”文本框中可以更改计算机所处的工作组。

4）单击“确定”按钮，显示“欢迎加入 COMP 工作组”的提示框。如图 5-18 所示。单击“确定”按钮，显示“重新启动计算机”提示框，提示必须重新启动计算机才能应用更改。如图 5-19 所示。

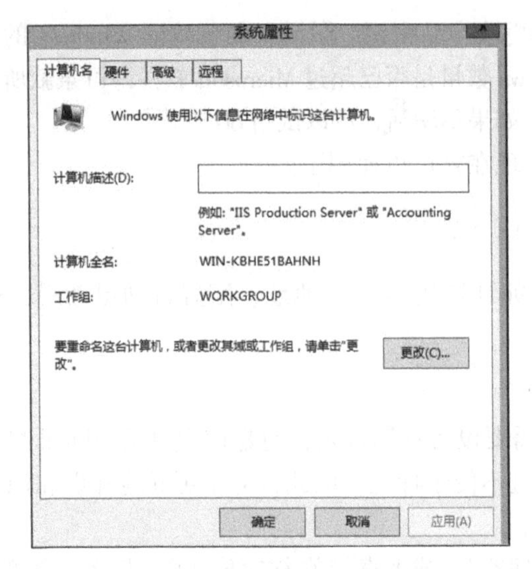

图 5-16 “系统属性”对话框

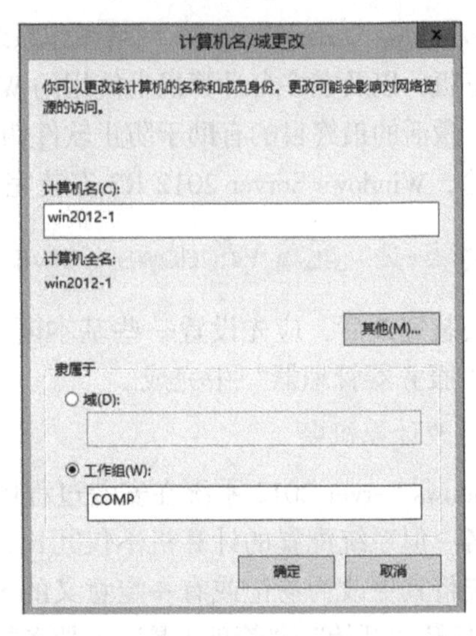

图 5-17 “计算机名/域更改”对话框

5）单击“确定”按钮，回到“系统属性”对话框，再单击“关闭”按钮，关闭“系统属性”对话框。接着出现对话框，提示必须重新启动计算机才能应用更改。

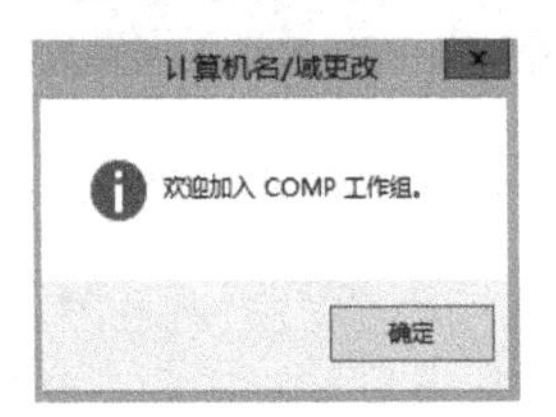

图 5-18 “欢迎加入 COMP 工作组”提示框

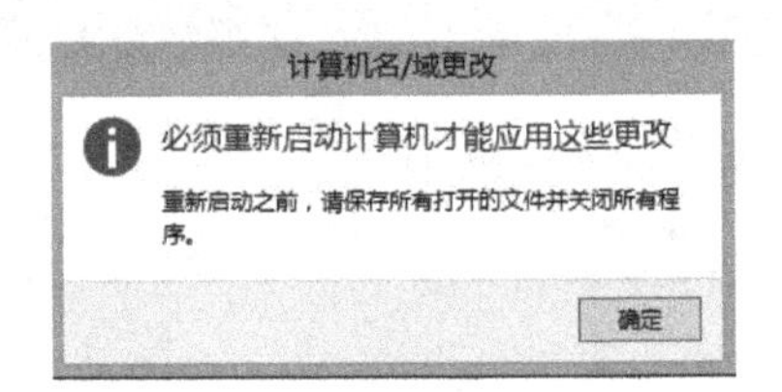

图 5-19 “重新启动计算机”提示框

6）单击“立即重新启动”按钮，即可重新启动计算机并应用新的计算机名。若选择“稍后重新启动”，则不会立即重新启动计算机。

2. 配置网络

网络配置是提供各种网络服务的前提。Windows Server 2012 安装完成以后，默认为自动获取 IP 地址，自动从网络中的 DHCP 服务器获得 IP 地址。不过，由于 Windows Server 2012 用来为网络提供服务，所以通常需要设置静态 IP 地址。另外，还可以配置网络发现、文件共享等功能，实现与网络的正常通信。

（1）配置 TCP/IP

1）右击桌面右下角任务托盘区域的网络连接图标，选择快捷菜单中的“网络和共享中心”选项，打开如图 5-20 所示的“网络和共享中心”窗口。

2）单击“Ethernet0”，打开“Ethernet0 状态”对话框。如图 5-21 所示。

3）单击“属性”按钮，显示如图 5-22 所示的“Ethernet0 属性”对话框。Windows Server 2012 中包含 IPv6 和 IPv4 两个版本的 Internet 协议，并且默认都已启用。

4）在“此连接使用下列项目”选项框中选择“Internet 协议版本 4（TCP/IPv4）”，单击“属性”按钮，显示如图 2-23 所示的“Internet 协议版本 4（TCP/ IPv4）属性”对话框。选中“使用下面的 IP 地址”单选按钮，分别输入为该服务器分配的 IP 地址、子网掩码、默认网关和 DNS 服务器。如果要通过 DHCP 服务器获取 IP 地址，则保留默认的“自动获得 IP 地址”。

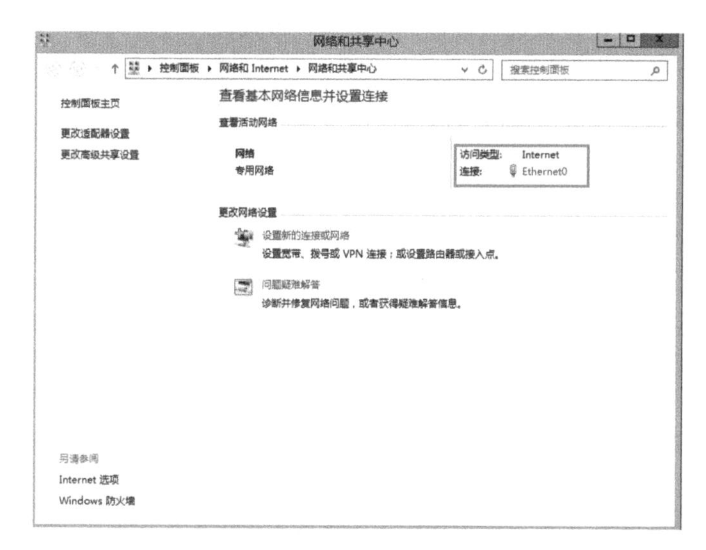

图 5-20 “网络和共享中心”窗口

图 5-21 “Ethernet0 状态”对话框

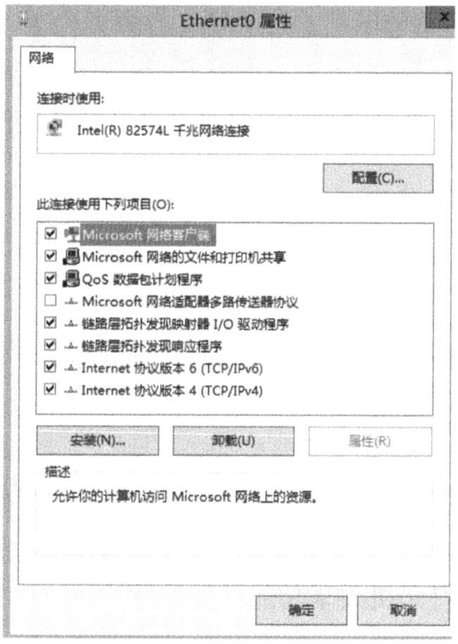

图 5-22 “Ethernet0 属性”对话框

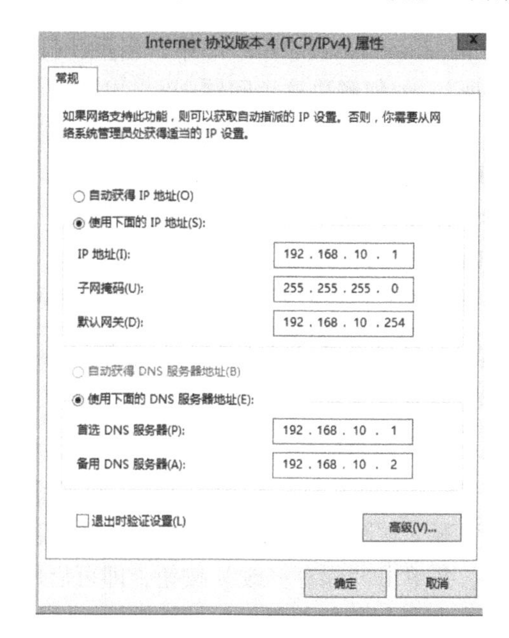

图 5-23 “Internet 协议版本 4（TCP/IPv4）属性”对话框

5）单击“确定”按钮，保存所做的修改。

（2）启用网络发现

Windows Server 2012 的“网络发现”功能，用来控制局域网中计算机和设备的发现与隐藏。如果启用“网络发现”功能，则可以显示当前局域网中发现的计算机，也就是“网络邻居”功能。同时，其他计算机也可发现当前计算机。如果禁用“网络发现”功能，则既不能发现其他计算机，也不能被发现。不过，关闭“网络发现”功能时，其他计算机仍可以通过搜索或指定计算机名、IP 地址的方式访问到该计算机，但不会显示在其他用户的“网络邻居”中。

为了便于计算机之间的互相访问，可以启用此功能。在图 5-20 所示的“网络和共享中心”窗口中，单击“更改高级共享设置”按钮，出现如图 5-24 所示的“高级共享设置”窗口，选择“启用网络发现”单选按钮，并单击“保存更改”按钮即可。

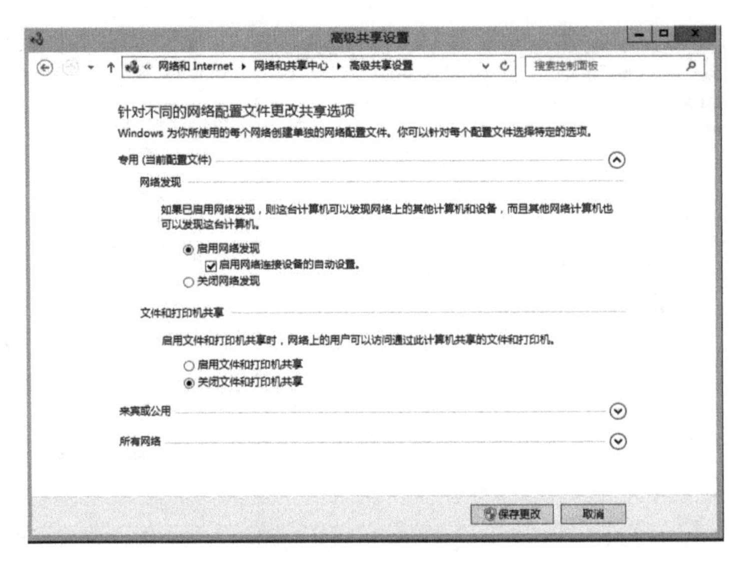

图 5-24 “高级共享设置”窗口

在 Windows Server 2012 R2 中，当重新打开“高级共享设置”对话框，显示仍然是“关闭网络发现”。如何解决这个问题呢？

为了解决这个问题，需要在服务中启用以下 3 个服务：

- Function Discovery Resource Publication
- SSDP Discovery
- UPnP Device Host

将以上 3 个服务设置为自动并启动，就可以解决问题了。

提示：依次打开“开始”→“管理工具”→“服务”，将上述 3 个服务设置为自动并启动即可。

(3) 文件和打印机共享

网络管理员可以通过启用或关闭文件共享功能，实现为其他用户提供服务或访问其他计算机共享资源。在图 5-24 所示的“高级共享设置”窗口中，选择“启用文件和打印机共享”单选按钮，并单击“保存修改”按钮，即可启用文件和打印机共享功能。

(4) 密码保护的共享

在图 5-24 中，单击“所有网络”右侧的“⌄”按钮，展开“所有网络”的高级共享设置，如图 5-25 所示。

- 可以选择“启用共享以便可以访问网络的用户可以读取和写入公用文件夹中的文件”。
- 如果选择“启用密码保护共享”功能，则其他用户必须使用当前计算机上有效的用户账户和密码才可以访问共享资源。Windows Server 2012 默认启用该功能。

3. 配置虚拟内存

在 Windows 中，如果内存不够，系统会把内存中暂时不用的一些数据写到磁盘上，以腾出内存空间给别的应用程序使用，当系统需要这些数据时，再重新把数据从磁盘读回内存中。用来临时存放内存数据的磁盘空间称为虚拟内存。建议将虚拟内存的大小设为实际内存的 1.5 倍，虚拟内存太小会导致系统没有足够的内存运行程序，特别是当实际的内存不大时。下面是设置虚拟内存的具体步骤。

1）依次单击“开始”→“控制面板”→“系统和安全”→“系统”命令，然后单击“高级系统设置”，打开“系统属性”对话框，再单击“高级”选项卡。如图5-26所示。

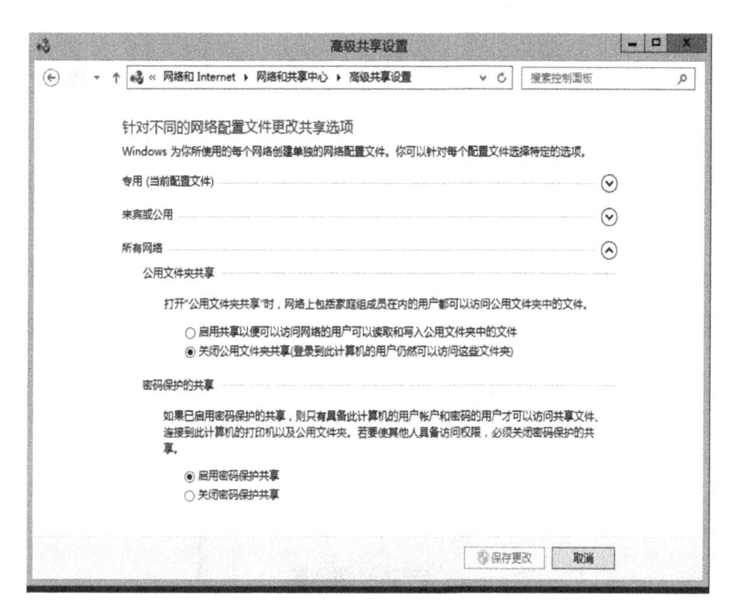

图5-25　“高级共享设置”窗口

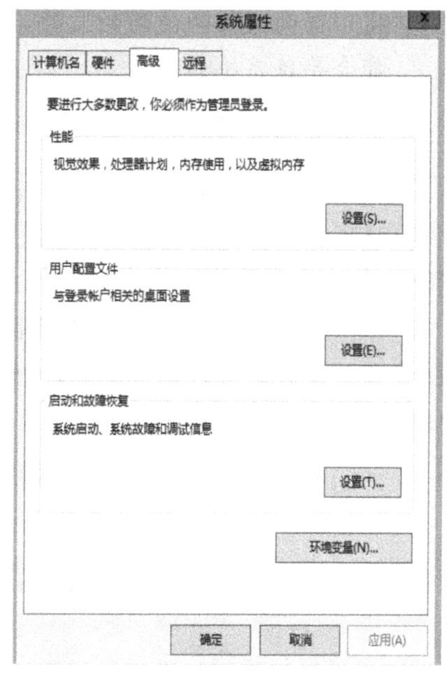

图5-26　“系统属性”对话框

2）单击“设置”按钮，打开“性能选项”对话框，选择“高级”选项卡。如图5-27所示。

3）单击“更改”按钮，打开“虚拟内存”对话框。如图5-28所示。去除勾选的“自动管理所有驱动器的分页文件大小”复选框。选中“自定义大小”单选按钮，并设置初始大小为40000 MB，最大值为60000 MB，然后单击“设置”按钮。最后单击“确定”按钮并重启计算机，即可完成虚拟内存的设置。

图5-27　“性能选项”对话框

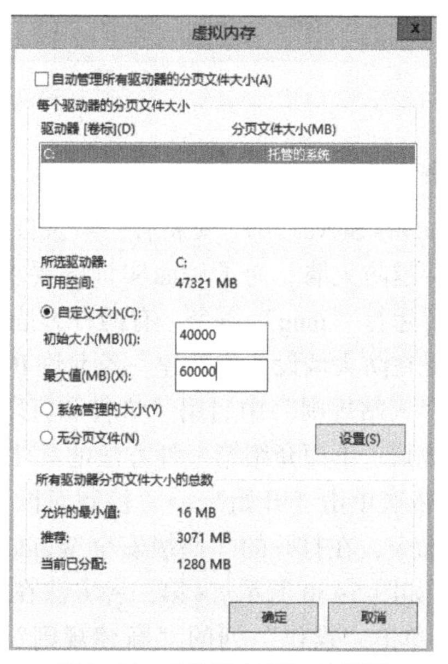

图5-28　“虚拟内存”对话框

注意： 虚拟内存可以分布在不同的驱动器中，总的虚拟内存等于各个驱动器上的虚拟内存之和。如果计算机上有多个物理磁盘，建议把虚拟内存放在不同的磁盘上以增加虚拟内存的读写性能。虚拟内存的大小可以自定义，即管理员手动指定，或者由系统自行决定。页面文件所使用的文件名是根目录下的 pagefile. sys，不要轻易删除该文件，否则可能会导致系统的崩溃。

4. 设置显示属性

在“外观”对话框中可以对计算机的显示、任务栏和「开始」菜单、轻松访问中心、文件夹选项和字体进行设置。前面已经介绍了对文件夹选项的设置。下面介绍设置显示属性的具体步骤。

依次单击“开始”→“控制面板”→“外观”→“显示”命令，打开“显示”窗口。如图5-29所示。可以对分辨率、桌面背景、窗口颜色、屏幕保护程序、显示器设置和调整 ClearType 文本进行逐项设置。

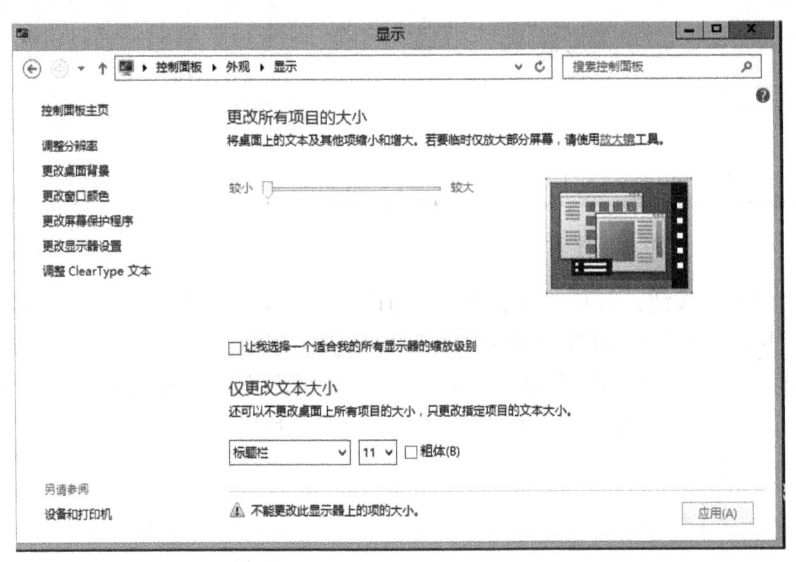

图5-29 “显示”窗口

5. 配置防火墙，运行“ping”命令

Windows Server 2012 安装后，默认自动启用防火墙，而且“ping”命令默认被阻止，ICMP 包无法穿越防火墙。为了后面实训的要求及实际需要，应该设置防火墙允许“ping”命令通过。若要运行“ping”命令，有两种方法。

一是在防火墙设置中新建一条允许 ICMP v4 协议通过的规则，并启用；二是在防火墙设置中，在“入站规则”中启用“文件和打印共享（回显请求-ICMP v4-In）（默认不启用）”的预定义规则。下面介绍第一种方法的具体步骤。

1）依次单击“开始”→“控制面板”→“系统和安全”→“Windows 防火墙”→“高级设置”命令，在打开的“高级安全 Windows 防火墙”对话框中，单击左侧目录树中的“入站规则”。如图5-30所示。（第二种方法在此入站规则中设置即可，请读者思考。）

2）单击“操作”列的“新建规则”，出现“新建入站规则向导-规则类型”窗口，单击“自定义”单选按钮。如图5-31所示。

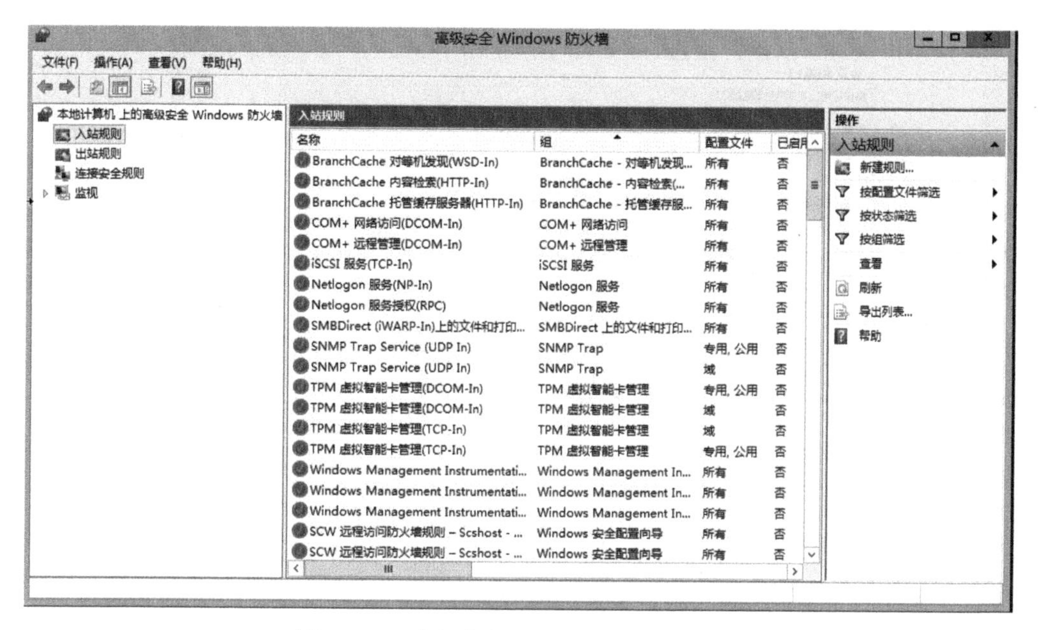

图 5-30　“高级安全 Windows 防火墙”窗口

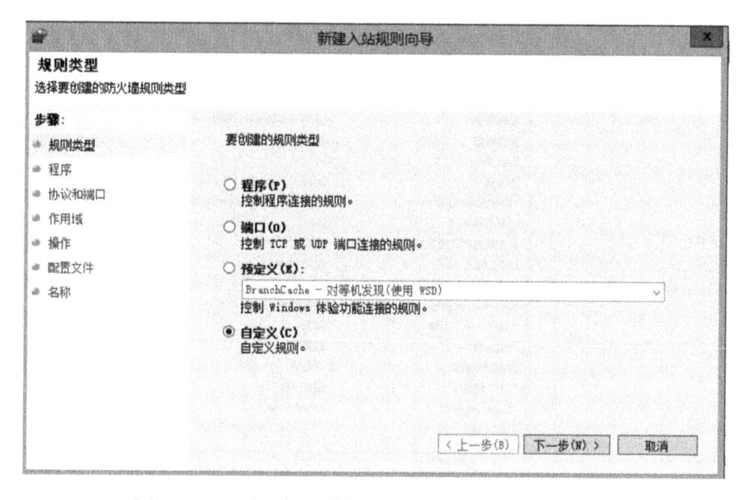

图 5-31　“新建入站规则向导-规则类型”窗口

3）单击“步骤”列的“协议和端口”。如图 5-32 所示。在“协议类型”下拉列表框中选择“ICMP v4”。

4）单击“下一步”按钮，在出现的对话框中选择应用于哪些本地 IP 地址和哪些远程 IP 地址。

5）继续单击“下一步”按钮，选择是否允许连接，选择“允许连接”。

6）再次单击“下一步”按钮，选择何时应用本规则。

7）最后单击“下一步”按钮，输入本规则的名称，比如 ICMP v4 规则。单击“完成”按钮，使新规则生效。

6. 查看系统信息

系统信息包括硬件资源、组件和软件环境等内容。依次单击“开始”→“管理工具”→“系统信息”命令，显示如图 5-33 所示的“系统信息”窗口。

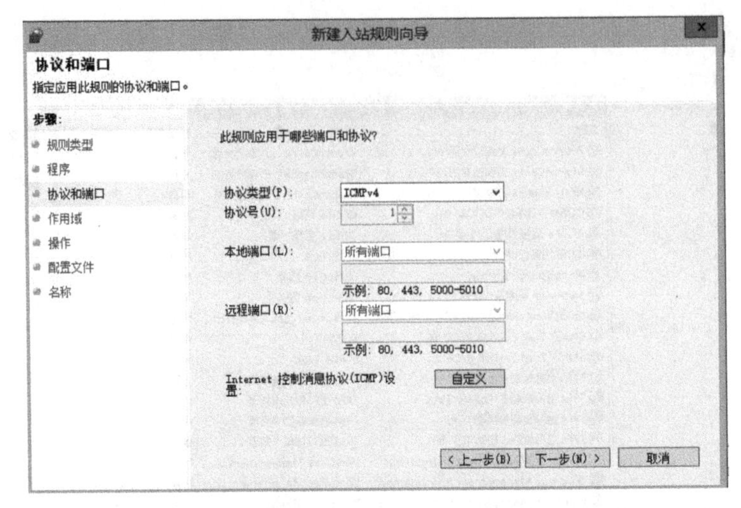

图 5-32 “新建入站规则向导-协议和端口”对话框

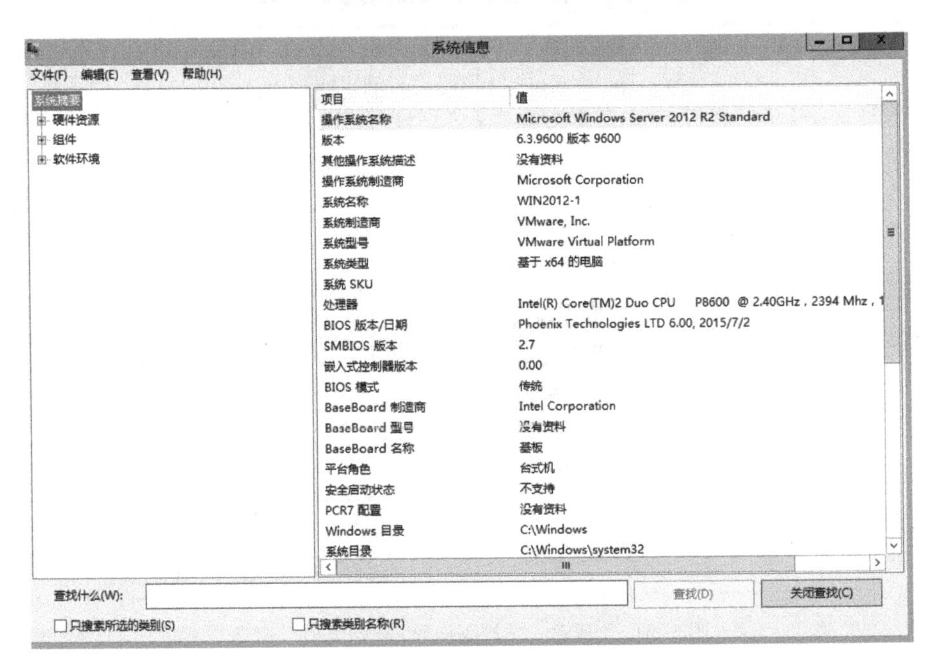

图 5-33 “系统信息”窗口

7. 设置自动更新

系统更新是 Windows 系统必不可少的功能，Windows Server 2012 也是如此。为了增强系统功能，避免因漏洞而造成故障，必须及时安装更新程序，以保护系统的安全。

1）单击左下角“开始”菜单右侧的“服务器管理器”图标，打开“服务器管理器”窗口。选中左侧的“本地服务器”，在“属性”区域中，单击“Windows 更新”右侧的“未配置”超链接，显示如图 5-34 所示的“Windows 更新”窗口。

2）单击“更改设置”链接，显示如图 5-35 所示的“更改设置”窗口，在“选择你的 Windows 更新设置”窗口中，选择一种更新方法即可。

3）单击“确定”按钮保存设置。Windows Server 2012 就会根据所做配置，自动从 Windows Update 网站检测并下载更新。

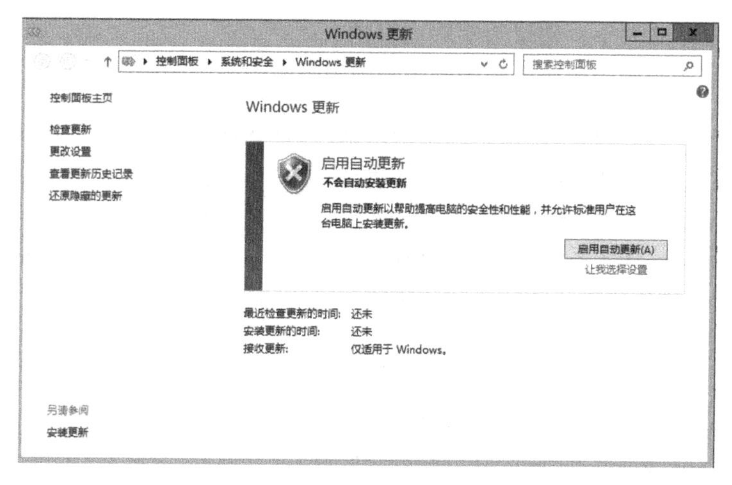

图 5-34　“Windows 更新”窗口

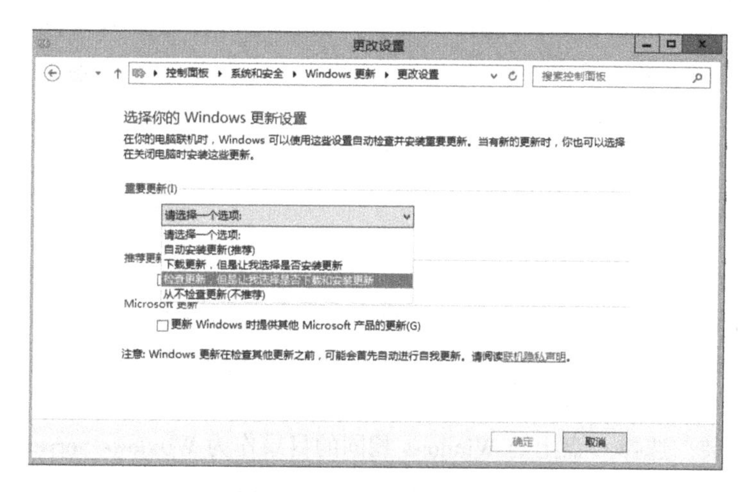

图 5-35　“更改设置”窗口

5.6 练习题

一、填空题

① Windows Server 2012 有多种安装方式，分别适用于不同的环境，选择合适的安装方式可以提高工作效率。除了常规的使用 DVD 启动安装方式以外，还有________、________及________。

② 安装 Windows Server 2012 R2 时，内存至少不低于________，硬盘的可用空间不低于________，并且只支持________位版本。

③ Windows Server 2012 管理员口令要求必须符合以下条件：①至少 6 个字符；②不包含用户账户名称超过两个以上连续字符；③包含________、________、大写字母（A~Z）、小写字母（a~z）4 组字符中的 2 组。

④ Windows Server 2012 中的________，相当于 Windows Server 2003 中的 Windows 组件。

⑤ 页面文件所使用的文件名是根目录下的________，不要轻易删除该文件，否则可能会导致系统的崩溃。

⑥ 对于虚拟内存的大小，建议为实际内存的________。

二、选择题

1. 在 Windows Server 2012 系统中，如果要输入 DOS 命令，则在“运行”对话框中输入（　　）。

A. CMD　　B. MMC　　C. AUTOEXE　　D. TTY

2. Windows Server 2012 系统安装时生成的 Documents and Settings、Windows 以及 Windows\System32 文件夹是不能随意更改的，因为它们是（　　）。

A. Windows 的桌面

B. Windows 正常运行时所必需的应用软件文件夹

C. Windows 正常运行时所必需的用户文件夹

D. Windows 正常运行时所必需的系统文件夹

3. 有一台服务器的操作系统是 Windows Server 2008，文件系统是 NTFS，无任何分区，现要求对该服务器进行 Windows Server 2012 的安装，保留原数据，但不保留操作系统，应使用下列方法（　　）进行安装才能满足需求。

A. 在安装过程中进行全新安装并格式化磁盘

B. 对原操作系统进行升级安装，不格式化磁盘

C. 做成双引导，不格式化磁盘

D. 重新分区并进行全新安装

4. 现要在一台装有 Windows Server 2008 操作系统的机器上安装 Windows Server 2012，并做成双引导系统。此计算机硬盘的大小是 200 GB，有两个分区：C 盘 100 GB，文件系统是 FAT；D 盘 100 GB，文件系统是 NTFS。为使计算机成为双引导系统，下列哪个选项是最好的方法？（　　）

A. 安装时选择升级选项，并且选择 D 盘作为安装盘

B. 全新安装，选择 C 盘上与 Windows 相同的目录作为 Windows Server 2012 的安装目录

C. 升级安装，选择 C 盘上与 Windows 不同的目录作为 Windows Server 2012 的安装目录

D. 全新安装，且选择 D 盘作为安装盘

5. 与 Windows Server 2003 相比，下面（　　）不是 Windows Server 2012 的新特性。

A. Active Directory　　B. 服务器核心　　C. Power Shell　　D. Hyper-V

三、简答题

1. 简述 Windows Server 2012 R2 系统的最低硬件配置需求。

2. 在安装 Windows Server 2012 R2 前有哪些注意事项？

5.7 项目实训 5　安装与基本配置 Windows Server 2012

一、实训目的

5-7　基本配置 Windows Server 2012

- 了解 Windows Server 2012 各种不同的安装方式，能根据不同的情况正确选择不同的方式来安装 Windows Server 2012 操作系统。
- 熟悉 Windows Server 2012 安装过程，以及系统的启动与登录。
- 掌握 Windows Server 2012 的各项初始配置任务。
- 掌握 VMware Workstation 的用法。

二、实训环境

1. 网络环境

1）已建好的 100 Mbit/s 的以太网络，包含交换机（或集线器）、五类（或超五类）UTP 直通线若干、3 台或以上数量的计算机。

2）计算机配置要求：CPU 主频最低 1.4 GHz 以上，x64 和 x86 系列均有 1 台及以上数量，内存不小于 1024 MB，硬盘剩余空间不小于 10 GB，有光驱和网卡。

2. 软件

Windows Server 2012 安装光盘，或硬盘中有全部的安装程序。

公司新购进一台服务器，硬盘空间为 500 GB。已经安装了 Windows 7 网络操作系统和 VMware，计算机名为 client1。Windows Server 2012 x86 的镜像文件已保存在硬盘上。网络拓扑图可参考图 5-3。

三、实训要求

在 3 台计算机裸机（即全新硬盘中）中完成下述操作。

首先进入 3 台计算机的 BIOS，全部设置为从 CD-ROM 启动系统。

1. 设置第 1 台计算机

在第 1 台计算机（x86 系列）上，将 Windows Server 2012 安装光盘插入光驱，从 CD-ROM 引导，并开始全新的 Windows Server 2012 安装，要求如下。

1）安装 Windows Server 2012 标准版，系统分区的大小为 20 GB，管理员密码为P@ssw0rd1。

2）对系统进行如下初始配置：计算机名称 win2012-1，工作组为“office”。

3）设置 TCP/IP，其中要求禁用 TCP/IPv6，服务器的 IP 地址为 192.168.2.1，子网掩码为 255.255.255.0，网关设置为 192.168.2.254，DNS 地址为 202.103.0.117、202.103.6.46。

4）设置计算机虚拟内存为自定义方式，其初始值为 1560 MB，最大值为 2130 MB。

5）激活 Windows Server 2012，启用 Windows 自动更新。

6）启用远程桌面和防火墙。

7）在微软管理控制台中添加“计算机管理”“磁盘管理”和“DNS”3 个管理单元。

2. 设置第 2 台计算机

在第 2 台计算机上（x64 系列），将 Windows Server 2012 安装光盘插入光驱，从 CD-ROM 引导，并开始全新的 Windows Server 2012 安装，要求如下。

1）安装 Windows Server 2012 标准版，系统分区的大小为 20 GB，管理员密码为 P@ssw0rd2。

2）对系统进行如下初始配置，计算机名称为“win2012-2”，工作组为“office”。

3）设置 TCP/IP，其中要求禁用 TCP/IPv6，服务器的 IP 地址为 192.168.2.10，子网掩码为 255.255.255.0，网关设置为 192.168.2.254，DNS 地址为 202.103.0.117、202.103.6.46。

4）设置计算机虚拟内存为自定义方式，其初始值为 1560 MB，最大值为 2130 MB。

5）激活 Windows Server 2012，启用 Windows 自动更新。

6）启用远程桌面和防火墙。

7）在微软管理控制台中添加“计算机管理”“磁盘管理”和“DNS”3 个管理单元。

3. 比较 x86 和 x64 的某些区别

分别查看第 1 台和第 2 台计算机上的“添加角色”和“添加功能”向导及控制面板，找出两台计算机中不同的地方。

4. 设置第3台计算机

在第3台计算机上（x64系列），安装 Windows Server Core，系统分区的大小为20 GB，管理员密码为P@ssw0rd3，并利用 cscript scregedit. wsf/cli 命令，列出 Windows Server Core 提供的常用命令行。

四、在虚拟机中安装 Windows Server 2012 的注意事项

在虚拟机中安装 Windows Server 2012 较简单，但安装的过程中需要注意以下事项。

1）Windows Server 2012 装完成后，必须安装“VMware 工具”。通常在安装完操作系统后，需要安装计算机的驱动程序。VMware 专门为 Windows、Linux、Netware 等操作系统“定制”了驱动程序光盘，称作“VMware 工具”。VMware 工具除了包括驱动程序外，还有一系列的功能。

安装方法：选择“虚拟机”→“安装 VMware 工具”命令，根据向导完成安装。

安装 VMware 工具并且重新启动后，从虚拟机返回主机，不再需要按下〈Ctrl+Alt〉组合键，只要把鼠标指针从虚拟机中向外“移动”超出虚拟机窗口后，就可以返回到主机，在没有安装 VMware 工具之前，移动鼠标指针会受到窗口的限制。另外，启用 VMware 工具之后，虚拟机的性能会提高很多。

2）修改本地组策略，去掉按〈Ctrl+Alt+Del〉组合键登录选项，步骤如下。

选择“开始”→“运行”命令，输入“gpedit. msc”，打开“本地组策略编辑器”窗口，选择“计算机配置”→“Windows 设置”→“安全设置”→“本地策略”→“安全选项”，双击“交互式登录：无须按 Ctrl+Alt+Del”选项，将“安全设置”改为“已启用”。如图5-36所示。

这样设置后可避免与主机的热键发生冲突。

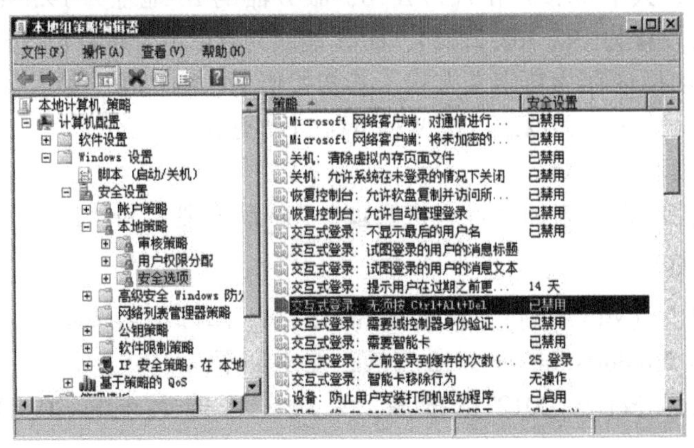

图5-36 修改本地组策略

五、实训思考题

- 安装 Windows Server 2012 网络操作系统时需要哪些准备工作？
- 安装 Windows Server 2012 网络操作系统时应注意哪些问题？
- 如何选择分区格式？同一分区中有多个系统又该如何选择文件格式？如何选择授权模式？
- 如果服务器上只有一个网卡，而又需要多个 IP 地址，该如何操作？
- 在 VMware 中安装 Windows Server 2012 网络操作系统时，如果不安装 VMware 工具会出现什么问题？

项目 6 管理局域网的用户和组

6.1 项目导入

当安装完操作系统并完成操作系统的环境配置后，管理员应规划一个安全的网络环境，为用户提供有效的资源访问服务。Windows Server 2012 通过建立账户（包括用户账户和组账户）并赋予账户合适的权限来保证使用网络和计算机资源的合法性，以确保数据访问、存储和交换服从安全需要。

如果是单纯工作组模式的网络，需要使用“计算机管理”工具来管理本地用户和组；如果是域模式的网络，则需要通过“Active Directory 用户和计算机”工具管理整个域环境中的用户和组。

6.2 职业能力目标和要求

- ◇ 掌握用户和组的概念。
- ◇ 掌握如何管理本地用户。
- ◇ 掌握如何管理本地组。

6.3 相关知识

保证 Windows Server 2012 安全性的主要方法有以下 4 点。

- 严格定义各种账户权限，阻止用户可能进行的具有危害性的网络操作。
- 使用组规划用户权限，简化账户权限的管理。
- 禁止非法计算机连入网络。
- 应用本地安全策略和组策略制定更详细的安全规则（详见项目 12）。

6.3.1 用户账户概述

用户账户是计算机的基本安全组件，计算机通过用户账户来辨别用户身份，让有使用权限的人登录计算机，访问本地计算机资源或从网络访问这台计算机的共享资源。指派不同用户不同的权限，可以让用户执行不同的计算机管理任务。所以每台运行 Windows Server 2012 的计算机，都需要用户账户才能登录计算机。在登录过程中，当计算机验证用户输入的账户和密码与本地安全数据库中的用户信息一致时，才能让用户登录到本地计算机或从网络上获取对资源的访问权限。用户登录时，本地计算机验证用户账户的有效性，如用户提供了正确的用户名和密码，则本地计算机分配给用户一个访问令牌（Access Token），该令牌定义了用户在本地计算机上的访问权限，资源所在的计算机负责对该令牌进行鉴别，以保证用户只能在管理员定义的权限范围内使用本地计算机上的资源。对访问令牌的分配和鉴别是由本地计算机的本地安全权限（LSA）负责的。

Windows Server 2012 支持两种用户账户：域账户和本地账户。域账户可以登录到域上，并获得访问该网络的权限；本地账户则只能登录到一台特定的计算机上，并访问其资源。

6.3.2 本地用户账户

本地用户账户仅允许用户登录并访问创建该账户的计算机。当创建本地用户账户时，Windows Server 2012 仅在%Systemroot%\system32\config 文件夹下的安全数据库（SAM）中创建该账户，如 C:\Windows\system32\config\sam。

Windows Server 2012 默认只有 Administrator 账户和 Guest 账户。Administrator 账户可以执行计算机管理的所有操作；而 Guest 账户是为临时访问用户而设置的，默认是禁用的。

Windows Server 2012 为每个账户提供了名称，如 Administrator、Guest 等，这些名称是为了方便用户记忆、输入和使用的。在本地计算机中的用户账户是不允许相同的。而系统内部则使用安全标识符（Security Identifier，SID）来识别用户身份，每个用户账户都对应一个唯一的安全标识符，这个安全标识符在用户创建时由系统自动产生。系统指派权利、授权资源访问权限等都需要使用安全标识符。当删除一个用户账户后，重新创建名称相同的账户并不能获得先前账户的权利。用户登录后，可以在命令提示符状态下输入“whoami/logonid”命令查询当前用户账户的安全标识符。下面介绍系统内置账户。

- Administrator：使用内置 Administrator 账户可以对整台计算机或域配置进行管理，如创建修改用户账户和组、管理安全策略、创建打印机、分配允许用户访问资源的权限等。作为管理员，应该创建一个普通用户账户，在执行非管理任务时使用该用户账户，仅在执行管理任务时才使用 Administrator 账户。Administrator 账户可以更名，但不可以删除。
- Guest：一般的临时用户可以使用它进行登录并访问资源。为保证系统的安全，Guest 账户默认是禁用的，但若安全性要求不高，可以使用它且常常分配给它一个口令。

6.3.3 本地组概述

对用户进行分组管理可以更加有效并且灵活地进行权限的分配设置，以方便管理员对 Windows Server 2012 的具体管理。如果 Windows Server 2012 计算机被安装为成员服务器（而不是域控制器），将自动创建一些本地组。如果将特定角色添加到计算机，还将创建额外的组，用户可以执行与该组角色相对应的任务。例如，如果计算机被配置成 DHCP 服务器，将创建管理和使用 DHCP 服务的本地组。

可以在“计算机管理”管理单元的“本地用户和组”下的“组”文件夹中查看默认组。常用的默认组包括以下几种。

- Administrators：其成员拥有没有限制的、在本地或远程操纵和管理计算机的权利。默认情况下，本地 Administrator 和 Domain Admins 组的所有成员都是该组的成员。
- Backup Operators：其成员可以本地或者远程登录，备份和还原文件夹和文件，关闭计算机。注意，该组的成员在自己本身没有访问权限的情况下也能够备份和还原文件夹和文件，这是因为 Backup Operators 组权限的优先级要高于成员本身的权限。默认情况下，该组没有成员。

- Guests：只有 Guest 账户是该组的成员，但 Windows Server 2012 中的 Guest 账户默认被禁用。该组的成员没有默认的权利或权限。如果 Guest 账户被启用，当该组成员登录到计算机时，将创建一个临时配置文件；在注销时，该配置文件将被删除。
- Power Users：该组的成员可以创建用户账户，并操纵这些账户。他们可以创建本地组，然后在已创建的本地组中添加或删除用户。还可以在 Power Users 组、Users 组和 Guests 组中添加或删除用户。默认该组没有成员。
- Print Operators：该组的成员可以管理打印机和打印队列。默认该组没有成员。
- Remote Desktop Users：该组的成员可以远程登录服务器。
- Users：该组的成员可以执行一些常见任务，例如运行应用程序、使用打印机。组成员不能创建共享或打印机（但他们可以连接到网络打印机，并远程安装打印机）。在域中创建的任何用户账户都将成为该组的成员。

除了上述默认组以及管理员自己创建的组外，系统中还有一些特殊身份的组。这些组的成员是临时和瞬间的，管理员无法通过配置改变这些组中的成员。有以下几种特殊组。

- Anonymous Logon：代表不使用账户名、密码或域名而通过网络访问计算机及其资源的用户和服务。在运行 Windows NT 及其以前版本的计算机上，Anonymous Logon 组是 Everyone 组的默认成员。在运行 Windows Server 2012 的计算机上，Anonymous Logon 组不是 Everyone 组的成员。
- Everyone：代表所有当前网络的用户，包括来自其他域的来宾和用户。所有登录到网络的用户都将自动成为 Everyone 组的成员。
- Network：代表当前通过网络访问给定资源的用户（不是通过从本地登录到资源所在的计算机来访问资源的用户）。通过网络访问资源的任何用户都将自动成为 Network 组的成员。
- Interactive：代表当前登录到特定计算机上并且访问该计算机上给定资源的所有用户（不是通过网络访问资源的用户）。访问当前登录的计算机上资源的所有用户都将自动成为 Interactive 组的成员。

6.4 项目设计与准备

本项目所有实例都部署在图 6-1 所示的环境下。其中 win2012-1 和 win2012-2 是 Hyper-V 服务器的 2 台虚拟机，win2012-1 是域 long. com 的域控制器，win2012-2 是域 long. com 的成员服务器。本地用户和组的管理在 win2012-2 上进行，域用户和组的管理在 win2012-1 上进行，在 win2012-2 上进行测试。

特别提示：虚拟机都既可以在 Hyper-V 下实现，也可以在 VMWorkstation 下实现。在 VM 下可能更方便。以图 6-1 为例，Hyper-V 服务器可以用安装了 VMWorkstation 的宿主机 Win7 代替，后面处理与此例相同，不再另行注释。另外，为简便期间，域环境也可以改成独立服务器模式，不影响后面实训。

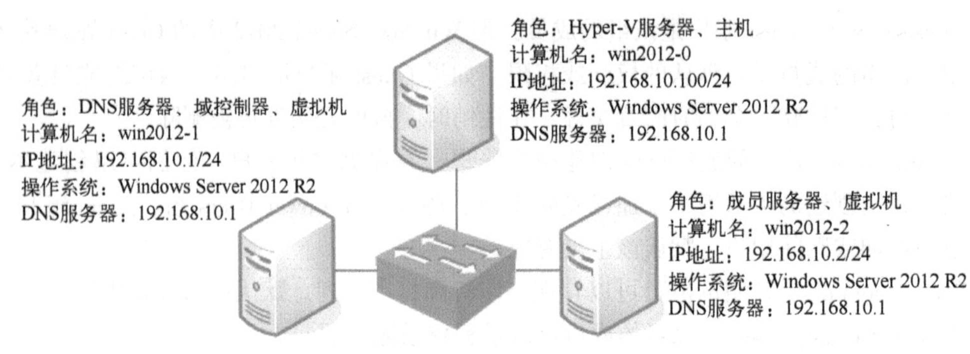

图 6-1　网络规划拓扑图

6.5 项目实施

按图 6-1 所示，配置好 win2012-1 和 win2012-2 的所有参数，保证 win2012-1 和 win2012-2 之间通信畅通。建议将 Hyper-V 中虚拟网络的模式设置为“专用”。

任务 6-1　创建本地用户账户

本任务在 win2012-2 独立服务器上实现（先不加入域 long. com），以 administrator 身份登录该计算机。

1. 规划新的用户账户

遵循以下规则和约定可以简化账户创建后的管理工作。

（1）命名约定

- 账户名必须唯一：本地账户必须在本地计算机上唯一。
- 账户名不能包含以下字符：* ;? /\[ ]:|=,+<>"。
- 账户名最长不能超过 20 个字符。

（2）密码原则

- 必须给 Administrator 账户指定一个密码，以防止他人随便使用该账户。
- 明确是管理员还是用户拥有密码的控制权。用户可以给每个用户账户指定一个唯一的密码，并防止其他用户对其进行更改，也可以允许用户在第一次登录时输入自己的密码。一般情况下，用户应该可以控制自己的密码。
- 密码不能太简单，应该不容易让他人猜出。
- 密码最多可由 128 个字符组成，推荐最小长度为 8 个字符。
- 密码应由大小写字母、数字以及合法的非字母数字的字符混合组成，如“P@ $$word”。

2. 创建本地用户账户

用户可以用“计算机管理”中的“本地用户和组”管理单元来创建本地用户账户，而且用户必须拥有管理员权限。创建本地用户账户“student1”的步骤如下。

1）执行“开始”→“管理工具”→“计算机管理”命令，打开“计算机管理”对话框。

2）在“计算机管理”窗口中，展开“本地用户和组”，在“用户”目录上右击，在弹出的快捷菜单中选择“新用户”选项。如图 6-2 所示。

3）打开“新用户”对话框后，输入用户名、全名和描述，并且输入密码。如图 6-3 所

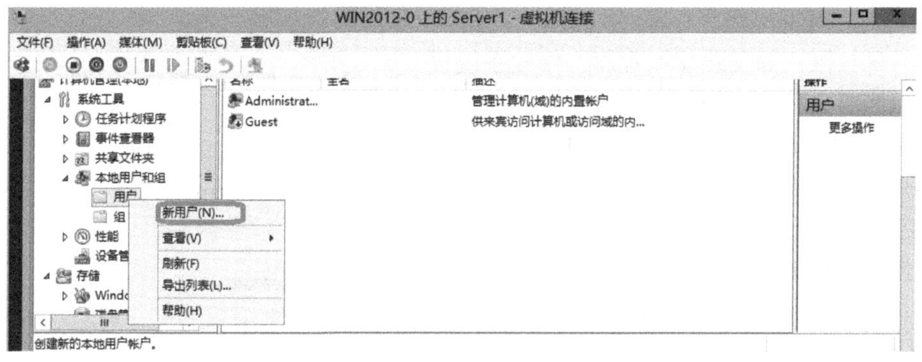

图 6-2　“计算机管理”窗口

示。可以设置密码选项，包括“用户下次登录时须更改密码”“用户不能更改密码”“密码永不过期”“账户已禁用”等。设置完成后，单击“创建”按钮新增用户账户。创建完用户后，单击“关闭”按钮，返回“计算机管理”窗口。

有关密码的选项描述如下。

- 密码：要求用户输入密码，系统用“·”显示。
- 确认密码：要求用户再次输入密码，以确认输入正确与否。
- 用户下次登录时须更改密码：要求用户下次登录时必须修改该密码。
- 用户不能更改密码：通常用于多个用户共用一个用户账户，如 Guest 等。
- 密码永不过期：通常用于 Windows Server 2012 的服务账户或应用程序所使用的用户账户。
- 账户已禁用：禁用用户账户。

图 6-3　“新用户”对话框

任务 6-2　设置本地用户账户的属性

用户账户不只包括用户名和密码等信息，为了管理和使用的方便，一个用户还包括其他一些属性，如用户隶属的用户组、用户配置文件、用户的拨入权限、终端用户设置等。

在“本地用户和组”的右窗格中，双击刚刚建立的“student1”用户，将打开如图 6-4 所示的“student1 属性”对话框。

1. “常规”选项卡

可以设置与账户有关的一些描述信息，包括全名、描述、账户选项等。管理员可以设置密码选项或禁用账户。如果账户已经被系统锁定，管理员可以解除锁定。

2. “隶属于”选项卡

在“隶属于”选项卡中，可以设置将该账户加入其他本地组中。为了管理的方便，通常都需要对用户组进行权限的分配与设置。用户属于哪个组，就具有该用户组的权限。新增的用户账户默认加入Users组，Users组的用户一般不具备一些特殊权限，如安装应用程序、修改系统设置等。所以当要分配给这个用户一些权限时，可以将该用户账户加入其他的组，也可以单击“删除”按钮将用户从一个或几个用户组中删除。“隶属于”选项卡如图6-5所示。例如，将“student1”添加到管理员组的操作步骤如下。

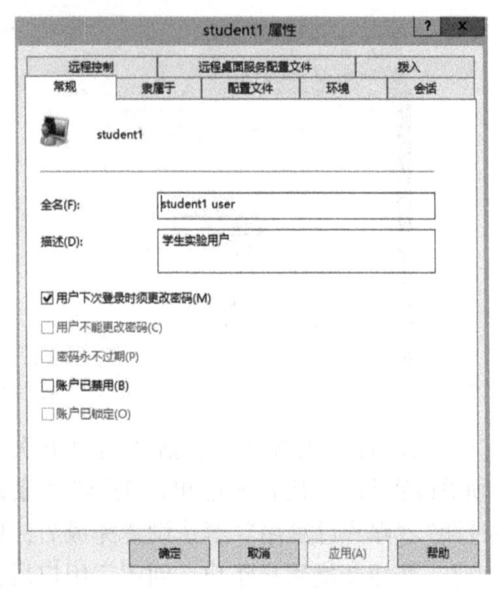

图6-4 “student1属性”对话框

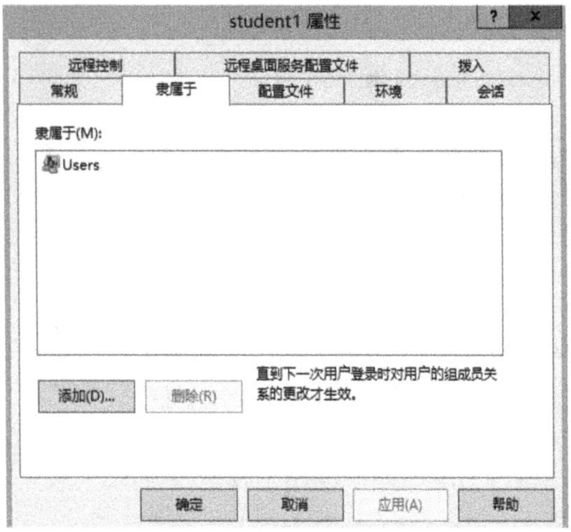

单击图6-5中的“添加”按钮，在如图6-6所示的“选择组”对话框中直接输入组的名称，例如管理员组的名称“Administrator”、高级用户组名称“Power users”。输入组名称后，如需要检查名称是否正确，则单击“检查名称”按钮，名称会变为“WIN2012-2\Administrators”。前面部分表示本地计算机名称，后面部分为组名称。如果输入了错误的组名称，检查时，系统将提示找不到该名称，并提示更改，再次搜索。

图6-5 “隶属于”选项卡

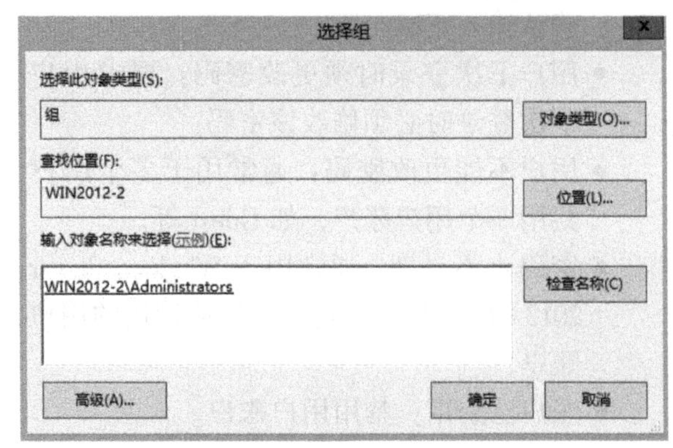

图6-6 “选择组”对话框

如果不希望手动输入组名称，也可以单击“高级”按钮，再单击“立即查找”按钮，从列表中选择一个或多个组（同时按〈Ctrl〉键或〈Shift〉键）。如图6-7所示。

3. “配置文件”选项卡

在“配置文件”选项卡中可以设置用户账户的配置文件路径、登录脚本和主文件夹路径。“配置文件”选项卡如图6-8所示。

用户配置文件是存储当前桌面环境、应用程序设置以及个人数据的文件夹和数据的集合，还包括所有登录到该台计算机上所建立的网络连接。由于用户配置文件提供的桌面环境与用户最近一次登录到该计算机上所用的桌面相同，因此就保持了用户桌面环境及其他设置的一致性。

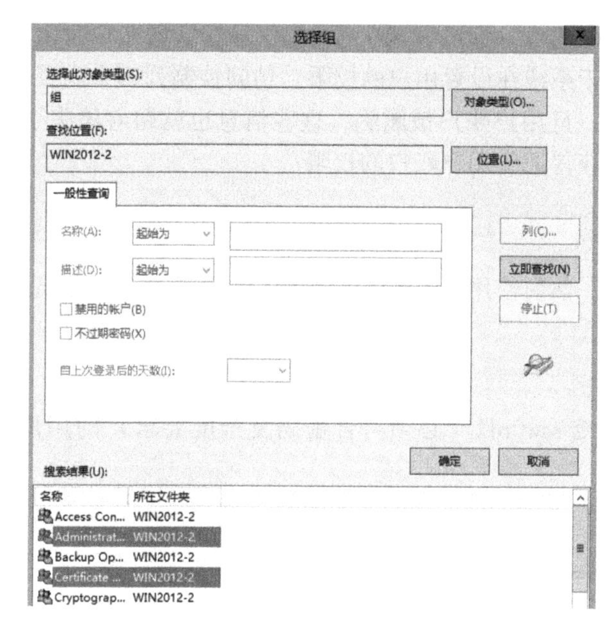

图6-7　查找可用的组

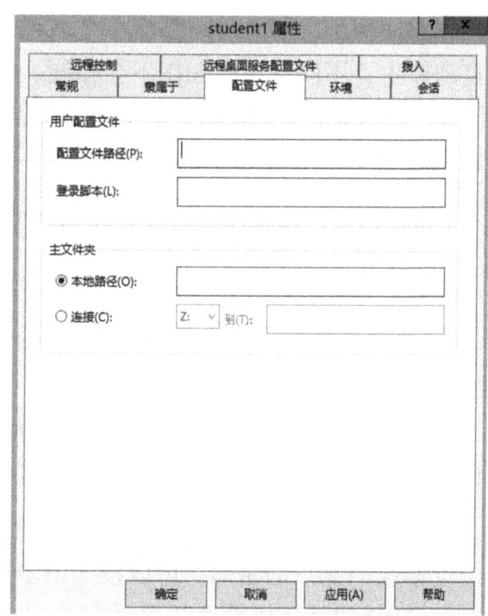

图6-8　“配置文件”选项卡

当用户第一次登录到某台计算机上时，Windows Server 2012 根据默认用户配置文件自动创建一个用户配置文件，并将其保存在该计算机上。默认用户配置文件位于“C:\users\default”下，该文件夹是隐藏文件夹，用户 student1 的配置文件位于“C:\users\student1”下。

除了“C:\用户\用户名\我的文档”文件夹外，Windows Server 2012 还为用户提供了用于存放个人文档的主文件夹。主文件夹可以保存在客户端计算机上，也可以保存在一个文件服务器的共享文件夹里。用户可以将所有的用户主文件夹都定位在某个网络服务器的中心位置上。

管理员在为用户实现主文件夹时，应考虑以下因素：用户可以通过网络中任意一台联网的计算机访问其主文件夹。在实现对用户文件的集中备份和管理时，基于安全性考虑，应将用户主文件夹存放在 NTFS 卷中，可以利用 NTFS 的权限来保护用户文件（放在 FAT 卷中只能通过共享文件夹权限来限制用户对主目录的访问）。

4. 登录脚本

登录脚本是用户登录计算机时自动运行的脚本文件，脚本文件的扩展名可以是 VBS、BAT 或 CMD。

其他选项卡（如“拨入”“远程控制”选项卡）请参考 Windows Server 2012 的帮助文件。

任务 6-3　删除本地用户账户

当用户不再需要使用某个用户账户时，可以将其删除。删除用户账户会导致与该账户有关的所有信息的遗失，所以在删除之前，最好确认其必要性或者考虑用其他方法，如禁用该账户。许多企业给临时员工设置了 Windows 账户，当临时员工离开企业时将账户禁用，而新来的临时员工需要用该账户时，只需改名即可。

在“计算机管理”控制台中，右击要删除的用户账户，可以执行删除功能，但是系统内置账户如 Administrator、Guest 等无法删除。

在前面提到，每个用户都有一个名称之外的唯一标识符SID号，SID号在新增账户时由系统自动产生，不同账户的SID不会相同。由于系统在设置用户的权限、访问控制列表中的资源访问能力信息时，内部都使用SID号，所以一旦用户账户被删除，这些信息也就跟着消失了。重新创建一个名称相同的用户账户，也不能获得原先用户账户的权限。

任务6-4 使用命令行创建用户

以管理员的身份登录win2012-2计算机，然后使用命令行方式创建一个新用户，命令格式如下：（注意密码要满足密码复杂度要求。）

```
net user username password /add
```

例如，要建立一个名为mike、密码为P@ssw0rd2（必须符合密码复杂度要求）的用户，可以使用命令：

```
net user mike P@ssw0rd2 /add
```

要修改旧账户的密码，可以按如下步骤操作。

1）打开“计算机管理”对话框。

2）在对话框中，单击“本地用户和组”。

3）右击要为其重置密码的用户账户，然后在弹出的快捷菜单中选择“设置密码”选项。

4）阅读警告消息，如果要继续，单击“继续”按钮。

5）在“新密码”和“确认密码”中，输入新密码，然后单击“确定”按钮。

或者使用命令行方式：

```
net user username password
```

例如，将用户mike的密码设置为P@ssw0rd3（必须符合密码复杂度要求），可以运行命令：

```
net user mike P@ssw0rd3
```

任务6-5 管理本地组

1. 创建本地组

Windows Server 2012计算机在运行某些特殊功能或应用程序时，可能需要特定的权限。为这些任务创建一个组，并将相应的成员添加到组中是一个很好的解决方案。对于计算机被指定的大多数角色来说，系统都会自动创建一个组来管理该角色。例如，如果计算机被指定为DHCP服务器，相应的组就会添加到计算机中。

要创建一个新组“common”，首先打开“计算机管理”对话框。右击“组”文件夹，在弹出的快捷菜单中选择“新建组”选项。在“新建组”对话框中，输入组名和描述，然后单击“添加”按钮向组中添加成员。如图6-9所示。

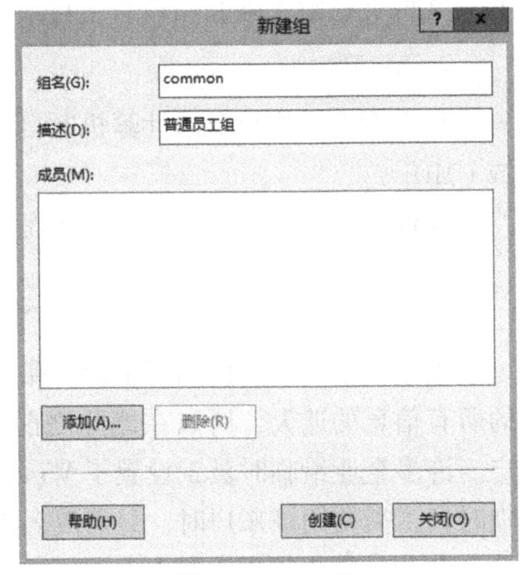

图6-9 新建组

另外也可以使用命令行方式创建一个组，命令格式为：

```
net localgroup groupname /add
```

例如，要添加一个名为 sales 的组，可以输入命令：

```
net localgroupsales /add
```

2. 为本地组添加成员

可以将对象添加到任何组。在域中，这些对象可以是本地用户、域用户，甚至是其他本地组或域组。但是在工作组环境中，本地组的成员只能是用户账户。

为了将成员 mike 添加到本地组 common，可以执行以下操作。

1）打开“开始”→“管理工具”→“计算机管理”对话框。

2）在左窗格中展开“本地用户和组”对象；双击“组”对象，在右窗格中显示本地组。

3）双击要添加成员的组“common”，打开组的“属性”对话框。

4）单击“添加”按钮，选择要加入的用户 mike 即可。

使用命令行的话，可以使用命令：

```
net localgroup groupname username /add
```

例如，要将用户 mike 加入 administrators 组中，可以使用命令：

```
net localgroup administrators mike /add
```

6.6 练习题

一、填空题

1. 账户的类型分为________、________、________。
2. 根据服务器的工作模式，组分为________、________。
3. 工作组模式下，用户账户存储在________中；域模式下，用户账户存储在________中。
4. 活动目录中，组按照能够授权的范围，分为________、________、________。

二、选择题

1. 在设置域账户属性时，（　　）项目是不能被设置的。

   A. 账户登录时间　　B. 账户的个人信息

   C. 账户的权限　　D. 指定账户登录域的计算机

2. 下列（　　）账户名不是合法的账户名。

   A. abc_234　　B. Linux book　　C. doctor *　　D. addeofHELP

3. 下面（　　）用户不是内置本地域组成员。

   A. Account Operator　　B. Administrator　　C. Domain Admins　　D. Backup Operators

三、简答题

1. 简述工作组和域的区别。
2. 简述通用组、全局组和本地域组的区别。
3. 你负责管理你所属组的成员的账户以及对资源的访问权。组中的某个用户离开了公司，你希望在几天内将有人来代替该员工。对于前用户的账户，你应该如何处理？

6.7 项目实训6 管理用户和组

一、实训目的

- 熟悉 Windows Server 2012 各种账户类型。
- 熟悉 Windows Server 2012 用户账户的创建和管理。
- 熟悉 Windows Server 2012 组账户的创建和管理。

二、实训环境

1. 网络环境

1）已建好的100 Mbit/s 以太网络，包含交换机（或集线器）、五类（或超五类）UTP 直通线若干、3台以上计算机。

2）计算机配置要求：CPU 主频最低1.4GHz 以上，内存不小于1024MB，硬盘剩余空间不小于10GB，有光驱和网卡。

2. 软件

Windows Server 2012 x64 安装光盘，或硬盘中有全部的安装程序。

三、实训要求

在项目5的基础上完成本实训，在计算机上设置以下内容。

1）在 win2012-1 上建立本地组 Student_test，本地账户 Userl、User2、User3、User4、User5，并将这5个账户加入到 Student_test 组中。

2）设置用户 Userl、User2 下次登录时要修改密码。

3）设置用户 User3、User4、User5 不能更改密码并且密码永不过期。

4）设置用户 Userl、User2 的登录时间是星期一至星期五的9:00~17:00。

5）设置用户 User3、User4、User5 的登录时间周一至周五的17:00至第二天9:00以及周六、周日全天。

6）设置用户 User5 的账户过期日为“2014-08-01”。

7）将 Windows Server 2012 内置的账户 Guest 加入到本地组 Student_test。

8）User3、User4、User5 用户创建并使用强制性用户配置文件，要求桌面显示“计算机”“网络”“控制面板”“用户文件”等常用的图标。

四、实训建议

6-6 管理用户账户和组账户

针对实验室的现状，对本项目及以后项目的相关实训提出如下建议：

1）学生每3~6人组成一个小组，每小组配置3~6台计算机，内存配置要求高于普通计算机1~2倍；

2）如果不支持 Hyper-V，可在每台计算机上均安装虚拟机软件 VMware Workstation，利用虚拟机虚拟多个操作系统并组成虚拟局域网来完成各项实训的相关设置；

3）养成良好习惯，每做完一个实验，就利用虚拟机保存一个还原点，以方便后续实训的相关操作。

项目 7 管理局域网的文件系统与共享资源

7.1 项目导入

网络中最重要的是安全，安全中最重要的是权限。在网络中，网络管理员首先面对的是权限，日常解决的问题是权限问题，最终出现漏洞还是由于权限设置。权限决定着用户可以访问的数据、资源，也决定着用户享受的服务，更甚者，权限决定着用户拥有什么样的桌面。理解NTFS 和它的能力，对于高效地在 Windows Server 2012 中实现这种功能来说是非常重要的。

7.2 职业能力目标和要求

- ◇ 掌握设置共享资源和访问共享资源的方法。
- ◇ 掌握卷影副本的使用方法。
- ◇ 掌握使用 NTFS 控制资源访问的方法。

7.3 相关知识

文件和文件夹是计算机系统组织数据的集合单位，Windows Server 2012 提供了强大的文件管理功能，其 NTFS 文件系统具有高安全性能，用户可以十分方便地在计算机或网络上处理、使用、组织、共享和保护文件及文件夹。

文件系统则是指文件命名、存储和组织的总体结构，运行 Windows Server 2012 的计算机的磁盘分区可以使用 3 种类型的文件系统：FAT16、FAT32 和 NTFS。

7.3.1 FAT 文件系统

FAT（File Allocation Table）指的是文件分配表，包括 FAT16 和 FAT32 两种。FAT 是一种适合小卷集、对系统安全性要求不高、需要双重引导的用户应选择使用的文件系统。

1. FAT 文件系统简介

在推出 FAT32 文件系统之前，通常 PC 使用的文件系统是 FAT16，例如，MS-DOS、Windows 95 等系统。FAT16 支持的最大分区是 2^{16}（即 65536）个簇，每簇 64 个扇区，每扇区 512 字节，所以最大支持分区为 2.147 GB。FAT16 最大的缺点就是簇的大小是和分区有关的，这样当外存中存放较多小文件时，会浪费大量的空间。FAT32 是 FAT16 的派生文件系统，支持大到 2 TB（2048 GB）的磁盘分区，它使用的簇比 FAT16 小，从而有效地节约了磁盘空间。

FAT 文件系统是一种最初用于小型磁盘和简单文件夹结构的简单文件系统，它向后兼容，最大的优点是适用于所有的Windows操作系统。另外，FAT文件系统在容量较小的卷上使用比较好，因为FAT启动只使用非常少的开销。FAT在容量低于512 MB的卷上工作最好，当卷容量超过1.024 GB时，效率就显得很低。对于400~500 MB的卷，FAT文件系统相对于NTFS文件系统来说是一个比较好的选择。不过对于使用Windows Server 2012的用户来说，FAT文件系统则不能满足系统的要求。

2. FAT文件系统的优缺点

FAT文件系统的优点主要是所占容量与计算机的开销很少，支持各种操作系统，在多种操作系统之间可移植。这使得FAT文件系统可以方便地用于传送数据，但同时也带来较大的安全隐患，从机器上拆下FAT格式的硬盘，几乎可以把它装到任何其他计算机上，不需要任何专用软件即可直接读写。

FAT系统的缺点主要如下。

- 容易受损害：由于缺少恢复技术，易受损害。
- 单用户：FAT文件系统是为类似于MS-DOS这样的单用户操作系统开发的，它不保存文件的权限信息。
- 非最佳更新策略：FAT文件系统在磁盘的第一个扇区保存其目录信息，当文件改变时，FAT必须随之更新，这样磁盘驱动器就要不断地在磁盘表寻找，当复制多个小文件时，这种开销就变得很大。
- 没有防止碎片的最佳措施：FAT文件系统只是简单地以第一个可用扇区为基础来分配空间，这会增加碎片，因此也就加长了增加文件与删除文件的访问时间。
- 文件名长度受限：FAT限制文件名不能超过8个字符，扩展名不能超过3个字符。

Windows操作系统在很大程度上依赖于文件系统的安全性来实现自身的安全性。没有文件系统的安全防范，就没办法阻止他人不适当地删除文件或访问某些敏感信息。从根本上说，没有文件系统的安全，系统就没有安全保障。因此，对于安全性要求较高的用户来讲，FAT就不太适合。

7.3.2 NTFS文件系统

NTFS（New Technology File System）是Windows Server 2012推荐使用的高性能文件系统，它支持许多新的文件安全、存储和容错功能，而这些功能也正是FAT文件系统所缺少的。

1. NTFS简介

NTFS是从Windows NT开始使用的文件系统，它是一个特别为网络和磁盘配额、文件加密等管理安全特性设计的磁盘格式。NTFS文件系统包括了文件服务器和高端个人计算机所需的安全特性，它还支持对于关键数据以及十分重要的数据访问控制和私有权限。除了可以赋予计算机中的共享文件夹特定权限外，NTFS文件和文件夹无论共享与否都可以赋予权限，NTFS是唯一允许为单个文件指定权限的文件系统。但是，当用户从NTFS卷移动或复制文件到FAT卷时，NTFS文件系统权限和其他特有属性将会丢失。

NTFS文件系统设计简单但功能强大，从本质上讲，卷中的一切都是文件，文件中的一切都是属性，从数据属性到安全属性，再到文件名属性，NTFS卷中的每个扇区都分配给了某个文件，甚至文件系统的超数据（描述文件系统自身的信息）也是文件的一部分。

2. NTFS文件系统的优点

NTFS文件系统是Windows Server 2012推荐的文件系统，它具有FAT文件系统的所有基本功能，并且提供 FAT 文件系统所没有的优点。

- 更安全的文件保障，提供文件加密，能够大大提高信息的安全性。
- 更好的磁盘压缩功能。
- 支持最大达 2 TB 的大硬盘，并且随着磁盘容量的增大，NTFS 的性能不像 FAT 那样随之降低。
- 可以赋予单个文件和文件夹权限。对同一个文件或者文件夹为不同用户可以指定不同的权限，在 NTFS 文件系统中，可以为单个用户设置权限。
- NTFS 文件系统中设计的恢复能力，无须用户在 NTFS 卷中运行磁盘修复程序。在系统崩溃事件中，NTFS 文件系统使用日志文件和复查点信息自动恢复文件系统的一致性。
- NTFS 文件夹的 B-Tree 结构使得用户在访问较大文件夹中的文件时，速度甚至比访问卷中较小文件夹中的文件还快。
- 可以在 NTFS 卷中压缩单个文件和文件夹。NTFS 系统的压缩机制可以让用户直接读写压缩文件，而不需要使用解压软件将这些文件展开。
- 支持活动目录和域。此特性可以帮助用户方便灵活地查看和控制网络资源。
- 支持稀疏文件。稀疏文件是应用程序生成的一种特殊文件，文件尺寸非常大，但实际上只需要很少的磁盘空间，也就是说，NTFS 只需要给这种文件实际写入的数据分配磁盘存储空间。
- 支持磁盘配额。磁盘配额可以管理和控制每个用户所能使用的最大磁盘空间。

如果安装 Windows Server 2012 系统时采用了 FAT 文件系统，用户也可以在安装完毕之后，使用命令 convert. exe 把 FAT 分区转化为 NTFS 分区。

```
Convert    D:/FS:NTFS
```

上面的命令是将 D 盘转换成 NTFS 格式。无论是在运行安装程序中还是在运行安装程序之后，相对于重新格式化磁盘来说，这种转换不会使用户的文件受到损害。但由于 Windows 95/98 系统不支持 NTFS 文件系统，所以在要配置双重启动系统时，即在同一台计算机上同时安装 Windows Server 2012 和其他操作系统（如 Windows 98），则可能无法从计算机上的另一个操作系统访问 NTFS 分区上的文件。

7.4　项目设计与准备

本项目所有实例都部署在图 7-1 所示的环境下。其中 win2012-0 是物理主机，也是 Hyper-V 服务器，win2012-1 和 win2012-2 是 Hyper-V 服务器的两台虚拟机（使用 VMware 也可以）。在 win2012-1 与 win2012-2 上可以测试资源共享情况，而资源访问权限的控制、加密文件系统与压缩、分布式文件系统等在 win2012-1 上实施并测试。

7.5　项目实施

按图 7-1 配置好 win2012-1 和 win2012-2 的所有参数，并保证 win2012-1 和 win2012-2 之间通信畅通。建议将 Hyper-V 中虚拟网络的模式设置为“专用”，或在虚拟机中使用 VMnet1。

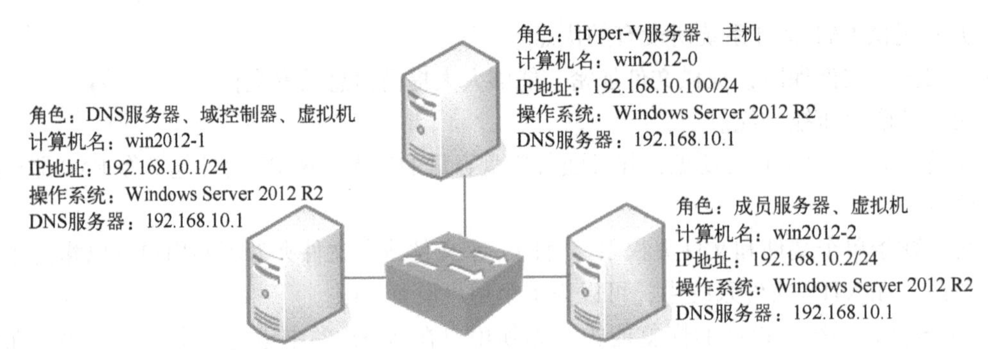

图 7-1　管理文件系统与共享资源网络拓扑图

任务 7-1　设置资源共享

为安全起见，默认状态下，服务器中所有的文件夹都不被共享。而创建文件服务器时，又只创建一个共享文件夹。因此，若要授予用户某种资源的访问权限，必须先将该文件夹设置为共享，然后赋予授权用户相应的访问权限。创建不同的用户组，并将拥有相同访问权限的用户加入同一用户组，会使用户权限的分配变得简单而快捷。

1. 在“计算机管理”对话框中设置共享资源

1）在 win2012-1 上执行“开始”→“管理工具”→“计算机管理”→“共享文件夹”命令，展开左窗格中的“共享文件夹”。如图 7-2 所示。该“共享文件夹”提供有关本地计算机上的所有共享、会话和打开文件的相关信息，可以查看本地和远程计算机的连接和资源使用概况。

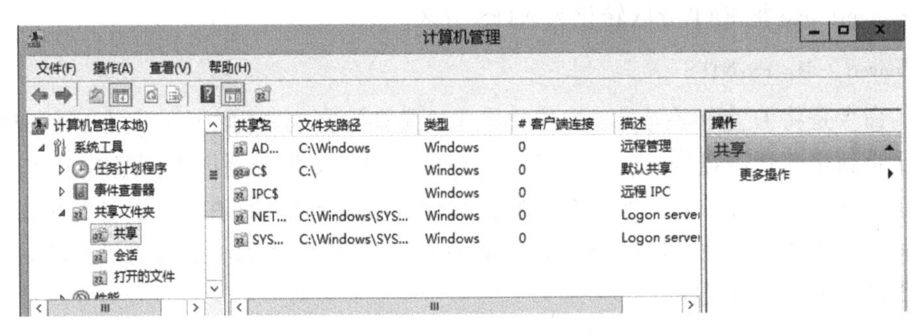

图 7-2　“计算机管理-共享文件夹”窗口

注意：共享名称后带有“$”符号的是隐藏共享。对于隐藏共享，网络上的用户无法通过网上邻居直接浏览到。

2）在右窗格中右击“共享”图标，在弹出的快捷菜单中选择“新建共享”选项，即可打开“创建共享文件夹向导”对话框。注意权限的设置。如图 7-3 所示。其他操作过程不再详述。

做一做：请读者将 win2012-1 的文件夹“c:\share1”设置为共享，赋予管理员完全访问，其他用户只读权限。提前在 win2012-1 上创建 student1 用户。

2. 特殊共享

前面提到的共享资源中有一些是系统自动创建的，如 C $、IPC $等。这些系统自动创建的

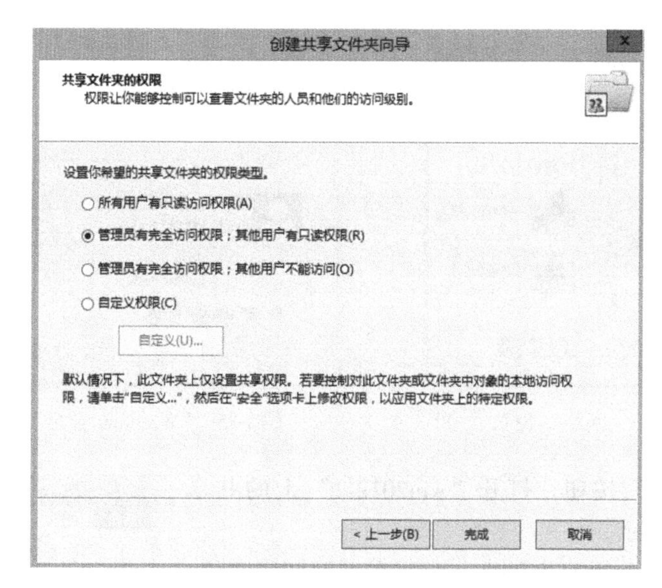

图 7-3　“创建共享文件夹向导”对话框

共享资源就是这里所指的“特殊共享”，它们是 Windows Server 2012 用于本地管理和系统使用的。一般情况下，用户不应该删除或修改这些特殊共享。

由于被管理计算机的配置情况不同，共享资源中所列出的这些特殊共享也会有所不同。

下面列出了一些常见的特殊共享。

driveletter $：为存储设备的根目录创建的一种共享资源。显示形式为 C $、D $等。例如，D $ 是一个共享名，管理员通过它可以从网络上访问驱动器。值得注意的是，只有 Administrators 组、Power Users 组和 Server Operators 组的成员才能连接这些共享资源。

ADMIN $：在远程管理计算机的过程中系统使用的资源。该资源的路径通常指向 Windows Server 2012 系统目录的路径。同样，只有 Administrators 组、PowerUsers 组和 Server Operators 组的成员才能连接这些共享资源。

IPC $：共享命名管道的资源，它对程序之间的通信非常重要。在远程管理计算机的过程及查看计算机的共享资源时使用。

PRINT $：在远程管理打印机的过程中使用的资源。

任务 7-2　访问网络共享资源

企业网络中的客户端计算机，可以根据需要采用不同方式访问网络共享资源。

1. 利用网络发现

提示： 必须确保 win2012-1 和 win2012-2 开启了网络发现功能，并且运行了要求的 3 个服务（自动、启动）。

分别以 student1 和 administrator 的身份访问 win2012-1 中所设的共享 share1。步骤如下。

1）在 win2012-2 上，单击左下角的资源管理器图标，打开“资源管理器”窗口，单击窗口左下角的“网络”链接，打开 win2012-2 的“网络”窗口。如图 7-4 所示。

2）双击“win2012-1”计算机，弹出“Windows 安全”对话框。输入 student1 用户及密码，连接到 win2012-1。如图 7-5 所示。（用户 student1 是 win2012-1 下的用户。）

图 7-4　“网络”窗口

图 7-5　“Windows 安全”对话框

3）单击“确定”按钮，打开“win2012-1”上的共享文件夹。如图 7-6 所示。

4）双击“share1”共享文件夹，尝试在下面新建文件，失败。

5）注销 win2012-2，重新执行 1）~4）步操作。注意本次输入 win2012-1 的 administrator 用户及密码，连接到 win2012-1。验证任务 7-1 设置的共享的权限情况。

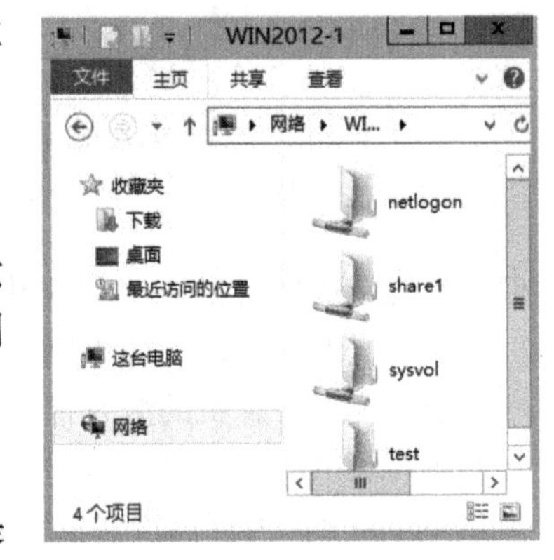

图 7-6　win2012-1 上的共享文件夹

2. 使用 UNC 路径

UNC（Universal Naming Conversion，通用命名标准）是用于命名文件和其他资源的一种约定，以两个反斜杠“\”开头，指明该资源位于网络计算机上。UNC 路径的格式为：

```
\\Servername\sharename
```

其中 Servername 是服务器的名称，也可以用 IP 地址代替，而 sharename 是共享资源的名称。目录或文件的 UNC 名称也可以把目录路径包括在共享名称之后，其语法格式如下：

```
\\Servername\sharename\directory\filename
```

本例在 win2012-2 的运行中输入如下命令，并分别以不同用户连接到 win2012-1 上来测试任务 7-1 所设共享。

```
\\192.168.10.2\share1　或者　\\win2012-1\share1
```

任务 7-3　使用卷影副本

用户可以通过“共享文件夹的卷影副本”功能，让系统自动在指定的时间将所有共享文件夹内的文件复制到另外一个存储区内备用。当用户通过网络访问共享文件夹内的文件，将文件删除或者修改文件的内容后，却反悔想要救回该文件或者想要还原文件的原来内容时，可以通过“卷影副本”存储区内的旧文件来达到目的，因为系统之前已经将共享文件夹内的所有文件都复制到“卷影副本”存储区内。

1. 启用“共享文件夹的卷影副本”功能

在 win2012-1 上，在共享文件夹 share1 下建立 test1 和 test2 两个文件夹，并在该共享文件夹所在的计算机 win2012-1 上启用“共享文件夹的卷影副本”功能。步骤如下。

1）执行“开始”→“管理工具”→“计算机管理”命令，打开“计算机管理”对话框。

2）右击“共享文件夹”，在弹出的快捷菜单中选择“所有任务”→“配置卷影副本”选项。如图 7-7 所示。

3）在“卷影副本”选项卡下，选择要启用“卷影复制”的驱动器（例如 C:），单击“启用”按钮。如图 7-8 所示。单击“是”按钮。此时，系统会自动为该磁盘创建第一个“卷影副本”，也就是将该磁盘内所有共享文件夹内的文件都复制到“卷影副本”存储区内，而且系统默认以后会在星期一至星期五的上午 7:00 与下午 12:00 两个时间点，分别自动添加一个“卷影副本”，也就是在这两个时间到达时会将所有共享文件夹内的文件复制到“卷影副本”存储区内备用。

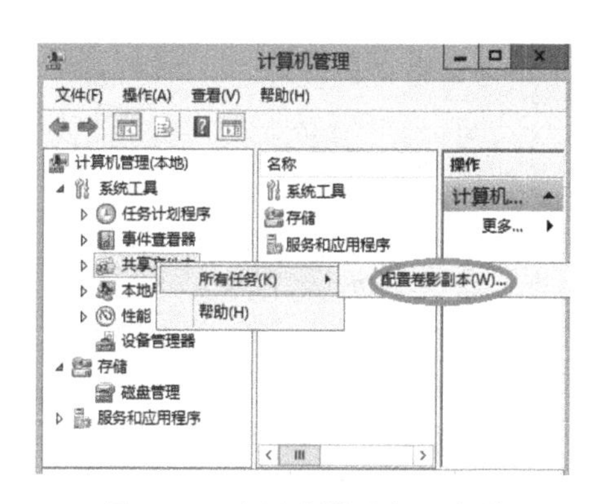

图 7-7　“配置卷影副本”选项

图 7-8　启用卷影副本

注意：用户还可以在资源管理器中双击“这台电脑”，然后右击任意一个磁盘分区，选择“属性”→“卷影副本”，同样能启用“共享文件夹的卷影复制”。

4）如图 7-8 所示，C：磁盘已经有两个“卷影副本”，用户还可以随时单击图中的“立即创建”按钮，自行创建新的“卷影副本”。用户在还原文件时，可以选择在不同时间点所创建的“卷影副本”内的旧文件来还原文件。

注意：“卷影副本”内的文件只可以读取，不可以修改，而且每个磁盘最多只可以有 64 个“卷影副本”。如果达到此限制，则最旧版本的“卷影副本”会被删除。

5）系统会以共享文件夹所在磁盘的磁盘空间决定“卷影副本”存储区的容量大小，默认配置该磁盘空间的 10%作为“卷影副本”的存储区，而且该存储区最小需要 100 MB。如果要更改其容量，单击图 7-8 中的“设置”按钮，打开如图 7-9 所示的“设置”对话框。然后在“最大值”处更改设置，还可以单击“计划”按钮来更改自动创建“卷影副本”的时间点。用户还可以通过图中的“位于此卷”来更改存储“卷影副本”的磁盘，不过必须在启用“卷影副本”功能前更改，启用后就无法更改了。

2. 客户端访问“卷影副本”内的文件

本例任务：先将 win2012-1 上的 share1 下面的 test1 删除，再用此前的卷影副本进行还原，测试是否恢复了 test1 文件夹。

1）在 win2012-2 上，以 win2012-1 计算机的 administrator 身份连接到 win2012-1 上的共享文件夹。删除 share1 下面的 test1 文件夹。

2）右击“share1”文件夹，打开“share1 属性”对话框。单击“以前的版本”选项卡。如图 7-10 所示。

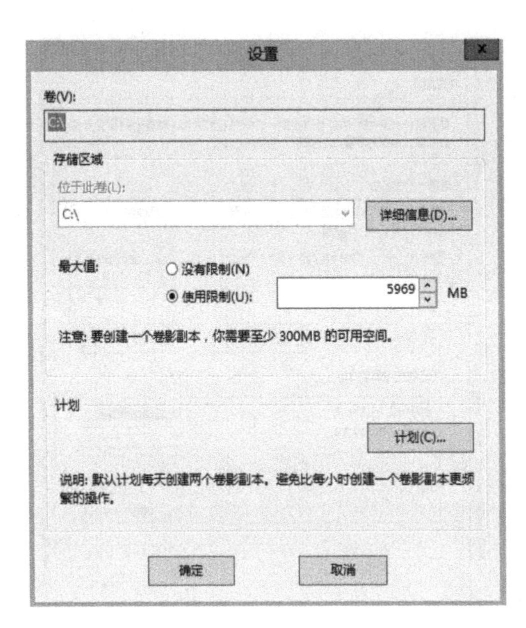

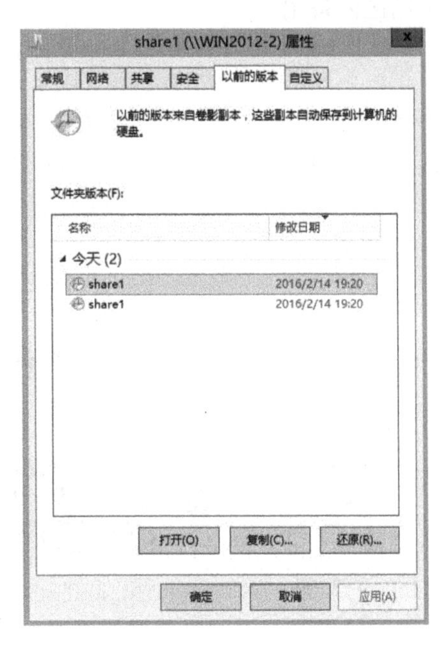

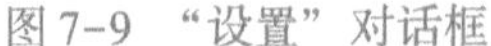

图 7-9 “设置”对话框　　　　图 7-10 “share1 属性”对话框

3）选中“share1 2016/2/14/19:20”版本，通过单击“打开”按钮可查看该时间点内的文件夹内容，通过单击“复制”按钮可以将该时间点的“share1”文件夹复制到其他位置，通过单击“还原”按钮可以将文件夹还原到该时间点的状态。在此单击“还原”按钮，还原误删除的 test1 文件夹。

4）打开“share1”文件夹，检查“test 1”是否被恢复。

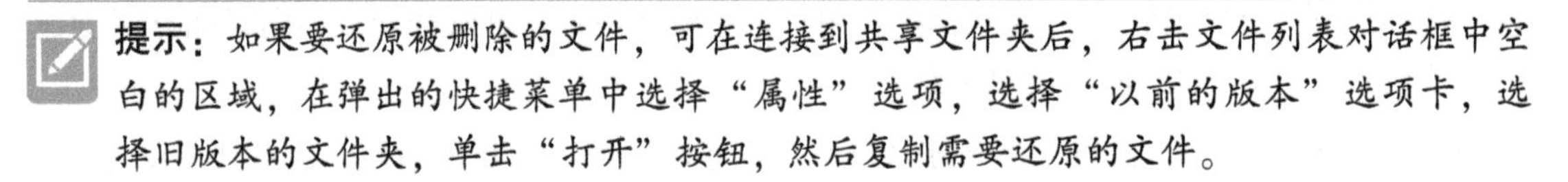

提示：如果要还原被删除的文件，可在连接到共享文件夹后，右击文件列表对话框中空白的区域，在弹出的快捷菜单中选择“属性”选项，选择“以前的版本”选项卡，选择旧版本的文件夹，单击“打开”按钮，然后复制需要还原的文件。

任务 7-4 认识 NTFS 权限

利用 NTFS 权限，可以控制用户账号和组对文件夹和个别文件的访问。

NTFS 权限只适用于 NTFS 磁盘分区。NTFS 权限不能用于由 FAT16 或者 FAT32 文件系统格式化的磁盘分区。

Windows Server 2012 只为用 NTFS 进行格式化的磁盘分区提供 NTFS 权限。为了保护 NTFS

磁盘分区上的文件和文件夹，要为需要访问该资源的每一个用户账号授予 NTFS 权限。用户必须获得明确的授权才能访问资源。用户账号如果没有被组授予权限，它就不能访问相应的文件或者文件夹。不管用户是访问文件还是访问文件夹，也不管这些文件或文件夹是在计算机上还是在网络上，NTFS 的安全性功能都有效。

对于 NTFS 磁盘分区上的每一个文件和文件夹，NTFS 都存储一个远程访问控制列表（ACL）。ACL 中包含那些被授权访问该文件或者文件夹的所有用户账号、组和计算机，还包含它们被授予的访问类型。为了让一个用户访问某个文件或者文件夹，针对用户账号、组或者该用户所属的计算机，ACL 中必须包含一个相对应的元素，这样的元素叫作访问控制元素（ACE）。为了让用户能够访问文件或者文件夹，访问控制元素必须具有用户所请求的访问类型。如果 ACL 中没有相应的 ACE 存在，Windows Server 2012 就拒绝该用户访问相应的资源。

1. NTFS 权限的类型

可以利用 NTFS 权限指定哪些用户、组和计算机能够访问文件和文件夹。NTFS 权限也指明哪些用户、组和计算机能够操作文件中或者文件夹中的内容。

（1）NTFS 文件夹权限

可以通过授予文件夹权限，控制对文件夹和包含在这些文件夹中的文件和子文件夹的访问。表 7-1 列出了可以授予的标准 NTFS 文件夹权限和各个权限提供的访问类型。

表 7-1　标准 NTFS 文件夹权限列表

NTFS 文件夹权限	允许访问类型
读取（Read）	查看文件夹中的文件和子文件夹，查看文件夹属性、拥有人和权限
写入（Write）	在文件夹内创建新的文件和子文件夹，修改文件夹属性，查看文件夹的拥有人和权限
列出文件夹内容（List Folder Contents）	查看文件夹中的文件和子文件夹的名
读取和运行（Read & Execute）	遍历文件夹，执行允许“读取”权限和“列出文件夹内容”权限的动作
修改（Modify）	删除文件夹，执行“写入”权限和“读取和运行”权限的动作
完全控制（Full Control）	改变权限，成为拥有人，删除子文件夹和文件，以及执行允许所有其他 NTFS 文件夹权限进行的动作

注意：“只读”“隐藏”“归档”和“系统文件”等都是文件夹属性，不是 NTFS 权限。

（2）NTFS 文件权限

可以通过授予文件权限，控制对文件的访问。表 7-2 列出了可以授予的标准 NTFS 文件权限和各个权限提供给用户的访问类型。

表 7-2　标准 NTFS 文件权限列表

NTFS 文件权限	允许访问类型
读取（Read）	读文件、查看文件属性、拥有人和权限
写入（Write）	覆盖写入文件、修改文件属性、查看文件拥有人和权限
读取和运行（Read & Execute）	运行应用程序和执行由“读取”权限进行的动作
修改（Modify）	修改和删除文件、执行由“写入”权限和“读取和运行”权限进行的动作
完全控制（Full Control）	改变权限，成为拥有人，执行允许所有其他 NTFS 文件权限进行的动作

注意： 无论有什么权限保护文件，被准许对文件夹进行“完全控制”的组或用户都可以删除该文件夹内的任何文件。尽管“列出文件夹内容”和“读取和运行”看起来有相同的特殊权限，但这些权限在继承时却有所不同。“列出文件夹内容”可以被文件夹继承而不能被文件继承，并且它只在查看文件夹权限时才会显示。“读取和运行”可以被文件和文件夹继承，并且在查看文件和文件夹权限时始终出现。

2. 多重 NTFS 权限

如果将针对某个文件或者文件夹的权限授予个别用户账号，又授予某个组，而该用户是该组的一个成员，那么该用户就对同样的资源有了多个权限。关于 NTFS 如何组合多个权限，存在一些规则和优先权。除此之外，在复制或者移动文件和文件夹时，对权限也会产生影响。

（1）权限是累积的

一个用户对某个资源的有效权限是授予这一用户账号的 NTFS 权限与授予该用户所属组的 NTFS 权限的组合。例如，如果用户 Long 对文件夹 Folder 有“读取”权限，该用户 Long 是某个组 Sales 的成员，而该组 Sales 对该文件夹 Folder 有“写入”权限，那么该用户 Long 对该文件夹 Folder 就有“读取”和“写入”两种权限。

（2）文件权限超越文件夹权限

NTFS 的文件权限超越 NTFS 的文件夹权限。例如，某个用户对某个文件有“修改”权限，那么即使他对于包含该文件的文件夹只有“读取”权限，他仍然能够修改该文件。

（3）拒绝权限超越其他权限

可以拒绝某用户账号或者组对特定文件或者文件夹的访问，为此，将“拒绝”权限授予该用户账号或者组即可。这样，即使某个用户作为某个组的成员具有访问该文件或文件夹的权限，但因为将“拒绝”权限授予该用户，该用户具有的任何其他权限也被阻止了。因此，对于权限的累积规则来说，“拒绝”权限是一个例外。应该避免使用“拒绝”权限，因为允许用户和组进行某种访问比明确拒绝他们进行某种访问更容易做到。应该巧妙地构造组和组织文件夹中的资源，使各种各样的“允许”权限就足以满足需要，从而可避免使用“拒绝”权限。

例如，用户 Long 同时属于 Sales 组和 Manager 组，文件 File1 和 File2 是文件夹 Folder 下面的两个文件。其中，Long 拥有对 Folder 的读取权限，Sales 拥有对 Folder 的读取和写入权限，Manager 则被禁止对 File2 的写操作。那么 Long 的最终权限是什么？由于使用了“拒绝”权限，用户 Long 拥有对 Folder 和 File1 的读取和写入权限，但对 File2 只有读取权限。

注意： 在 Windows Server 2012 中，用户不具有某种访问权限和明确地拒绝用户的访问权限，这二者之间是有区别的。“拒绝”权限是通过在 ACL 中添加一个针对特定文件或者文件夹的拒绝元素而实现的。这就意味着管理员还有另一种拒绝访问的手段，而不仅仅是不允许某个用户访问文件或文件夹。

3. 共享文件夹权限与 NTFS 文件系统权限的组合

如何快速有效地控制对 NTFS 磁盘分区上网络资源的访问呢？答案就是利用默认的共享文件夹权限共享文件夹，然后，通过授予 NTFS 权限控制对这些文件夹的访问。当共享的文件夹位于 NTFS 格式的磁盘分区上时，该共享文件夹的权限与 NTFS 权限进行组合，用以保护文件资源。

要为共享文件夹设置 NTFS 权限，可在 win2012-1 上的共享文件夹（图 7-2）的属性窗口中选择“共享权限”选项卡，即可打开“share1 属性”对话框。如图 7-11 所示。

共享文件夹权限具有以下特点。

- 共享文件夹权限只适用于文件夹，而不适用于单独的文件，并且只能为整个共享文件夹设置共享权限，而不能对共享文件夹中的文件或子文件夹进行设置。所以，共享文件夹不如 NTFS 文件系统权限详细。
- 共享文件夹权限并不对直接登录到计算机上的用户起作用，只适用于通过网络连接该文件夹的用户，即共享权限对直接登录到服务器上的用户是无效的。
- 在 FAT16/FAT32 系统卷上，共享文件夹权限是保证网络资源被安全访问的唯一方法。原因很简单，就是 NTFS 权限不适用于 FAT16/FAT32 卷。
- 默认的共享文件夹权限是读取，并被指定给 Everyone 组。

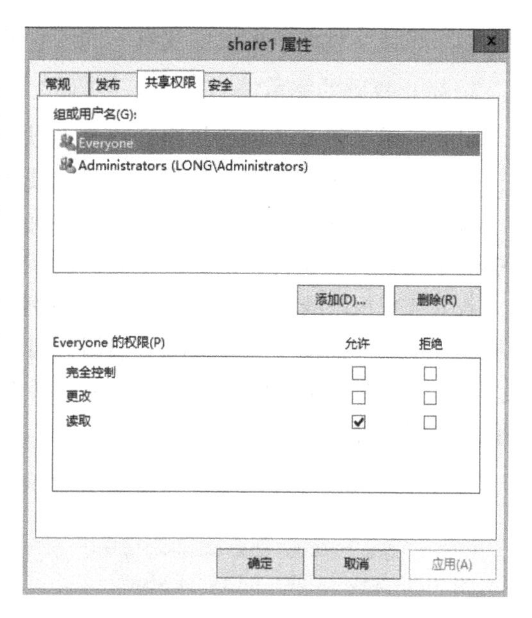

图 7-11 “share1 属性”对话框

共享权限分为读取、修改和完全控制。不同权限以及对用户访问能力的控制如表 7-3 所示。

表 7-3 共享文件夹权限列表

权 限	允许用户完成的操作
读取	显示文件夹名称、文件名称、文件数据和属性，运行应用程序文件，改变共享文件夹内的文件夹
修改	创建文件夹，向文件夹中添加文件，修改文件中的数据，向文件中追加数据，修改文件属性，删除文件夹和文件，执行“读取”权限所允许的操作
完全控制	修改文件权限，获得文件的所有权，执行“修改”和“读取”权限所允许的所有任务。默认情况下，Everyone 组具有该权限

当管理员对 NTFS 权限和共享文件夹的权限进行组合时，结果是组合的 NTFS 权限，或者是组合的共享文件夹权限，哪个范围更窄取哪个。

当在 NTFS 卷上为共享文件夹授予权限时，应遵循如下规则。

- 可以对共享文件夹中的文件和子文件夹应用 NTFS 权限。可以对共享文件夹中包含的每个文件和子文件夹应用不同的 NTFS 权限。
- 除共享文件夹权限外，用户必须有该共享文件夹包含的文件和子文件夹的 NTFS 权限，才能访问那些文件和子文件夹。
- 在 NTFS 卷上必须要求 NTFS 权限。默认 Everyone 组具有“完全控制”权限。

任务 7-5 继承与阻止 NTFS 权限

1. 使用权限的继承性

默认情况下，授予父文件夹的任何权限也将应用于包含在该文件夹中的子文件夹和文件。当授予访问某个文件夹的 NTFS 权限时，就将授予该文件夹的 NTFS 权限授予了该文件夹中任何现有的文件和子文件夹，以及在该文件夹中创建的任何新文件和新的子文件夹。

如果想让文件夹或者文件具有不同于它们父文件夹的权限，必须阻止权限的继承性。

2. 阻止权限的继承性

阻止权限的继承，也就是阻止子文件夹和文件从父文件夹继承权限。为了阻止权限的继承，要删除继承来的权限，只保留被明确授予的权限。

被阻止从父文件夹继承权限的子文件夹现在就成为新的父文件夹。包含在这一新的父文件夹中的子文件夹和文件将继承授予它们的父文件夹的权限。

若要禁止权限继承，以 test2 文件夹为例，打开该文件夹的“属性”对话框，单击“安全”选项卡，单击“高级”→“权限”按钮，出现如图 7-12 所示的“test2 的高级安全设置”对话框。选中某个要阻止继承的权限，单击“禁止继承”按钮，在弹出的“阻止继承”菜单中单击“将已继承的权限转换为此对象的显示权限”或“从此对象中删除所有已继承的权限”。

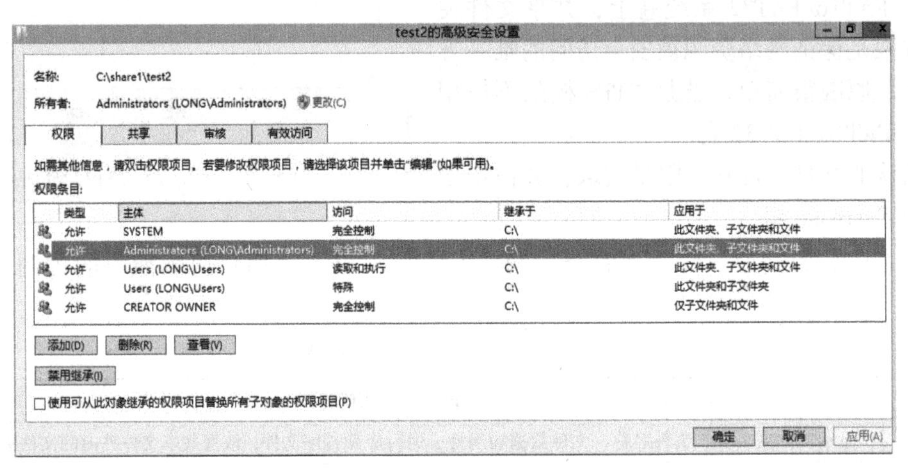

图 7-12 test2 的高级安全设置

任务 7-6 复制和移动文件和文件夹

1. 复制文件和文件夹

当从一个文件夹向另一个文件夹复制文件或者文件夹时，或者从一个磁盘分区向另一个磁盘分区复制文件或者文件夹时，这些文件或者文件夹具有的权限可能发生变化。复制文件或者文件夹对 NTFS 权限产生下述效果。

当在单个 NTFS 磁盘分区内或在不同的 NTFS 磁盘分区之间复制文件夹或者文件时，文件夹或者文件的复件将继承目的地文件夹的权限。

当将文件或者文件夹复制到非 NTFS 磁盘分区（如文件分配表 FAT 格式的磁盘分区）时，因为非 NTFS 磁盘分区不支持 NTFS 权限，所以这些文件夹或文件就丢失了它们的 NTFS 权限。

注意：为了在单个 NTFS 磁盘分区之内，或者在 NTFS 磁盘分区之间复制文件和文件夹，必须对源文件夹具有“读取”权限，并且对目的地文件夹具有“写入”权限。

2. 移动文件和文件夹

当移动某个文件或者文件夹的位置时，针对这些文件或者文件夹的权限可能发生变化，这主要依赖于目的地文件夹的权限情况。移动文件或者文件夹对 NTFS 权限产生下述效果。

当在单个 NTFS 磁盘分区内移动文件夹或者文件时，该文件夹或者文件保留它原来的权限。

当在 NTFS 磁盘分区之间移动文件夹或者文件时，该文件夹或者文件将继承目的地文件夹的权限。当在 NTFS 磁盘分区之间移动文件夹或者文件时，实际是将文件夹或者文件复制到新的位置，然后从原来的位置删除它。

当将文件或者文件夹移动到非 NTFS 磁盘分区时，因为非 NTFS 磁盘分区不支持 NTFS 权限，所以这些文件夹和文件就丢失了它们的 NTFS 权限。

注意：为了在单个 NTFS 磁盘分区之内，或者多个 NTFS 磁盘分区之间移动文件和文件夹，必须对目的地文件夹具有“写入”权限，并且对于源文件夹具有“修改”权限。之所以要求“修改”权限，是因为移动文件或者文件夹时，在将文件或者文件夹复制到目的地文件夹之后，Windows Server 2012 将从源文件夹中删除该文件。

7.6 练习题

一、填空题

1. 可供设置的标准 NTFS 文件权限有________、________、________、________、________、________。

2. Windows Server 2012 系统通过在 NTFS 文件系统下设置________来限制不同用户对文件的访问级别。

3. 相对于以前的 FAT16、FAT32 文件系统来说，NTFS 文件系统的优点包括可以对文件设置________、________、________、________。

4. 创建共享文件夹的用户必须属于________、________、________等用户组的成员。

5. 在网络中可共享的资源有________和________。

6. 要设置隐藏共享，需要在共享名的后面加________符号。

7. 共享权限分为________、________和________3 种。

二、判断题

1. 在 NTFS 文件系统下，可以对文件设置权限，而 FAT16 和 FAT32 文件系统只能对文件夹设置共享权限，不能对文件设置权限。（　　）

2. 通常在管理系统中的文件时，要由管理员给不同用户设置访问权限，普通用户不能设置或更改权限。（　　）

3. NTFS 文件压缩必须在 NTFS 文件系统下进行，离开 NTFS 文件系统时，文件将不再压缩。（　　）

4. 磁盘配额的设置不能限制管理员账号。（　　）

5. 将已加密的文件复制到其他计算机后，以管理员账号登录就可以打开了。（　　）

6. 文件加密后，除加密者本人和管理员账号外，其他用户无法打开此文件。（　　）

7. 对于加密的文件不可执行压缩操作。（　　）

三、简答题

1. 简述 FAT16、FAT32 和 NTFS 文件系统的区别。

2. 重装 Windows Server 2012 后，原来加密的文件为什么无法打开？

3. 特殊权限与标准权限的区别是什么？

4. 如果一位用户拥有某文件夹的 Write 权限，而且还是该文件夹 Read 权限的成员，那么该用户对该文件夹的最终权限是什么？

5. 如果某员工离开公司，怎样将他或她的文件所有权转给其他员工？

6. 如果一位用户拥有某文件夹的 Write 权限和 Read 权限，但被拒绝对该文件夹内某文件的 Write 权限，该用户对该文件的最终权限是什么？

7.7 项目实训7 管理文件系统与共享资源

一、实训目的

- 掌握设置共享资源和访问共享资源的方法。
- 掌握卷影副本的使用方法。
- 掌握使用 NTFS 控制资源访问的方法。

二、实训环境

其网络拓扑图如图 7-13 所示。

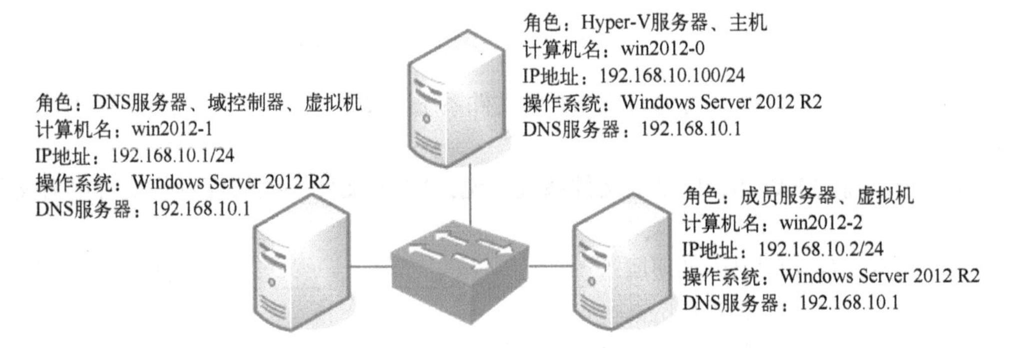

图 7-13 使用 NTFS 控制资源访问网络拓扑图

三、实训要求

完成以下各项任务。

1）在 win2012-1 上设置共享资源 test。

2）在 win2012-2 上使用多种方式访问网络共享资源。

3）在 win2012-1 上设置卷影副本，在 win2012-2 上使用卷影副本。

7.7 管理文件系统与共享资源

4）观察共享权限与 NTFS 文件系统权限组合后的最终权限。

5）设置 NTFS 权限的继承性。

6）观察复制和移动文件夹后 NTFS 权限的变化情况。

7）利用 NTFS 权限管理数据。

8）加密特定文件或文件夹。

9）压缩特定文件或文件夹。

四、做一做

根据实训项目录像进行项目的实训，检查学习效果。

第三篇

常用局域网组网实例

——运筹帷幄之中，决胜千里之外

项目 8　组建家庭无线局域网

项目 9　组建宿舍局域网

项目 10　组建网吧局域网

项目 11　组建企业局域网

项目 8 组建家庭无线局域网

8.1 项目导入

Smile 家里原有两台台式计算机，为了方便其移动办公，新购置了一台笔记本电脑。为了方便资源共享和文件的传递及打印，Smile 想组建一个经济实用的家庭办公网络，请读者考虑如何组建该网络。

如果采用传统的有线组网技术组建家庭网络，需要在家中重新布线，不可避免地要进行砸墙和打孔等施工，如此不仅家中的原有装饰会有破坏，裸露在外的网线也影响了家庭的美观，而且笔记本计算机方便移动的优势也得不到充分发挥。

Smile 想重新组建家庭网络，而又不想砸墙、打孔，把家里搞得乱七八糟的，怎么办呢?

8.2 职业能力目标和要求

◇ 熟练掌握无线网络的基本概念、标准。
◇ 熟练掌握无线局域网的接入设备应用方法。
◇ 掌握无线局域网的配置方式。
◇ 掌握组建 Ad-Hoc 模式无线局域网的方法。
◇ 掌握组建 Infrastructure 模式无线局域网的方法。

8.3 相关知识

无线局域网（Wireless Local Area Network，WLAN）是计算机网络与无线通信技术结合的产物。

8.3.1 无线局域网基础

无线局域网利用电磁波在空气中发送和接收数据，而无需线缆介质。一般情况下 WLAN 指利用微波扩频通信技术进行联网，是在各主机和设备之间采用无线连接和通信的局域网络。它不受电缆束缚，可移动，能解决因布线困难、电缆接插件松动、短路等带来的问题，省却了一般局域网中布线和变更线路费时、费力的麻烦，大幅度地降低了网络的造价。WLAN 既可满足各类便携机的入网要求，也可实现计算机局域联网、远端接入、图文传真、电子邮件等多种功能，为用户提供了方便。

8.3.2 无线局域网标准

目前支持无线网络的技术标准主要有 IEEE 802.11x 系列标准、家庭网络技术、蓝牙技术等。

1. IEEE 802.11x 系列标准

IEEE 802.11 是第一代无线局域网标准之一。该标准定义了物理层和介质访问控制 MAC 子层的协议规范，物理层定义了数据传输的信号特征和调制方法，定义了两个射频（RF）传输方法和一个红外线传输方法。802.11 标准速率最高只能达到 2 Mbit/s。此后这一标准逐渐完善，形成 IEEE 802.11x 系列标准。

802.11 标准规定了在物理层上允许 3 种传输技术：红外线、跳频扩频和直接序列扩频。红外线数据传输技术主要有 3 种：定向光束红外传输、全方位红外传输和漫反射红外传输。

目前，最普遍的无线局域网技术是扩展频谱（简称扩频）技术。扩频通信是将数据基带信号频谱扩展几倍到几十倍，以牺牲通信带宽为代价来提高无线通信系统的抗干扰性和安全性。扩频的第一种方法是跳频（Frequency Hopping）扩频，第二种方法是直接序列（Direct Sequence）扩频。这两种方法都被无线局域网所采用。

（1）跳频扩频

在跳频方案中，发送信号频率按固定的间隔从一个频谱跳到另一个频谱。接收器与发送器同步跳动，从而正确地接收信息。而那些可能的入侵者只能得到一些无法理解的标记。发送器以固定的间隔一次变换一个发送频率。IEEE 802.11 标准规定每 300 ms 的间隔变换一次发送频率。发送频率变换的顺序由一个伪随机码决定，发送器和接收器使用相同变换的顺序序列。数据传输可以选用频移键控（FSK）或二进制相位键控（PSK）方法。

（2）直接序列扩频

在直接序列扩频方案中，输入数据信号进入一个通道编码器（Channel Encoded）并产生一个接近某中央频谱的较窄带宽的模拟信号。这个信号将用一系列看似随机的数字（伪随机序列）来进行调制，调制的结果大大地拓宽了要传输信号的带宽，因此称为扩频通信。在接收端，使用同样的数字序列来恢复原信号，信号再进入通道解码器来还原传送的数据。

802.11b 即 Wi-Fi（Wireless Fidelity，无线相容认证），它利用 2.4 GHz 的频段。2.4 GHz 的 ISM（Industrial Scientific Medical）频段为世界上绝大多数国家通用，因此 802.11b 得到了最为广泛的应用。802.11b 的最大数据传输速率为 11 Mbit/s，无须直线传播。在动态速率转换时，如果无线信号变差，可将数据传输速率降低为 5.5 Mbit/s、2 Mbit/s 和 1 Mbit/s。支持的范围是在室外为 300 m，在办公环境中最长为 100 m。802.11b 是所有 WLAN 标准演进的基石，未来许多的系统大都需要与 802.11b 向后兼容。

802.11a（Wi-Fi5）标准是 802.11b 标准的后续标准。它工作在 5 GHz 频段，传输速率可达 54 Mbit/s。由于 802.11a 工作在 5 GHz 频段，因此它与 802.11、802.11b 标准不兼容。

802.11g 是为了更高的传输速率而制定的标准，它采用 2.4 GHz 频段，使用 CCK（补码键控）技术与 802.11b（Wi-Fi）向后兼容，同时它又通过采用 OFDM（正交频分复用）技术支持高达 54 Mbit/s 的数据流。

802.11n 可以将 WLAN 的传输速率由目前 802.11a 及 802.11g 提供的 54 Mbit/s，提高到 300 Mbit/s 甚至高达 600 Mbit/s。得益于将 MIMO（多入多出）与 OFDM 技术相结合而应用的 MIMO OFDM 技术，提高了无线传输质量，也使传输速率得到极大提升。和以往的 802.11 标准不同，802.11n 协议为双频工作模式（包含 2.4 GHz 和 5 GHz 两个工作频段），这样 802.11n 保障了与以往的 802.11b、802.11a、802.11g 标准兼容。

2. 家庭网络（Home RF）技术

Home RF（Home Radio Frequency）技术是一种专门为家庭用户设计的小型无线局域网技术。

它是 IEEE 802.11 与 Dect（数字无绳电话）标准的结合，旨在降低语音数据成本。Home RF 在进行数据通信时，采用 IEEE 802.11 标准中的 TCP/IP 传输协议；进行语音通信时，则采用数字增强型无绳通信标准。

Home RF 的工作频率为 2.4 GHz。原来最大数据传输速率为 2 Mbit/s，2000 年 8 月，美国联邦通信委员会（FCC）批准了 Home RF 的传输速率可以提高到 8~11 Mbit/s。Home RF 可以实现最多 5 个设备之间的互联。

3. 蓝牙技术

蓝牙（Bluetooth）技术实际上是一种短距离无线数字通信的技术标准，工作在 2.4 GHz 频段，最高数据传输速度为 1 Mbit/s（有效传输速度为 721 kbit/s），传输距离为 10 cm~10 m，通过增加发射功率可达到 100 m。

蓝牙技术主要应用于手机、笔记本电脑等数字终端设备之间的通信和这些设备与 Internet 的连接。

8.3.3 无线网络接入设备

1. 无线网卡

提供与有线网卡一样丰富的系统接口，包括 PCMCIA、Cardbus、PCI 和 USB 等。如图 8-1~图 8-4 所示。在有线局域网中，网卡是网络操作系统与网线之间的接口。在无线局域网中，它们是操作系统与天线之间的接口，用来创建透明的网络连接。

图 8-1 PCI 接口无线网卡（台式机）

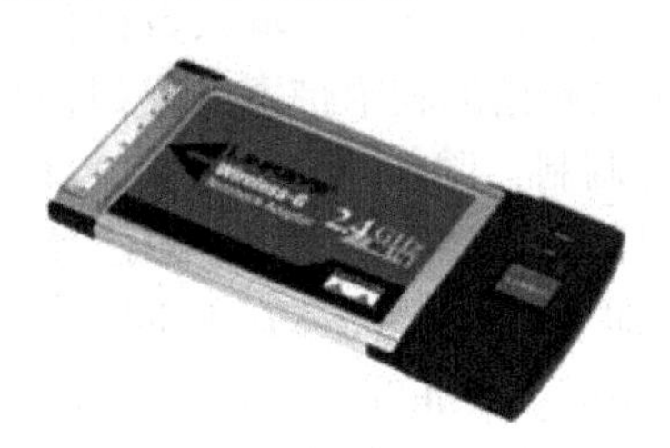

图 8-2 PCMCIA 接口无线网卡（笔记本电脑）

图 8-3 USB 接口无线网卡（台式机和笔记本电脑）

图 8-4 MINI-PCI 接口无线网卡（笔记本电脑）

2. 接入点

接入点（AP）的作用相当于局域网集线器。它在无线局域网和有线网络之间接收、缓冲存储和传输数据，以支持一组无线用户设备。接入点通常是通过标准以太网线连接到有线网络上，并通过天线与无线设备进行通信。在有多个接入点时，用户可以在接入点之间漫游切换。接入点的有效范围是 20~500 m。根据技术、配置和使用情况，一个接入点可以支持 15~250 个用户，通过添加更多的接入点，可以比较轻松地扩充无线局域网，从而减少网络拥塞并扩大网络的覆盖范围。

室内无线 AP 如图 8-5 所示，室外无线 AP 如图 8-6 所示。

图 8-5　室内无线 AP　　图 8-6　室外无线 AP

3. 无线路由器

无线路由器（Wireless Router）集成了无线 AP 和宽带路由器的功能，它不仅具备 AP 的无线接入功能，通常还支持 DHCP、防火墙、WEP 加密等功能，而且还包括了网络地址转换（NAT）功能，可支持局域网用户的网络连接共享。

绝大多数的无线宽带路由器都拥有 1 个 WAN 口和 4 个 LAN 口，可作为有线宽带路由器使用，如图 8-7 所示。

4. 天线

在无线网络中，天线可以起到增强无线信号的目的，可以把它理解为无线信号的放大器。天线对空间的不同方向具有不同的辐射或接收能力，根据方向性的不同，可将天线分为全向天线和定向天线两种。

（1）全向天线

全向天线，即在水平方向上表现为 360°都均匀辐射，也就是平常所说的无方向性。一般情况下波瓣宽度越小，增益越大。全向天线在通信系统中一般应用距离近，覆盖范围大，价格便宜。增益一般在 9 dB 以下 。图 8-8 所示为全向天线图。

（2）定向天线

定向天线是指在某一个或某几个特定方向上发射及接收电磁波特别强，而在其他的方向上发射及接收电磁波则为零或极小的一种天线。图 8-9 所示为定向天线。采用定向发射天线的目的是增加辐射功率的有效利用率，增加保密性；采用定向接收天线的主要目的是增加抗干扰能力。

图 8-7　无线路由器

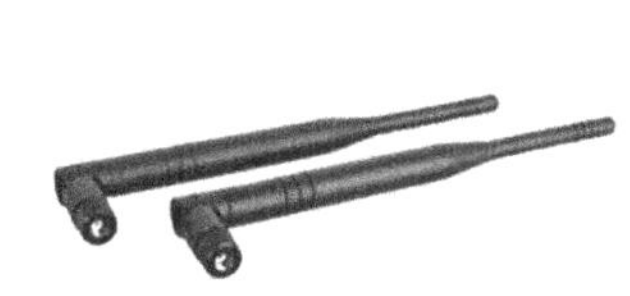

图 8-8　全向天线

图 8-9　定向天线

8.3.4　无线局域网的配置方式

1. Ad-Hoc 模式（无线对等模式）

这种应用包含多个无线终端和一个服务器，均配有无线网卡，但不连接到接入点和有线网络，而是通过无线网卡进行相互通信。它主要用来在没有基础设施的地方快速而轻松地建立无线局域网。如图 8-10 所示。

2. Infrastructure 模式（基础结构模式）

该模式是目前最常见的一种架构，这种架构包含一个接入点和多个无线终端，接入点通过电缆与有线网络连接，通过无线电波与无线终端连接，可以实现无线终端之间的通信，以及无线终端与有线网络之间的通信。通过对这种模式进行复制，可以实现多个接入点相连接的更大的无线网络。如图 8-11 所示。

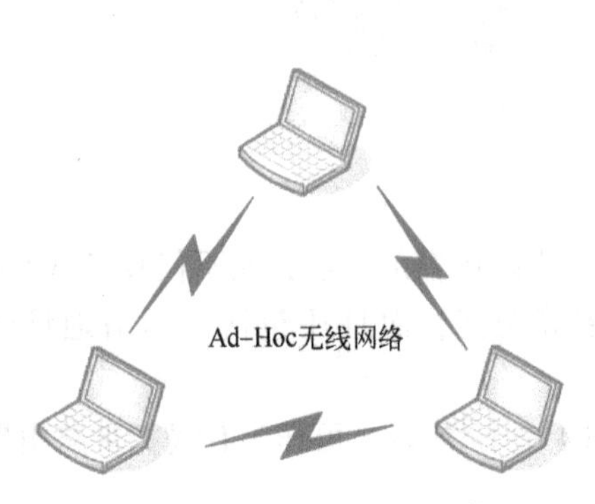

图 8-10 Ad-Hoc 模式无线对等网络

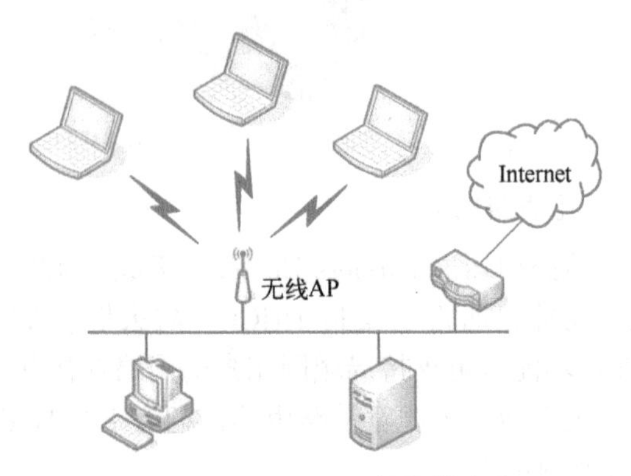

图 8-11 Infrastructure 基础结构模式的 WLAN

8.4 项目设计与准备

对于普通家庭用户来说，只需购买无线网卡和无线路由器，安装后，选择合适的工作模式，并对其进行适当配置，使各计算机能够在无线网络中互联互通，家庭无线局域网就组建好了。

1. 采用何种模式联网

当然，我们可以组建一个基于 Ad-Hoc 模式的无线局域网，总花费也不过百元。其缺点主要有使用范围小、信号差、功能少以及使用不方便等。

使用更为普遍的还是基于 Infrastructure（基础结构）模式的无线局域网，其信号覆盖范围较大，功能更多、性能更加稳定可靠。

为使家中所有区域都覆盖无线信号，最好采用以无线路由器（或无线 AP）为中心的接入方式，连接家中所有的计算机。家中所有的计算机，无论处于什么位置，都能有效地接收无线信号，这也是最理想的家庭无线网络模式。

2. 项目准备

- 装有 Windows 7 操作系统的 PC 3 台。
- 无线网卡 3 块（USB 接口，TP-LINK TL-WN322G+）。
- 无线路由器 1 台（TP-LINK TL-WR541G+）。
- 直通网线 2 根。

8.5 项目实施

任务 8-1 组建 Ad-Hoc 模式无线对等网

组建 Ad-Hoc 模式无线对等网的拓扑图。如图 8-12 所示。

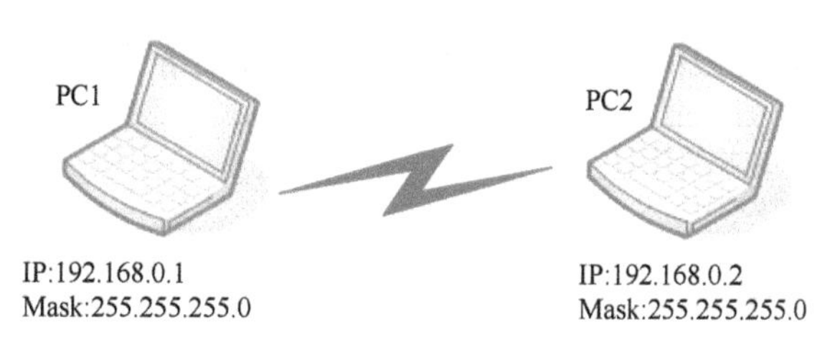

图 8-12 Ad-Hoc 模式无线对等网络拓扑图

组建 Ad-Hoc 模式无线对等网的操作步骤如下。

1. 安装无线网卡及其驱动程序

1）安装无线网卡硬件。把 USB 接口的无线网卡插入 PC1 的 USB 接口中。

2）安装无线网卡驱动程序。安装好无线网卡硬件后，Windows 7 操作系统会自动识别到新硬件，提示开始安装驱动程序。安装无线网卡驱动程序的方法和安装有线网卡驱动程序的方法类似，这里不再赘述。

3）无线网卡安装成功后，在桌面任务栏上会出现无线网络连接图标。

4）同理，在 PC2 上安装无线网卡及其驱动程序。

2. 配置 PC1 的无线网络

1）在第 1 台计算机上，将原来的无线网络连接“TP-Link”断开。单击右下角的无线连接图标，在弹出的快捷菜单中单击“TP-Link”连接，展开该连接，然后单击该连接下的“断开”按钮。如图 8-13 所示。

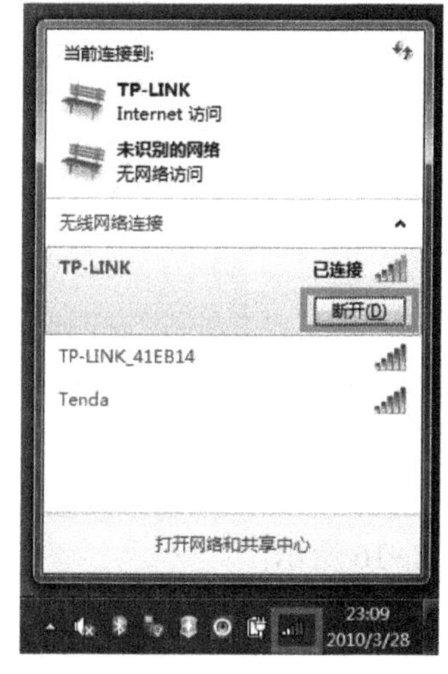

图 8-13 断开 TP-LINK 连接

2）依次单击“开始”→“控制面板”→“网络和 Internet”→“网络和共享中心”，打开“网络和共享中心”窗口。如图 8-14 所示。

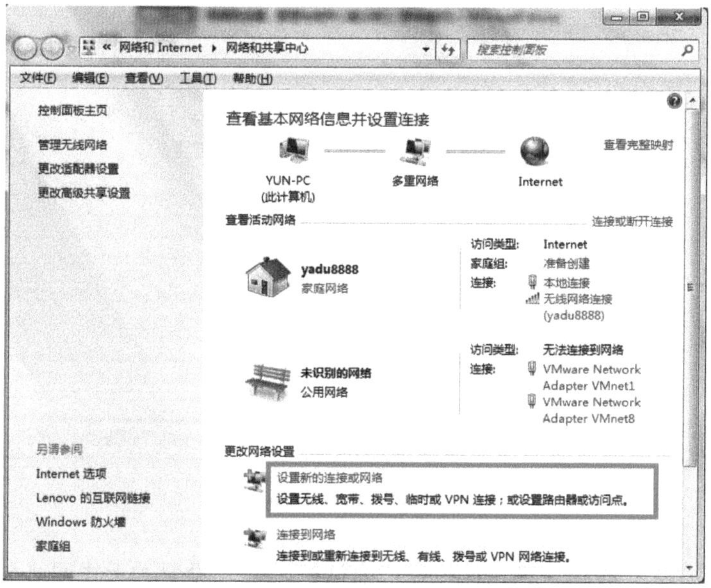

图 8-14 网络和共享中心

3）单击“设置新的连接或网络”，打开“设置连接或网络”对话框。如图8-15所示。

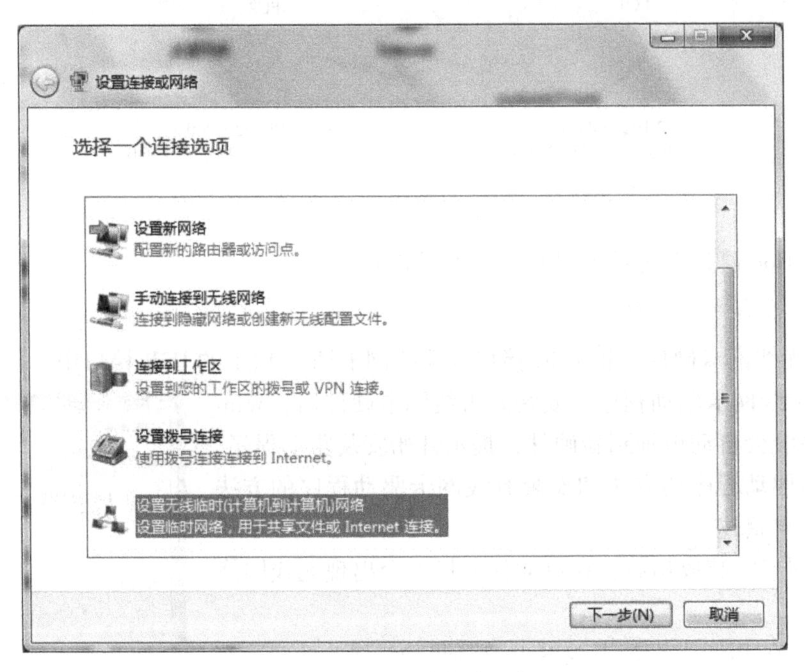

图8-15　设置连接或网络

4）单击“设置无线临时（计算机到计算机）网络”，打开“设置临时网络”对话框。如图8-16所示。

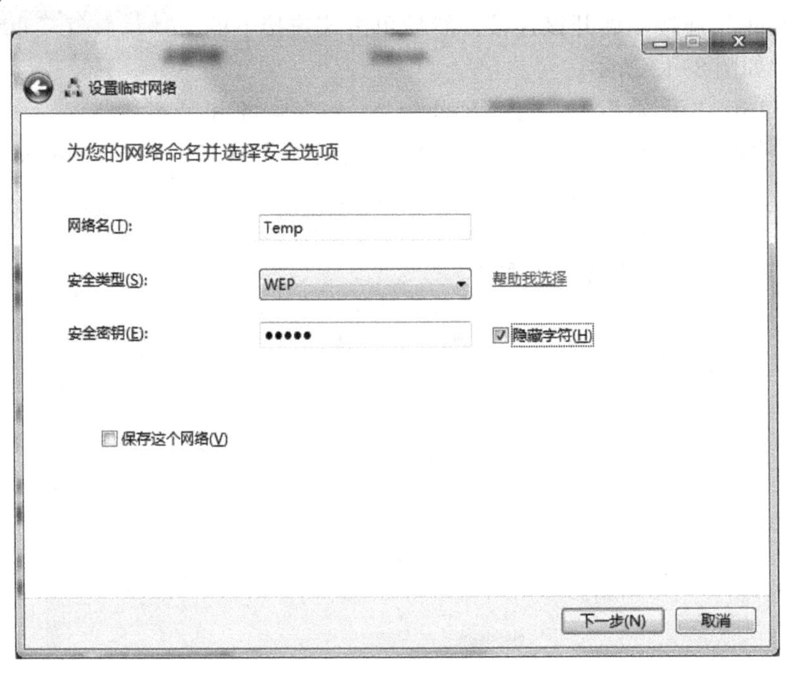

图8-16　设置临时网络

5）单击“下一步”按钮，弹出设置完成对话框，显示设置的无线网络名称和密码（不显示）。如图8-17所示。

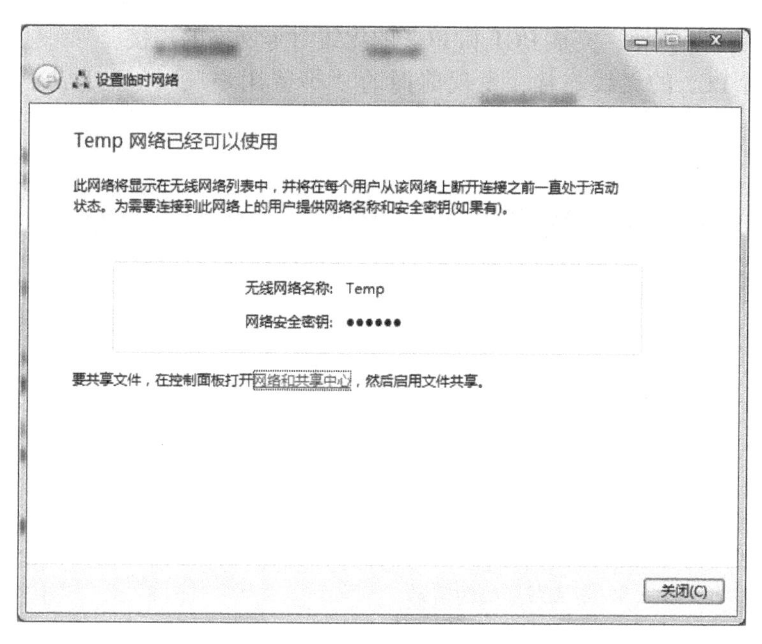

图 8-17　设置完成临时网络

6）单击“关闭”按钮，完成第 1 台笔记本电脑的无线临时网络的设置。单击右下角刚刚设置完成的无线连接“Temp”，会发现该连接处于“断开”状态。如图 8-18 所示。

3. 配置 PC2 的无线网络

1）在第 2 台计算机上，单击右下角的无线连接图标，在弹出的快捷菜单中单击“Temp”连接，展开该连接，然后单击该连接下的“连接”按钮。如图 8-19 所示。

图 8-18　“Temp”连接等待用户加入

图 8-19　等待连接 Temp 网络

2）显示键入网络安全密钥对话框，在该对话框中输入在第 1 台计算机上设置的 Temp 无线连接的密码。如图 8-20 所示。

3）单击“确定”按钮，完成PC1和PC2的无线对等网络的连接。

4）这时查看PC2的无线连接，发现前面的“等待用户”，已经变成了“已连接”。如图8-21所示。

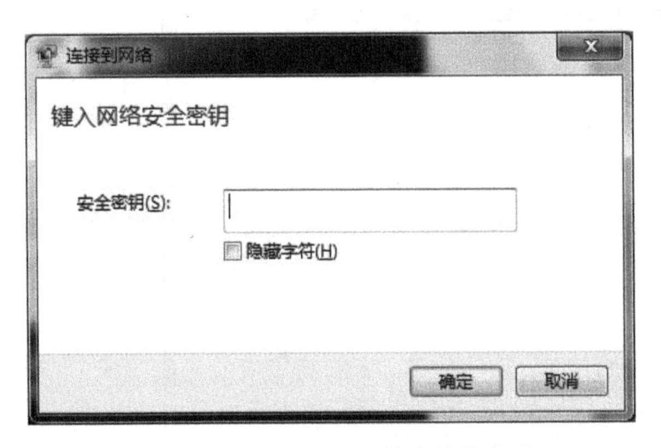

图8-20 输入Temp无线连接的密码

图8-21 “等待用户”已经变成了“已连接”

4. 配置PC1和PC2的无线网络的TCP/IP

1）在PC1的“网络和共享中心”，单击“更改适配器设置”按钮，打开“网络连接”窗口，在无线网络适配器“Wireless Network Connection”上右击。如图8-22所示。

2）在弹出的快捷菜单中选择“属性”，打开“无线网络连接”的属性对话框。在此配置无线网卡的IP地址为192.168.0.1，子网掩码为255.255.255.0。

3）同理配置PC2上的无线网卡的IP地址为192.168.0.2，子网掩码为255.255.255.0。

5. 连通性测试

1）测试与PC2的连通性。在PC1中，运行“ping 192.168.0.2”命令。如图8-23所示，表明与PC2连通良好。

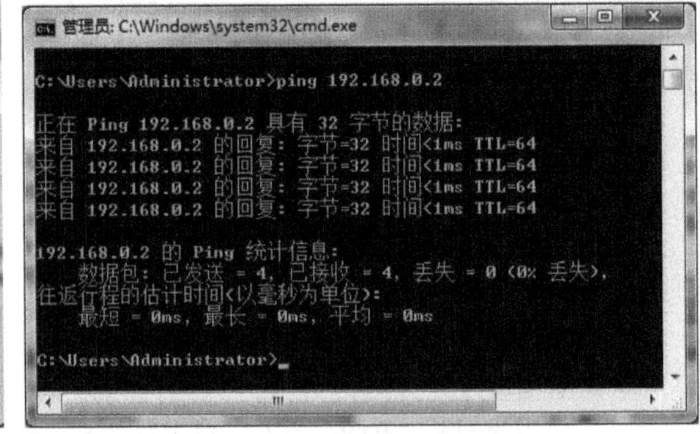

图8-22 “网络连接”窗口

图8-23 在PC1上测试与PC2的连通性

2）测试与PC1的连通性。在PC2中，运行“ping 192.168.0.1”命令，测试与PC1的连通性。

至此，无线对等网络配置完成。

说明：1）PC2 中的无线网络名（SSID）和网络密钥必须要与 PC1 一样。

2）如果无线网络连接不通，尝试关闭防火墙。

3）如果 PC1 通过有线接入互联网，PC2 想通过 PC1 无线共享上网，需设置 PC2 无线网卡的“默认网关”和“首选 DNS 服务器”为 PC1 无线网卡的 IP 地址（192.168.0.1），并在 PC1 的有线网络连接属性的“共享”选项卡中，设置已接入互联网的有线网卡为“允许其他网络用户通过此计算机的 Internet 连接来连接”。

任务 8-2　组建 Infrastructure 模式无线局域网

组建 Infrastructure 模式无线局域网的拓扑图。如图 8-24 所示。组建 Infrastructure 模式无线局域网的操作步骤如下。

1. 配置无线路由器

1）把连接外网（如 Internet）的直通网线接入无线路由器的 WAN 端口，把另一直通网线的一端接入无线路由器的 LAN 端口，另一端接入 PC1 的有线网卡端口。如图 8-24 所示。

2）设置 PC1 有线网卡的 IP 地址为 192.168.1.10，子网掩码为 255.255.255.0，默认网关为 192.168.1.1。再在 IE 地址栏中输入 192.168.1.1，打开无线路由器登录界面，输入用户名为 admin，密码为 admin。如图 8-25 所示。

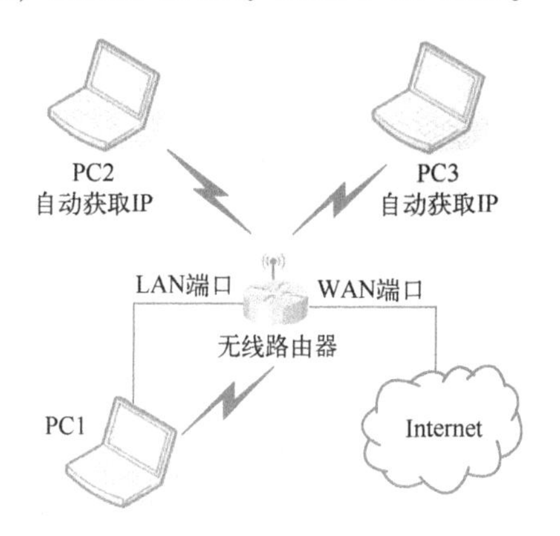

图 8-24　Infrastructure 模式无线局域网络拓扑图

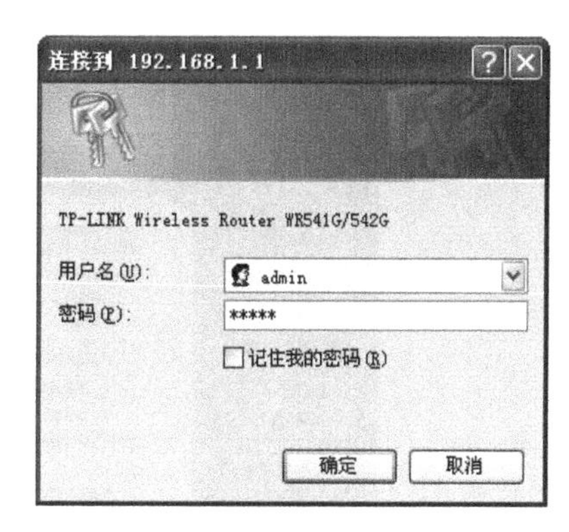

图 8-25　无线路由器登录界面

3）进入设置界面以后，通常都会弹出一个设置向导的小页面。如图 8-26 所示。对于有一定经验的用户，可选中“下次登录不再自动弹出向导”复选框，以便进行各项参数的细致设置。单击“退出向导”按钮。

4）在设置界面中，选择左侧向导菜单“网络参数”→“LAN 口设置”链接后，在右侧对话框中可设置 LAN 口的 IP 地址，一般默认为 192.168.1.1。如图 8-27 所示。

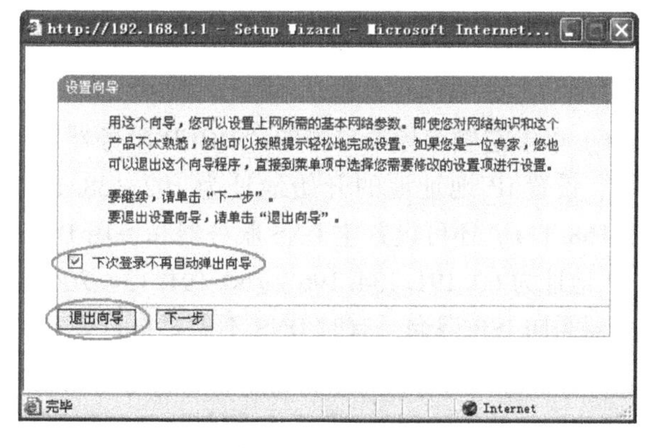

图 8-26　设置向导

5）设置WAN口的连接类型。如图8-28所示。对于家庭用户而言，一般是通过ADSL拨号接入互联网的，需选择PPPoE连接类型。输入服务商提供的上网账号和上网口令（密码），最后单击“保存”按钮。

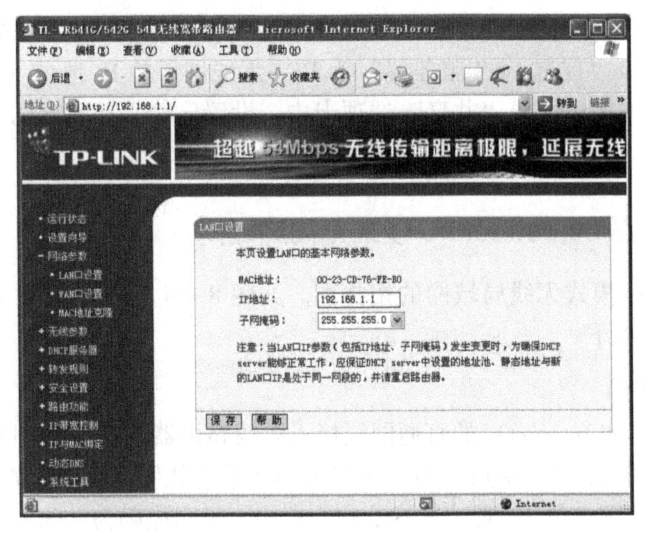

图8-27 LAN口设置

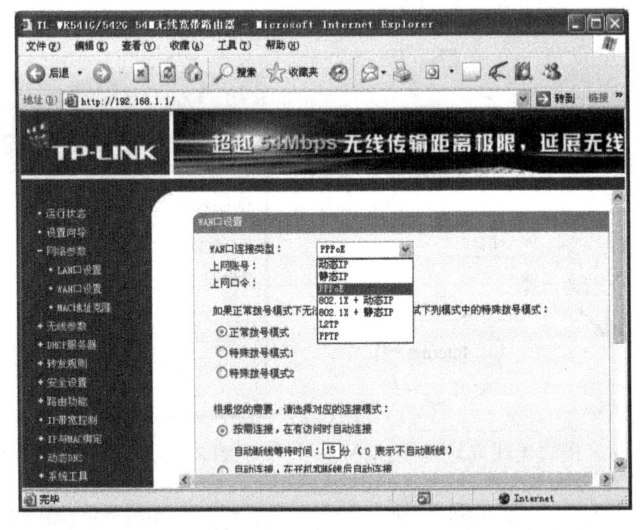

图8-28 WAN口设置

6）单击左侧向导菜单中的“DHCP服务器”→“DHCP服务”链接，选中“启用”单选按钮，设置IP地址池的开始地址为192.168.1.100，结束的地址为192.168.1.199，网关为192.168.1.1。还可设置主DNS服务器和备用DNS服务器的IP地址。如中国电信DNS服务器的IP地址为60.191.134.196或60.191.134.206。如图8-29所示。特别注意，是否设置DNS服务器需向ISP咨询，有时DNS不需要自行设置。

7）单击左侧向导菜单中的“无线参数”→“基本设置”链接，设置无线网络的SSID号为Tp_Link、频段为13、模式为54 Mbit/s（802.11g）。选中“开启无线功能”“允许SSID广播”和“开启安全设置”复选框，选择安全类型为WEP，安全选项为“自动选择”，密钥格式为“16 进制”，密钥 1 的密钥类型为“64 位”，密钥 1 的内容为 2013102911。如图 8-30 所示。单击“保存”按钮。

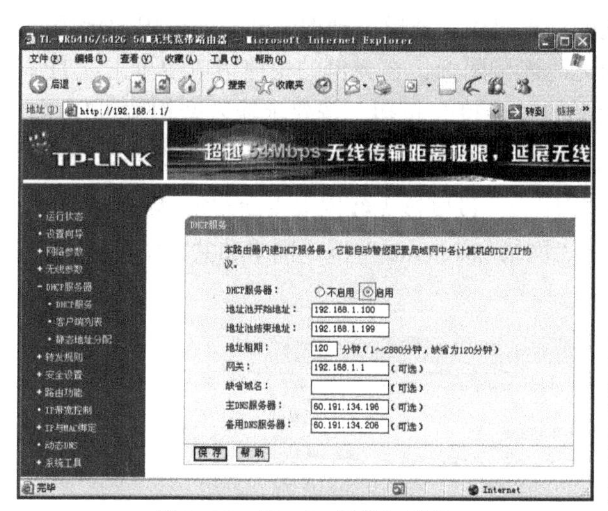

图 8-29　“DHCP 服务”设置

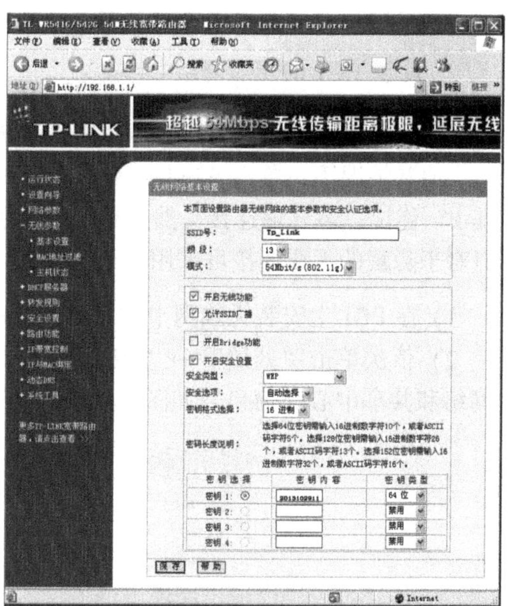

图 8-30　“无线参数”设置

说明：选择密钥类型时，选择 64 位密钥时需输入十六进制字符 10 个，或者 ASCII 码字符 5 个，选择 128 位密钥时需输入十六进制字符 26 个，或者 ASCII 码字符 13 个；选择 152 位密钥时需输入十六进制字符 32 个，或者 ASCII 码字符 16 个。

8）单击左侧向导菜单“运行状态”，可查看无线路由器的当前状态（包括版本信息、LAN 口状态、无线状态、WAN 口状态、WAN 口流量统计等）。如图 8-31 所示。

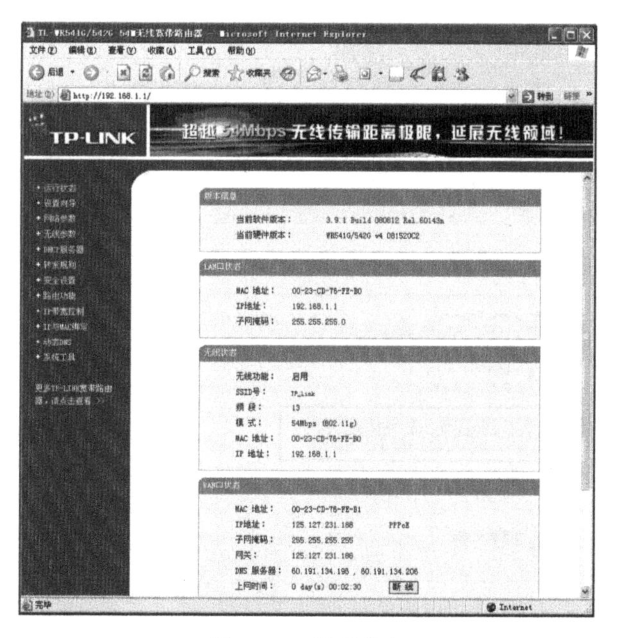

图 8-31　运行状态

9）至此，无线路由器的设置基本完成，重新启动路由器，使以上设置生效，然后拔除PC1到无线路由器之间的直通线。

下面设置PC1～PC3的无线网络。

2. 配置PC1的无线网络

特别说明：在安装Windows 7操作系统的计算机中，能够自动搜索到当前可用的无线网络。通常情况下，单击Windows 7右下角的无线连接图标，在弹出的快捷菜单中单击“TP-Link”连接，展开该连接，然后单击该连接下的“连接”按钮，按要求输入密钥就可以了。但对于隐藏的无线连接可采用如下步骤。

1）在PC1上安装无线网卡和相应的驱动程序后，设置该无线网卡自动获得IP地址。

2）依次单击“开始”→“控制面板”→“网络和Internet”→“网络和共享中心”，打开“网络和共享中心”窗口。如图8-32所示。

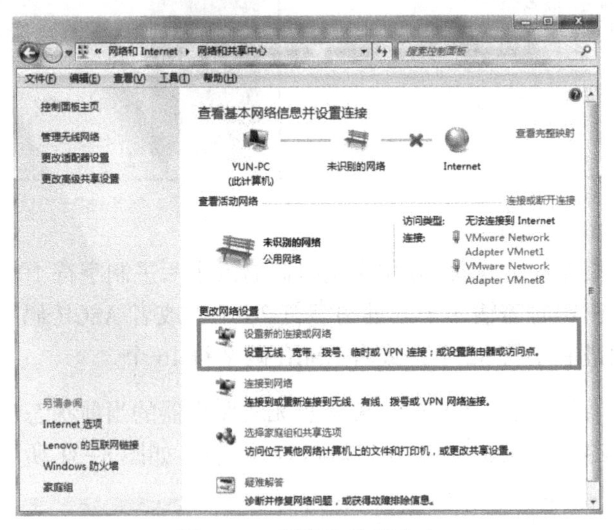

图8-32 网络和共享中心

3）单击“设置新的连接或网络”，打开“设置连接或网络”对话框。如图8-33所示。

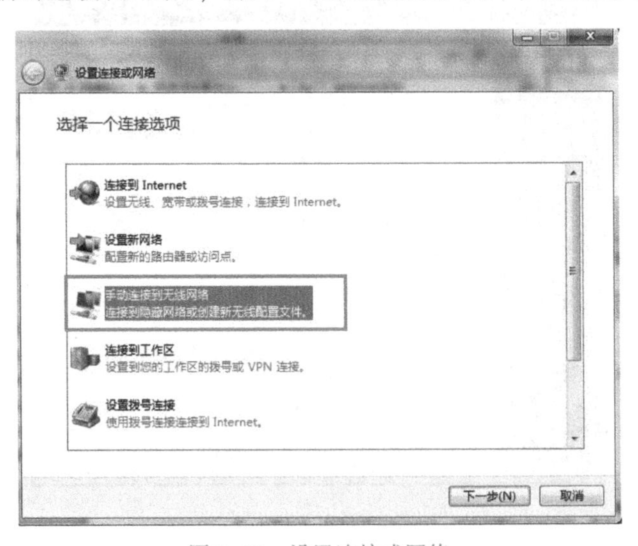

图8-33 设置连接或网络

4）单击“手动连接到无线网络”，打开“手动连接到无线网络”对话框。如图 8-34 所示。设置网络名（SSID）为“TP_Link”，并选“即使网络未进行广播也连接”复选框。选择数据加密方式为“WEP”，在“安全密钥”文本框中输入密钥，如 2013102911。

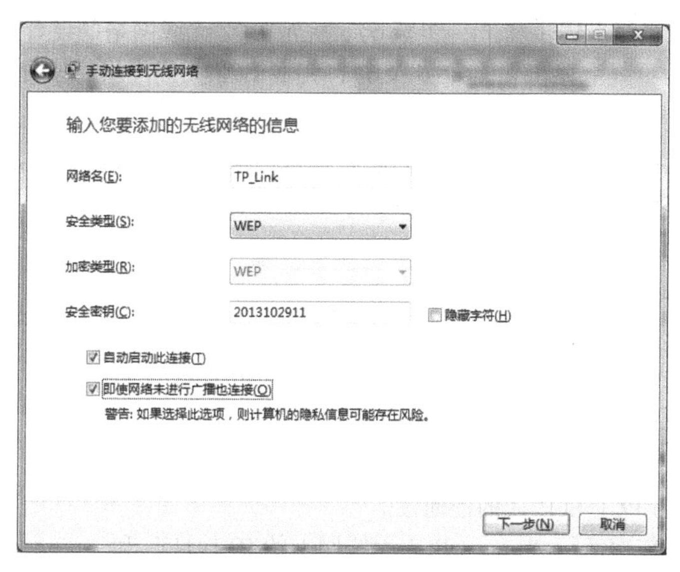

图 8-34 手动连接到无线网络

说明：网络名（SSID）和安全密钥的设置必须与无线路由器中的设置一致。

5）单击“下一步”按钮，弹出设置完成对话框，显示成功添加了 TP_Link。单击“更改连接设置”，打开“TP_Link 无线网络属性”对话框，单击“连接”或“安全”选项卡，可以查看设置的详细信息。如图 8-35 所示。

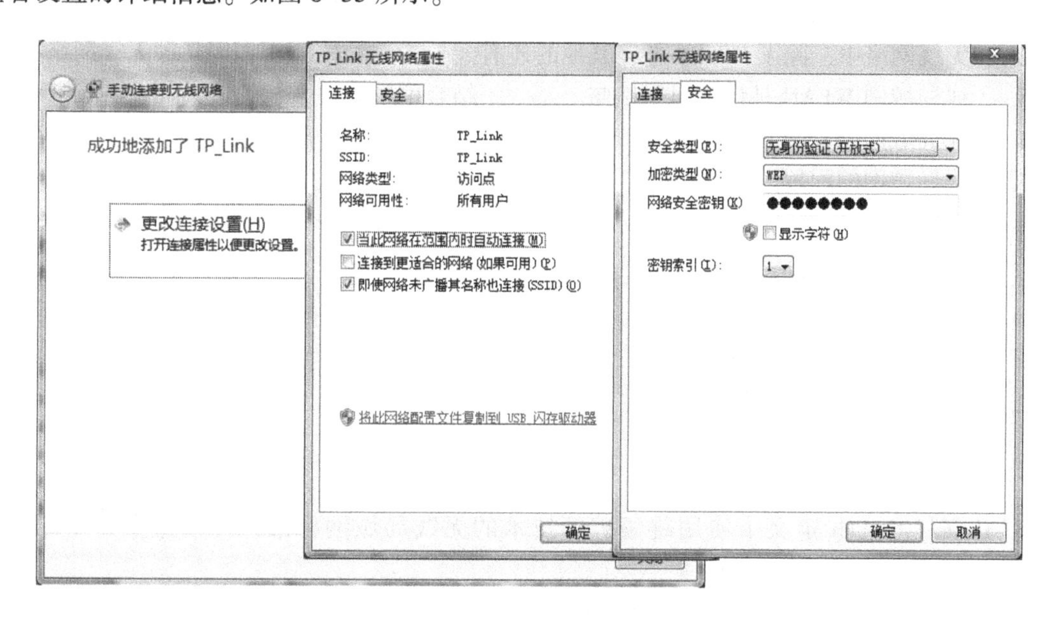

图 8-35 TP_Link 无线网络属性

6）单击“确定”按钮。等一会，桌面任务栏上的无线网络连接图标由 变为 ，表示该计算机已接入无线网络。

3. 配置PC2、PC3的无线网络

1）在PC2上，重复上述步骤1）~步骤6），完成PC2无线网络的设置。

2）在PC3上，重复上述步骤1）~步骤6），完成PC3无线网络的设置。

4. 连通性测试

1）在PC1、PC2和PC3上运行“ipconfig”命令，查看并记录PC1、PC2和PC3无线网卡的IP地址。

PC1无线网卡的IP地址：____________________。

PC2无线网卡的IP地址：____________________。

PC3无线网卡的IP地址：____________________。

2）在PC1上，依次运行“ping PC2无线网卡的IP地址”和“ping PC3无线网卡的IP地址”命令，测试与PC2和PC3的连通性。

3）在PC2上，依次运行“ping PC1无线网卡的IP地址”和“ping PC3无线网卡的IP地址”命令，测试与PC1和PC3的连通性。

4）在PC3上，依次运行“ping PC1无线网卡的IP地址”和“ping PC2无线网卡的IP地址”命令，测试与PC1和PC2的连通性。

8.6 练习题

一、填空题

1. 在无线局域网中，________是最早发布的基本标准，________和________标准的传输速率都达到了54 Mbit/s，________和________标准是工作在免费频段上的。
2. 在无线网络中，除了WLAN外，其他的还有________和________等几种无线网络技术。
3. 无线局域网WLAN是计算机网络与________结合的产物。
4. 无线局域网WLAN的全称是________。
5. 无线局域网的配置方式有两种：________和________。

二、选择题

1. IEEE 802.11标准定义了（ ）。
   A. 无线局域网技术规范　　B. 电缆调制解调器技术规范
   C. 光纤局域网技术规范　　D. 宽带网络技术规范
2. IEEE 802.11使用的传输技术为（ ）。
   A. 红外、跳频扩频与蓝牙　　B. 跳频扩频、直接序列扩频与蓝牙
   C. 红外、直接序列扩频与蓝牙　　D. 红外、跳频扩频与直接序列扩频
3. IEEE 802.11b定义了使用跳频扩频技术的无线局域网标准，传输速率为1 Mbit/s、2 Mbit/s、5.5 Mbit/s与（ ）。
   A. 10 Mbit/s　　B. 11 Mbit/s　　C. 20 Mbit/s　　D. 54 Mbit/s
4. 红外局域网的数据传输有3种基本的技术：定向光束传输、全反射传输与（ ）。
   A. 直接序列扩频传输　　B. 跳频传输

C. 漫反射传输　　D. 码分多路复用传输

5. 无线局域网需要实现移动节点的（　　）功能。

A. 物理层和数据链路层　　B. 物理层、数据链路层和网络层

C. 物理层和网络层　　D. 数据链路层和网络层

6. 关于 Ad-Hoc 网络的描述中，错误的是（　　）。

A. 没有固定的路由器　　B. 需要基站

C. 具有动态搜索能力　　D. 适用于紧急救援等场合

7. IEEE 802.11 技术和蓝牙技术可以共同使用的无线通信频点是（　　）。

A. 800 Hz　　B. 2.4 GHz　　C. 5 GHz　　D. 10 GHz

8. 下面关于无线局域网的描述中，错误的是（　　）。

A. 采用无线电波作为传输介质　　B. 可以作为传统局域网的补充

C. 可以支持 1 Gbit/s 的传输速率　　D. 协议标准是 IEEE 802.11

9. 无线局域网中使用的 SSID 是（　　）。

A. 无线局域网的设备名称　　B. 无线局域网的标识符号

C. 无线局域网的入网口令　　D. 无线局域网的加密符号

三、简答题

1. 简述无线局域网的物理层有哪些标准。
2. 无线局域网的网络结构有哪些?
3. 常用的无线局域网有哪些? 它们分别有什么功能?
4. 在无线局域网和有线局域网的连接中，无线 AP 提供什么样的功能?

8.7 项目实训 8

项目实训 8-1 组建 Ad-Hoc 模式无线对等网

一、实训目的

- 熟悉无线网卡的安装方法。
- 组建 Ad-Hoc 模式无线对等网络，熟悉无线网络安装配置过程。

二、实训内容

1）安装无线网卡及其驱动程序。
2）配置 PC1 的无线网络。
3）配置 PC2 的无线网络。
4）配置 PC1 和 PC2 的 TCP/IP。
5）测试连通性。

三、实训环境要求

网络拓扑图参考图 8-12 所示。

- 装有 Windows 7 操作系统的 PC 2 台。
- 无线网卡 2 块（USB 接口，TP-LINK TL-WN322G+）。

项目实训 8-2　组建 Infrastructure 模式无线局域网

一、实训目的

- 熟悉无线路由器的设置方法，组建以无线路由器为中心的无线局域网。
- 熟悉以无线路由器为中心的无线网络客户端的设置方法。

二、实训内容

1）配置无线路由器。

2）配置 PC1 的无线网络。

3）配置 PC2、PC3 的无线网络。

4）测试连通性。

三、实训环境要求

网络拓扑图参考图 8-24 所示。

- 装有 Windows 7 操作系统的 PC 3 台。
- 无线网卡 3 块（USB 接口，TP-LINK TL-WN322G+）。
- 无线路由器 1 台（TP-LINK TL-WR541G+）。
- 直通网线 2 根。

项目 9　组建宿舍局域网

9.1 项目导入

现在大学中拥有计算机的已不在少数，一般一个宿舍都有两台以上计算机。在某些专业，比如信息工程系，由于学习的需要，几乎人手一台计算机。一般情况下，一个宿舍 4~6 个人，也就是说每个宿舍 4~6 台计算机，就单台计算机而言，计算机的功能不能完全发挥出来，如果能将邻近的几个宿舍的计算机组成局域网，就可以和同学一起共享资源、发布个人网站、看电影等。

9.2 职业能力目标和要求

- ✧ 了解宿舍局域网的组建。
- ✧ 掌握使用宽带路由接入 Internet。
- ✧ 掌握在局域网中发布个人网站。

9.3 相关知识

9.3.1 宿舍局域网的组建方案

1. 组建宿舍局域网的原则

对于学生宿舍来说，要求几台计算机能组成局域网，可以实现资源共享；要求能共享宽带，同时上网，对网速方面没有太苛刻的要求，但要求稳定性较好；组网成本要求整体投资较少；选择设备时，没必要选择太好的，够用即可，但产品的性价比要高，售后服务要好。

2. 接入方式和组网模式

学生宿舍通常有两种 Internet 接入方式，一种是接入学校提供的校园网，另一种是 ADSL 宽带接入。校园网一般是接入教育网的，在教育网内速度较快，但与其他网络连接时速度比较慢；ADSL 在网络速度方面有优势，但有些资源和网站只能在校园网中使用，ADSL 用户是无法访问的。因此要根据实际情况选择合适的 Internet 接入方式。

目前比较流行的组网模式有有线和无线两种，无线网络可以省去布线的麻烦，现在许多学生拥有 Intel 迅驰技术的笔记本电脑，有了无线网络，用笔记本电脑上网就不会受地点的限制，充分体现了笔记本电脑的可移动性，但无线网络相对来说成本较高，台式计算机中要配置无线网卡。有线网络的投入成本较低，但是布线比较麻烦，影响环境的整洁，且会因为网线的限制而不能随意移动。

3. 宿舍局域网组建方案

组建单个宿舍的局域网与组建家庭局域网类似，如果采用 ADSL 方式接入 Internet，则可以购买宽带路由器构成局域网；如果 ADSL Modem 带有路由功能，则可选择交换机来组网。如果采用通过校园网方式接入 Internet，则可以采用宽带路由器。如果宿舍中只有两台计算机，也可以选择 ICS 方式共享上网，但是不建议使用该方式，因为如果 ICS 主机不开机的话，另一台计算机也无法上网。

如果有多个宿舍的计算机共同上网，则可以通过交换机互联的方式将其连接起来，但要注意使用超五类双绞线的有效传输距离为 100 m。

9.3.2　宽带路由器的功能

宽带路由器作为一种网络共享设备，越来越多地出现在人们的生活、工作、学习中，它具有组网方便、安全可靠等优点。支持 ADSL、HFC 或者小区宽带的 Internet 共享接入，很多宿舍在共享上网时都会选择宽带路由器。

宽带路由器是近几年来新兴的一种网络产品，它随着宽带的普及应运而生。宽带路由器在一个紧凑的盒子中集成了路由器、防火墙、带宽控制和管理等功能，具备快速转发能力、灵活的网络管理和丰富的网络状态等特点。准确地讲，宽带路由器从定义上并不能完全称为路由器，它只能实现部分传统路由器的功能，主要是为宽带接入用户提供网络地址转换（NAT）技术。

代理服务器软件也是采用 NAT 技术，从速度上考虑，使用一台 PC 做代理服务器比宽带路由器的 NAT 转发性能要好，但是宽带路由器专门为宽带线路进行了特殊设计，采用独立的处理器芯片和软件技术来实现 NAT 转换，所以与传统使用代理服务器软件共享上网相比，宽带路由器具有很多优势，宽带路由器一般具有以下功能：

1）网络地址转换（NAT）功能。

2）DHCP 功能。

3）防火墙功能。

4）虚拟专用网（VPN）功能。

5）网站过滤功能。

6）虚拟拨号功能。虚拟拨号功能是宽带路由器必备的。ADSL 接入 Internet 有虚拟拨号和专线接入两种方式，一般用户都是虚拟拨号上网。虚拟拨号设定好之后，路由器每次启动、重启都会自动拨号，也就是说，只要路由器处于开机工作状态，就一直处于在线状态，包月用户使用虚拟拨号功能就不用每次上网都拨号。

7）Web 界面管理。由于很多用户缺乏相关的网络专业知识，所以宽带路由器一般都提供 Web 界面管理，就跟平常上网一样，操作起来比较方便。

有些宽带路由器还具有上网权限限制、流量管理监控功能及打印服务器功能等，所以使用宽带路由器可以很方便地共享上网，一般宿舍组建局域网共享上网时，建议使用宽带路由器。

9.3.3　安装和配置宽带路由器

宽带路由器的安装非常简单，只需要按照说明书进行操作即可轻松连接。根据用户接入 Internet 的方式，宽带路由器的连接主要包括与计算机、交换机的连接以及与 ADSL Modem 或其他 Internet 接入的连接。

不带无线的宽带路由器已经很少了，目前的宽带路由器一般是带无线功能的，宽带路由器具体的安装与配置请读者参考任务 8-1。在此不再详述。

9.4 项目设计与准备

组建好宿舍局域网后，可以为自己的个人网站在局域网上安个家。如果要在宿舍局域网上发布个人网站，最简单的方法就是安装 Web 服务器。

在架设 Web 服务器之前，读者需要了解本任务实例部署的需求和实验环境。

1. 部署需求

在部署 Web 服务前需满足以下要求：

- 设置 Web 服务器的 TCP/IP 属性，手动指定 IP 地址、子网掩码、默认网关和 DNS 服务器 IP 地址等。
- 部署域环境，域名为 long. com。

2. 部署环境

本节任务所有实例被部署在一个域环境下，域名为 long. com。其中 Web 服务器主机名为 win2012-1，其本身也是域控制器和 DNS 服务器，IP 地址为 192. 168. 10. 1。Web 客户端计算机主机名为 win2012-2，其本身是域成员服务器，IP 地址为 192. 168. 10. 2。网络拓扑图如图 9-1 所示。

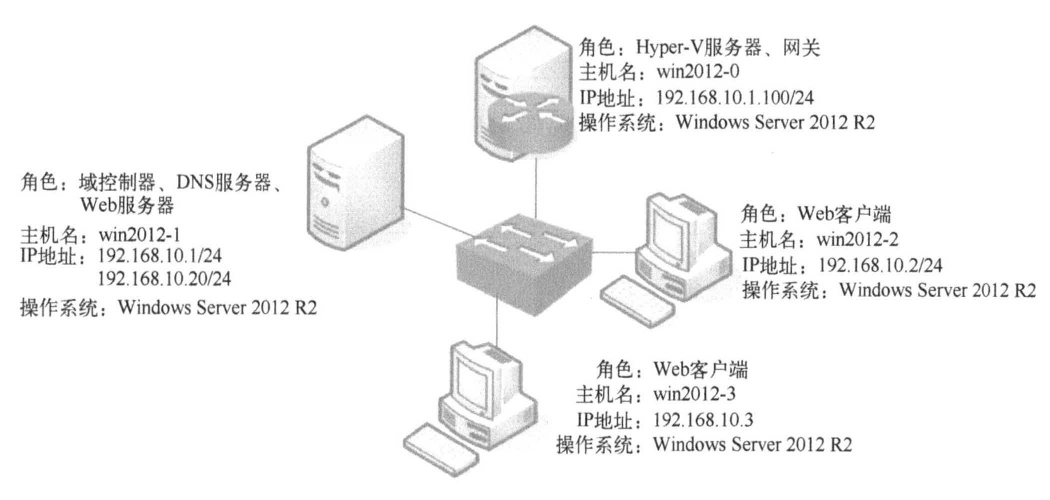

图 9-1 架设 Web 服务器网络拓扑图

提示：为简便起见，域环境也可以改成独立服务器模式，不影响后面实训。

9.5 项目实施

下面介绍搭建宿舍局域网的 Web 服务器的方法和步骤。

任务 9-1 安装 Web 服务器（IIS）角色

在计算机“win2012-1”上通过“服务器管理器”安装 Web 服务器（IIS）角色，具体步骤如下。

1）打开“开始”→“管理工具”→“服务器管理器”→“仪表板”选项的“添加角色

和功能”，持续单击“下一步”按钮，直到出现图 9-2 所示的“选择服务器角色”窗口，勾选“Web 服务器”复选框，单击“删除功能”按钮。

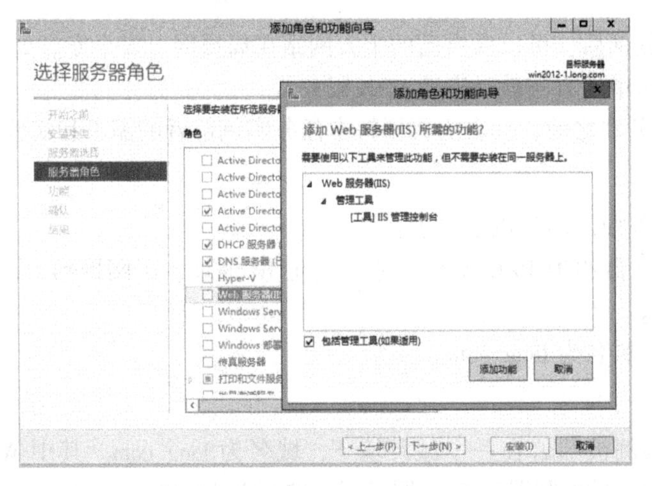

图 9-2 “选择服务器角色”对话框

提示： 如果在前面安装某些角色时，安装了功能和部分 Web 角色，界面将稍有不同，这时请注意勾选“FTP 服务器”和“安全性”中的“IP 地址和域限制”。

2）持续单击“下一步”按钮，直到出现如图 9-3 所示的“选择角色服务”对话框。全部选中“安全性”，同时勾选“FTP 服务器”。

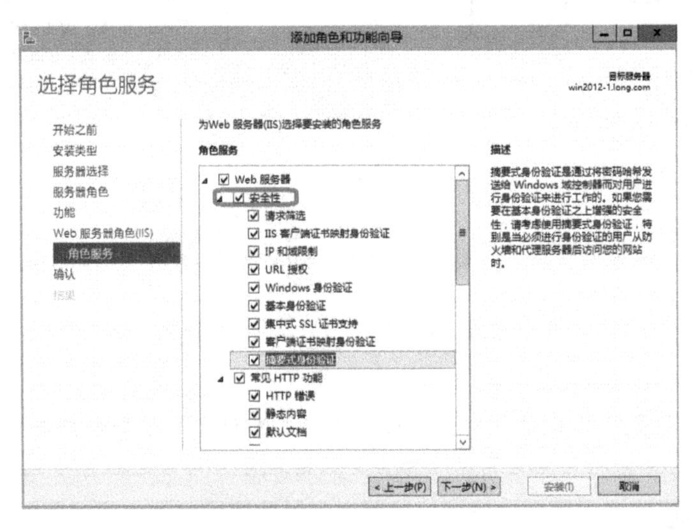

图 9-3 “选择角色服务”对话框

3）最后单击“安装”按钮开始安装 Web 服务器。安装完成后，显示“安装结果”窗口，单击“关闭”按钮完成安装。

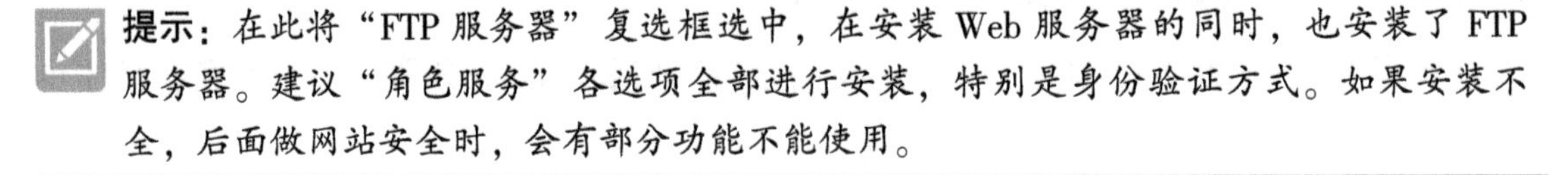

提示： 在此将“FTP 服务器”复选框选中，在安装 Web 服务器的同时，也安装了 FTP 服务器。建议“角色服务”各选项全部进行安装，特别是身份验证方式。如果安装不全，后面做网站安全时，会有部分功能不能使用。

安装完IIS以后，还应对该Web服务器进行测试，以检测网站是否正确安装并运行。在局域网中的一台计算机（本例为win2012-2）上，通过浏览器打开以下3种地址格式进行测试。

- DNS域名地址：http://win2012-1.long.com。
- IP地址：http://192.168.10.1。
- 计算机名：http://win2012-1。

如果IIS安装成功，则会在IE浏览器中显示如图9-4所示的网页。如果没有显示出该网页，检查IIS是否出现问题或重新启动IIS服务，也可以删除IIS重新安装。

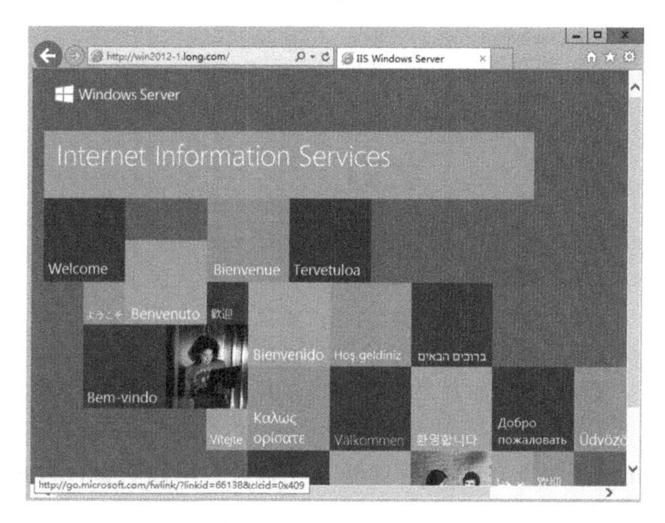

图9-4 IIS安装成功

任务9-2 创建Web网站

在Web服务器上创建一个新网站“web”，使用户在客户端计算机上能通过IP地址和域名进行访问。

1. 创建使用IP地址访问的Web网站

创建使用IP地址访问的Web网站的具体步骤如下。

（1）停止默认网站（Default Web Site）

以域管理员账户登录Web服务器上，打开“开始”→“管理工具”→“Internet信息服务（IIS）管理器”控制台。在控制台树中依次展开服务器和“网站”节点。右击“Default Web Site”，在弹出的菜单中选择“管理网站”→“停止”，即可停止正在运行的默认网站。如图9-5所示。停止后默认网站的状态显示为“已停止”。

（2）准备Web网站内容

在C盘上创建文件夹“C:\web”作为网站的主目录，并在其文件夹中存放网页“index.htm”作为网站的首页，网站首页可以用记事本或Dreamweaver软件编写。

（3）创建Web网站

1）在“Internet信息服务（IIS）管理器”控制台树中，展开服务器节点，右击“网站”，在弹出的菜单中选择“添加网站”，打开“添加网站”对话框。在该对话框中可以指定网站名称、应用程序池、网站内容目录、传递身份验证、网站类型、IP地址、端口号、主机名以及是否启动网站。在此设置网站名称为“web”，物理路径为“C:\web”，类型为“http”，IP地

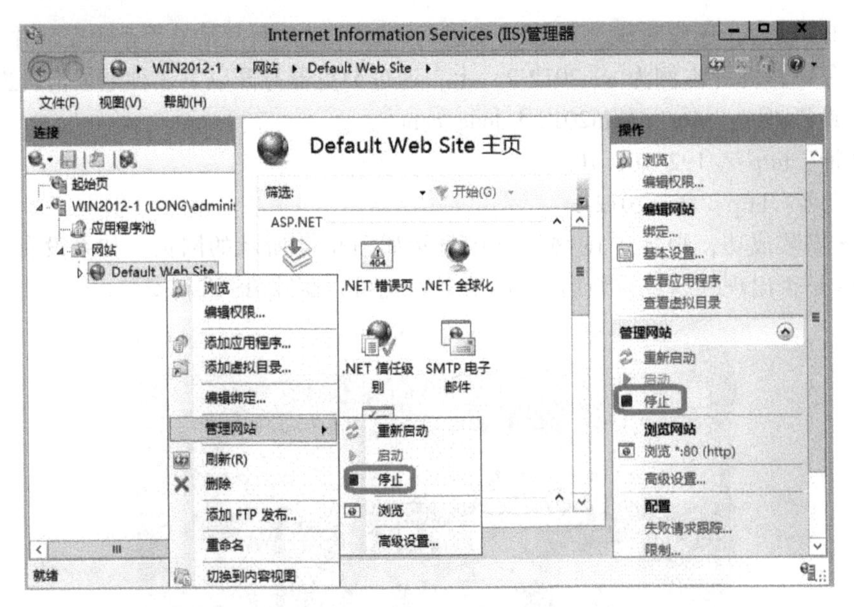

图 9-5 停止默认网站（Default Web Site）

址为“192.168.10.1”，默认端口号为“80”，如图 9-6 所示。单击“确定”按钮，完成 Web 网站的创建。

2）返回“Internet 信息服务（IIS）管理器”控制台，可以看到刚才所创建的网站已经启动。如图 9-7 所示。

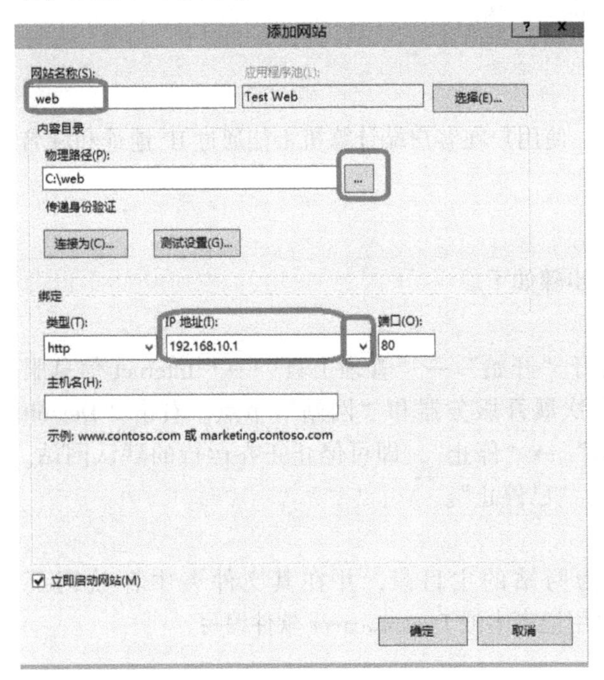

图 9-6 “添加网站”对话框

图 9-7 “Internet 信息服务（IIS）管理器”控制台

3）用户在客户端计算机 win2012-2 上，打开浏览器，输入“http://192.168.10.1”就可以访问刚才建立的网站了。

注意：在图 9-7 中，双击右侧视图中的“默认文档”，打开如图 9-8 所示的“默认文档”窗口。可以对默认文档进行添加、删除及更改顺序的操作。

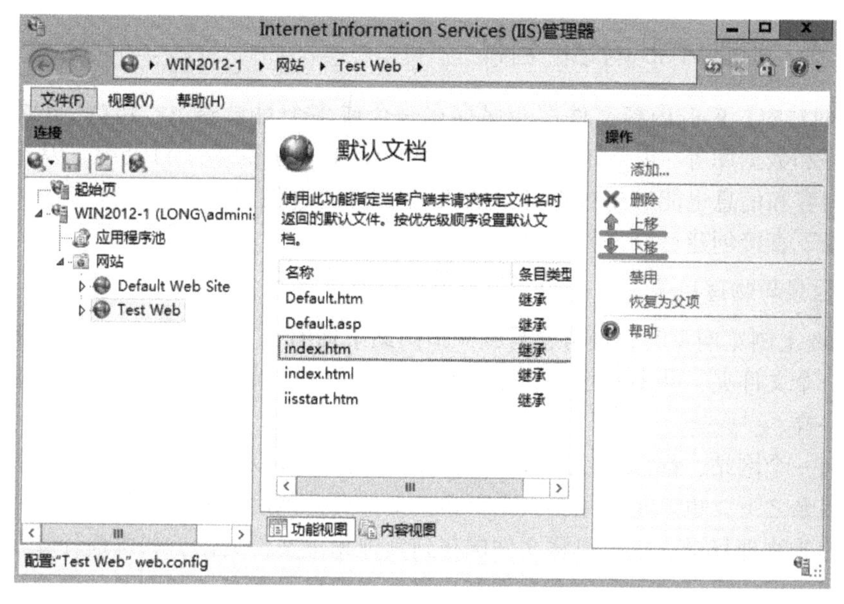

图 9-8 设置默认文档

所谓默认文档，是指在 Web 浏览器中输入 Web 网站的 IP 地址或域名即显示出来的 Web 页面，也就是通常所说的主页（HomePage）。IIS 8.0 默认文档的文件名有 5 种，分别为 Default. htm、Default. asp、index. htm、index. html 和 iisstar. htm。这也是一般网站中最常用的主页名。如果 Web 网站无法找到这 5 个文件中的任何一个，那么，将在 Web 浏览器上显示“该页无法显示”的提示。默认文档既可以是一个，也可以是多个。当设置多个默认文档时，IIS 将按照排列的前后顺序依次调用这些文档。当第 1 个文档存在时，将直接把它显示在用户的浏览器上，而不再调用后面的文档；当第 1 个文档不存在时，则将第 2 个文件显示给用户，以此类推。

思考与实践：由于本例首页文件名为“index. htm”，所以在客户端直接输入 IP 地址即可浏览网站。如果网站首页的文件名不在列出的 5 个默认文档中，该如何处理？请读者试着做一下。

2. 创建使用域名访问的 Web 网站

创建用域名 www. long. com 访问的 Web 网站，具体步骤如下。

1）在 win2012-1 上打开“DNS 管理器”控制台，依次展开服务器和“正向查找区域”节点，单击区域“long. com”。

2）创建别名记录。右击区域“long. com”，在弹出的菜单中选择“新建别名”，出现“新建资源记录”对话框。在“别名”文本框中输入“www”，在“目标主机的完全合格的域名（FQDN）”文本框中输入“win2012-1. long. com”。

3）单击“确定”按钮，别名创建完成。

4）用户在客户端计算机 win2012-2 上，打开浏览器，输入 http://www. long. com 就可以访问刚才建立的网站。

注意： 保证客户端计算机 win2012-2 的 DNS 服务器的地址是 192. 168. 10. 1。

任务 9-3 管理 Web 网站的目录

在 Web 网站中，Web 内容文件都会保存在一个或多个目录树下，包括 HTML 内容文件、Web 应用程序和数据库等，甚至有的会保存在多个计算机上的多个目录中。因此，为了使其他目录中的内容和信息也能够通过 Web 网站发布，可通过创建虚拟目录来实现。当然，也可以在物理目录下直接创建目录来管理内容。

1. 虚拟目录与物理目录

在 Internet 上浏览网页时，经常会看到一个网站下面有许多子目录，这就是虚拟目录。虚拟目录只是一个文件夹，并不一定包含于主目录内，但在浏览 Web 站点的用户看来，就像位于主目录中一样。

对于任何一个网站，都需要使用目录来保存文件，即可以将所有的网页及相关文件都存放到网站的主目录之下，也就是在主目录之下建立文件夹，然后将文件放到这些子文件夹内，这些文件夹也称为物理目录。也可以将文件保存到其他物理文件夹内，如本地计算机或其他计算机内，然后通过虚拟目录映射到这个文件夹，每个虚拟目录都有一个别名。虚拟目录的好处是在不需要改变别名的情况下，可以随时改变其对应的文件夹。

在 Web 网站中，默认发布主目录中的内容。但如果要发布其他物理目录中的内容，就需要创建虚拟目录。虚拟目录也就是网站的子目录，每个网站都可能会有多个子目录，不同的子目录内容不同，在磁盘中会用不同的文件夹来存放不同的文件。例如，使用 BBS 文件夹存放论坛程序，用 image 文件夹存放网站图片等。

2. 创建虚拟目录

在 www.long.com 对应的网站上创建一个名为 BBS 的虚拟目录，其路径为本地磁盘中的“C:\MY_BBS”文件夹，该文件夹下有个文档 index.htm。具体创建过程如下。

1）以域管理员身份登录 win2012-1。在 IIS 管理器中，展开左侧的“网站”目录树，选择要创建虚拟目录的网站“web”，右击鼠标，在弹出的快捷菜单中选择“添加虚拟目录”选项，显示虚拟目录创建向导。利用该向导便可为该虚拟网站创建不同的虚拟目录。

2）在“别名”文本框中设置该虚拟目录的别名，本例为“bbs”，用户用该别名来连接虚拟目录。该别名必须唯一，不能与其他网站或虚拟目录重名。在“物理路径”文本框中输入该虚拟目录的文件夹路径，或单击“浏览”按钮进行选择，本例为“C:\MY_BBS”。这里既可使用本地计算机上的路径，也可以使用网络中的文件夹路径。设置完成如图 9-9 所示。

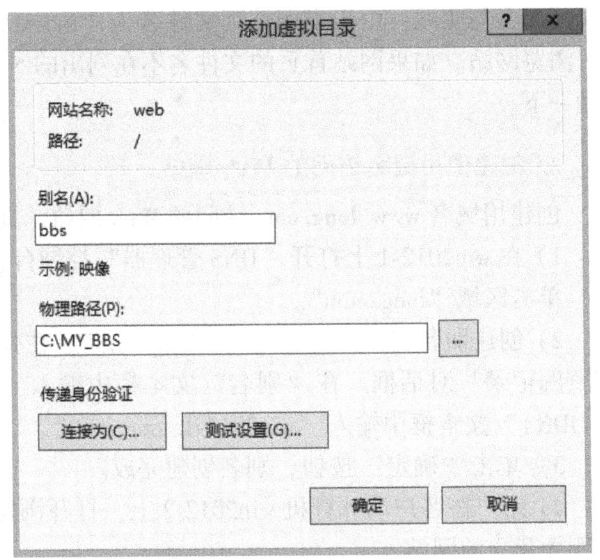

图 9-9 添加虚拟目录

3）用户在客户端计算机 win2012-2 上打开浏览器，输入“http://www.long.com/bbs”就可以访问“C:\MY_BBS”里的默认网站了。

任务 9-4　架设多个 Web 网站

Web 服务的实现采用客户端/服务器模型，信息提供者称为服务器，信息的需要者或获取者称为客户端。作为服务器的计算机中安装有 Web 服务器端程序（如 Netscape iPlanet Web Server、Microsoft Internet Information Server 等），并且保存有大量的公用信息，随时等待用户的访问。作为客户的计算机中则安装 Web 客户端程序，即 Web 浏览器，可通过局域网络或 Internet 从 Web 服务器中浏览或获取信息。

使用 IIS 8.0 可以很方便地架设 Web 网站。虽然在安装 IIS 时系统已经建立了一个现成的默认 Web 网站，直接将网站内容放到其主目录或虚拟目录中即可直接浏览，但最好还是要重新设置，以保证网站的安全。如果需要，还可在一台服务器上建立多个虚拟主机，以实现多个 Web 网站。这样可以节约硬件资源，节省空间，降低能源成本。

使用 IIS 8.0 的虚拟主机技术，通过分配 TCP 端口、IP 地址和主机头名，可以在一台服务器上建立多个虚拟 Web 网站。每个网站都具有唯一的，由端口号、IP 地址和主机头名 3 部分组成的网站标识，用来接收来自客户端的请求。不同的 Web 网站可以提供不同的 Web 服务，而且每一个虚拟主机和一台独立的主机完全一样。这种方式适用于企业或组织需要创建多个网站的情况，可以节省成本。

不过，这种虚拟技术将一个物理主机分割成多个逻辑上的虚拟主机使用，虽然能够节省经费，对于访问量较小的网站来说比较经济实惠，但由于这些虚拟主机共享这台服务器的硬件资源和带宽，在访问量较大时就容易出现资源不够用的情况。

架设多个 Web 网站可以通过以下 3 种方式。

- 使用不同端口号架设多个 Web 网站。
- 使用不同主机头架设多个 Web 网站。
- 使用不同 IP 地址架设多个 Web 网站。

在创建一个 Web 网站时，要根据企业本身现有的条件，如投资的多少、IP 地址的多少、网站性能的要求等，选择不同的虚拟主机技术。

1. 使用不同端口号架设多个 Web 网站

如今 IP 地址资源越来越紧张，有时需要在 Web 服务器上架设多个网站，但计算机却只有一个 IP 地址，这时该怎么办呢？此时，利用这一个 IP 地址，使用不同的端口号也可以达到架设多个网站的目的。

其实，用户访问所有的网站都需要使用相应的 TCP 端口。不过，Web 服务器默认的 TCP 端口为 80，在用户访问时不需要输入。但如果网站的 TCP 端口不为 80，在输入网址时就必须添加上端口号，而且用户在上网时也会经常遇到必须使用端口号才能访问网站的情况。利用 Web 服务的这个特点，可以架设多个网站，每个网站均使用不同的端口号。这种方式创建的网站，其域名或 IP 地址部分完全相同，仅端口号不同。只是用户在使用网址访问时，必须添加相应的端口号。

在同一台 Web 服务器上使用同一个 IP 地址、两个不同的端口号（80、8080）创建两个网站，具体步骤如下。

（1）新建第2个Web网站

1）以域管理员账户登录到Web服务器win2012-1上。

2）在“Internet信息服务（IIS）管理器”控制台中，创建第2个Web网站，网站名称为“web2”，内容目录物理路径为“C:\web2”，IP地址为“192.168.10.1”，端口号是“8080”。如图9-10所示。

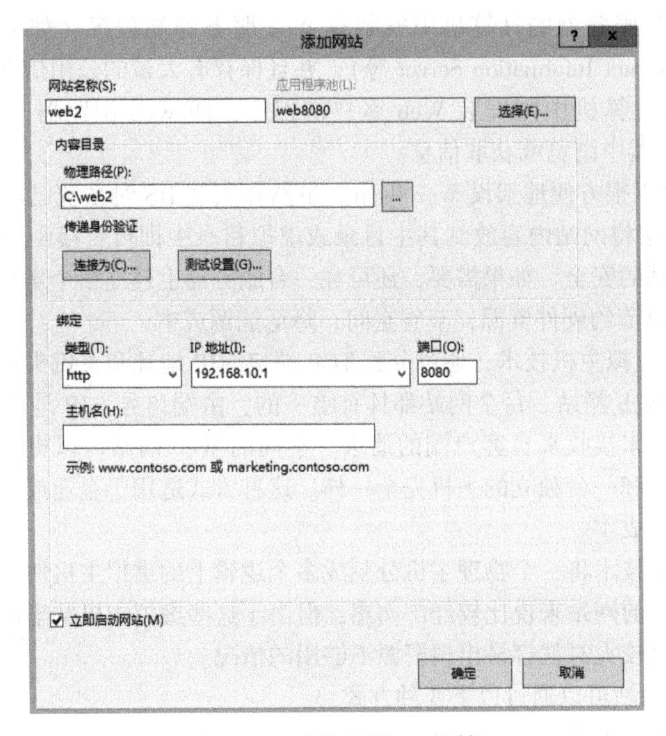

图9-10　“添加网站”对话框

（2）在客户端上访问两个网站

在win2012-2上，打开IE浏览器，分别输入http://192.168.10.1和http://192.168.10.1:8080，这时会发现打开了两个不同的网站“web”和“web2”。

提示： 如果在访问Web2时出现不能访问的情况，请检查防火墙，最好将全部防火墙（包括域的防火墙）关闭。后面类似问题不再说明。

2. 使用不同的主机头名架设多个Web网站

使用www.long.com访问第1个Web网站，使用www1.long.com访问第2个Web网站。具体步骤如下。

（1）在区域“long.com”上创建别名记录

1）以域管理员账户登录到Web服务器win2012-1上。

2）打开“DNS管理器”控制台，依次展开服务器和“正向查找区域”节点，单击区域“long.com”。

3）创建别名记录。右击区域“long. com”，在弹出的菜单中选择“新建别名”，出现“新建资源记录”对话框。在“别名”文本框中输入“www1”，在“目标主机的完全合格的域名（FQDN）”文本框中输入“win2012-1.long.com”。

4）单击“确定”按钮，别名创建完成。如图 9-11 所示。

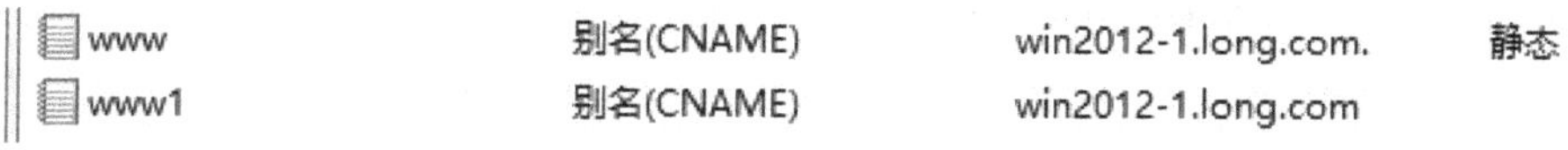

www	别名(CNAME)	win2012-1.long.com.	静态
www1	别名(CNAME)	win2012-1.long.com	

图 9-11　DNS 配置结果

（2）设置 Web 网站的主机名

1）以域管理员账户登录 Web 服务器，打开第 1 个 Web 网站“web”的“编辑网站绑定”对话框，选中“192. 168. 10. 1”地址行，单击“编辑”按钮，在“主机名”文本框中输入“www. long. com”，端口为“80”，IP 地址为“192. 168. 10. 1”。如图 9-12 所示。最后单击“确定”按钮即可。

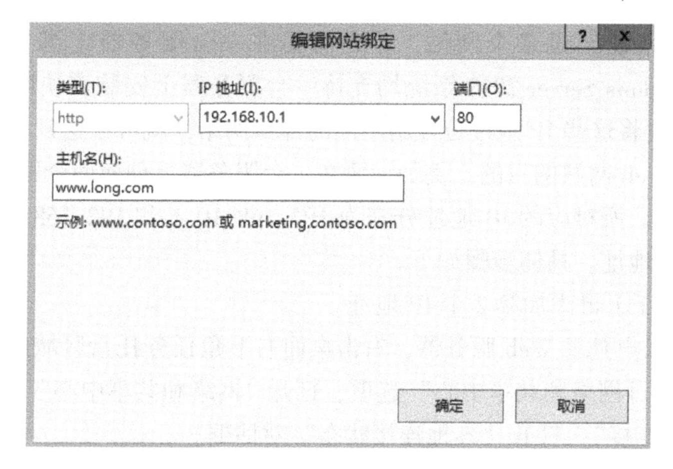

图 9-12　设置第 1 个 Web 网站的主机名

2）打开第 2 个 Web 网站“web2”的“编辑网站绑定”对话框，选中“192. 168. 10. 1”地址行，单击“编辑”按钮，在“主机名”文本框中输入 www1. long. com，端口改为“80”，IP 地址为“192. 168. 10. 1”。如图 9-13 所示。最后单击“确定”按钮即可。

图 9-13　设置第 2 个 Web 网站的主机名

（3）在客户端上访问两个网站

在win2012-2上，保证DNS首要地址是192.168.10.1。打开IE浏览器，分别输入http://www.long.com和http://www1.long.com，这时会发现打开了两个不同的网站“web”和“web2”。

3. 使用不同的IP地址架设多个Web网站

如果要在一台Web服务器上创建多个网站，为了使每个网站域名都能对应于独立的IP地址，一般都使用多个IP地址来实现。这种方案称为IP虚拟主机技术，也是比较传统的解决方案。当然，为了使用户在浏览器中可使用不同的域名来访问不同的Web网站，必须将主机名及其对应的IP地址添加到域名解析系统（DNS）。如果使用此方法在Internet上维护多个网站，也需要通过InterNIC注册域名。

要使用多个IP地址架设多个网站，首先需要在一台服务器上绑定多个IP地址。而Windows 2008及Windows Server 2012系统均支持一台服务器上安装多块网卡，一张网卡可以绑定多个IP地址。再将这些IP地址分配给不同的虚拟网站，就可以达到一台服务器利用多个IP地址来架设多个Web网站的目的。例如，要在一台服务器上创建两个网站：Linux.long.com和Windows.long.com，所对应的IP地址分别为192.168.10.1和192.168.10.20，需要在服务器网卡中添加这两个地址。具体步骤如下。

（1）在win2012-1上再添加第2个IP地址

1）以域管理员账户登录Web服务器，右击桌面右下角任务托盘区域的网络连接图标，选择快捷菜单中的“打开网络和共享中心”选项，打开“网络和共享中心”窗口。

2）单击“本地连接”，打开“本地连接状态”对话框。

3）单击“属性”按钮，显示“本地连接属性”对话框。Windows Server 2012中包含IPv6和IPv4两个版本的Internet协议，并且默认都已启用。

4）在“此连接使用下列项目”选项框中选择“Internet协议版本4（TCP/IP）”，单击“属性”按钮，显示“Internet协议版本4（TCP/IPv4）属性”对话框。单击“高级”按钮，打开“高级TCP/IP设置”对话框。如图9-14所示。

5）单击“添加”按钮，出现“TCP/IP”对话框，在该对话框中输入IP地址“192.168.10.20”，子网掩码为“255.255.255.0”。单击“确定”按钮，完成设置。

（2）更改第2个网站的IP地址和端口号

以域管理员账户登录Web服务器，打开第2个Web网站“web2”的“编辑网站绑定”对话框，选中“192.168.10.1”地址行，单击“编辑”按钮，在“主机名”文本框中不输入内容（清空原有内容），端口为“80”，IP地址为“192.168.10.20”。如图9-15所示。最后单击“确定”按钮即可。

（3）在客户端上进行测试

在win2012-2上，打开浏览器，分别输入“http://192.168.10.1”和“http://192.168.10.20”，这时会发现打开了两个不同的网站“web”和“web2”。

图 9-14　“高级 TCP/IP 设置”对话框

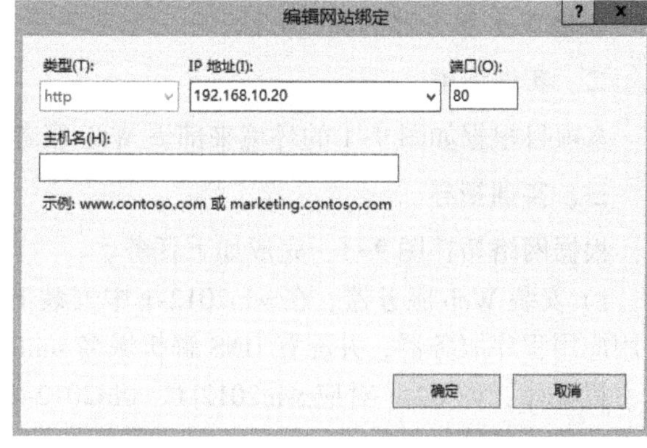

图 9-15　“编辑网站绑定”对话框

9.6 练习题

一、填空题

1. 组建宿舍局域网常用的拓扑结构包括________和________。

2. 常用的5类双绞线的有效传输距离为________ m，宿舍之间的距离超过该距离后，则需要使用________来进行连接。

3. 宽带路由器作为一种网间连接设备，其主要作用为________、________。

4. 在宿舍局域网中，需要为每台计算机提供唯一的________才能互相访问。

5. 微软 Windows Server 家族的 Internet Information Server（IIS，Internet 信息服务）在________、________或________上提供了集成、可靠、可伸缩、安全和可管理的 Web 服务器功能，为动态网络应用程序创建强大的通信平台。

6. Web 中的目录分为两种类型：物理目录和________。

二、判断题

1. 若 Web 网站中的信息非常敏感，为防中途被人截获，就可采用 SSL 加密方式。（　　）

2. IIS 提供了基本服务，包括发布信息、传输文件、支持用户通信和更新这些服务所依赖的数据存储。（　　）

3. 虚拟目录是一个文件夹，一定包含于主目录内。（　　）

三、简答题

1. 简述架设多个 Web 网站的方法。

2. 什么是虚拟主机？

3. 为什么组建宿舍局域网时大多采用星形拓扑结构？
4. 宽带路由器如何与 ADSL Modem 连接？
5. 通过何种方式可以将邻近的多个宿舍局域网连接起来？

9.7 项目实训9 配置与管理 Web 服务器

一、实训目的

掌握 Web 服务器的配置方法。

二、实训要求

本项目根据如图 9-1 的环境来部署 Web 服务器。

三、实训指导

根据网络拓扑图 9-1，完成如下任务。

1）安装 Web 服务器。在 win2012-1 中安装 IIS8.0 与 DNS 服务，启用应用程序服务器，并配置 DNS 解析域名 smile.com，然后分别新建主机 www、www2（对应 win2012-1、win2012-2 两台计算机）。对 win2012-1 设置别名 www1。

9.7 配置与管理 Web 和 FTP 服务器

2）在 win2012-1 的 IIS 控制台中设置默认网站 www.smile.com，修改网站的相关属性，包括默认文件、主目录、访问权限等，然后创建一个本机的虚拟目录（www1.smile.com）和一个非本机的网站（www2.smile.com），使用默认主页（default.htm）和默认脚本程序（default.asp）发布到新建站点或虚拟目录的主目录下。

3）在 win2012-1 上创建并测试使用 IP 地址 192.168.10.1 和域名 www.smile.com 的简单网站。

4）管理 Web 网站目录。在 win2012-1 上创建虚拟目录 BBS，测试 http://www.smile.com/bbs 是否成功。

5）管理 Web 网站的安全并测试。访问 www.smile.com 时采用 Windows 域服务器的摘要式身份验证方法，禁止 IP 地址为 192.168.10.3 的主机和 172.16.0.0/24 网络访问 www1.smile.com，实现远程管理该网站。

6）架设多个 Web 网站并测试。根据本章所讲的相关内容，在 win2012-1 上分别创建基于端口、基于 IP 地址和基于主机头名的多个 Web 网站，并进行测试。

项目 10 组建网吧局域网

10.1 项目导入

网吧是对外提供网络服务的营业场所，相对于家庭局域网与宿舍局域网来说，网吧局域网的计算机数量明显增多，其组建方法也略有不同。

网吧局域网的 Internet 接入方式是非常重要的。在接入方式方面主要从两方面来考虑：接入速度，以及接入和使用费用。

综合各种考虑，在本次项目中我们采用 NAT 方式接入 Internet。

10.2 职业能力目标和要求

◇ 了解网吧局域网的接入方式。
◇ 掌握网吧网络硬件设备与组建方案。
◇ 安装与配置网吧局域网。
◇ 使用 NAT 接入 Internet。
◇ 安装与设置“美萍网管大师”。
◇ 安装与设置“美萍安全卫士”。

10.3 相关知识

10.3.1 网吧局域网规划

在组建网吧局域网前，首先应对整个网络进行合理规划。在规划网吧时，应注意以下几点。

- 稳定性：包括计算机系统的稳定性、网络的稳定性、游戏的稳定性等。如果网吧不稳定，经常会出现死机、网络连接不上等现象，就有可能失去客户。因此，网吧局域网中的关键设备都应选择具备良好稳定性和大负荷工作能力的产品。
- 高效性：网吧属于网络节点比较集中的网络，因此，网吧的数据流量一般比较大。在设计网吧时，应优先保证数据传输的高速性和低延时性。
- 可扩展性：计算机硬件更新迅速，各类游戏、软件对硬件性能的要求也越来越高。为了能始终满足客户的需要，需要定期更新网吧硬件。因此，在组建网吧前就应考虑到其可扩展性。

10.3.2 接入 Internet 的方式

要开网吧，首先要了解当地 Internet 接入服务商的政策和收费标准。用户可以拨打当地

Internet 接入服务商的客服电话来咨询具体价格。特别应关注其提供的上网方式、出口速率、收费标准、服务和技术培训及付费方便性等方面。

目前网吧常用的接入方式是 ADSL 接入方式和光纤接入方式。由于 ADSL 技术的限制，采用 ADSL 接入 Internet 时最高只能享有 8 Mbit/s 的带宽，这对于拥有上百台计算机的网吧来说，明显不够用，会影响客户的上网速度。

如果网吧速度不是很快，会留不住来过的客户。在条件允许的情况下，最好是采用光纤接入方式，为客户提供最稳定和快速的上网体验。光纤接入是指接入网中的传输介质是光纤，这种接入方式特点在于：网络数据传输速率极高，传输距离远，抗干扰性强，具有非常好的稳定性。因此，现在许多网吧都采用了光纤接入的方式。

10.3.3 选择网络结构与硬件设备

星形拓扑结构是组建网吧的最理想选择。采用星形网络，就是通过集线器将每台计算机连接起来，然后所有的集线器通过交换机接到 Internet。

根据选择的组网方式，需要采购的硬件有网线、水晶头、集线器（或交换机）、相应数量的网卡。注意，由于网吧的计算机较多，因此选择网线时应该选择一些较好的网线，最好使用名牌的超 5 类网线。另外，集线器（或交换机）和网卡的选购也很重要，尽量选择一些质量较好的产品。

10.3.4 网吧组建方案

目前市场上网络产品层出不穷，网吧组建方案也是五花八门。根据网吧业主的需求不同，表 10-1 给出小、中、大 3 种网吧组建方案。网吧业主可以参考给出的方案来设计适合自己网吧的组建方案。

表 10-1 网吧组建方案表

组建方案	骨干设备	建议用户数（台）
小型网吧	采用 ASUS GX1108 全千兆网络担当小骨干，负责服务器的千兆连接和接入交换机的连接，支持最多为 7×47=329 个用户 全网采用高性价比无阻塞非网管交换设备，其中 ASUS GX1048 提供高密度端口的桌面 100 连接	<200
中型网吧	全面采用智能型设备作桌面接入，使用 ASUS ACNM 软件统一集中管理 由于桌面设备的全面管控，并且可以设定带宽限制等功能，保证每一个桌面交换的正常运行，所以选择 16 口千兆 ASUS GX1116，单台支持 14×23=322 个用户，两台 GX1116 支持 644 个用户	<500
大型网吧	全部采用二三层全网管型设备，提供全网的 VLAN 划分和线速的三层转发。保证蠕虫病毒大规模广播信息只局限在 VLAN 范围内，不会影响整个网络的正常运行 接入层设备可采用高端口密度交换机 ASUS GX2048 或者可堆叠交换 GX2024SX，ANWM 全图形化管理为用户带来最方便快捷的管理模式 采用 RX3042H 高性能路由，双 WAN 接口可以使用双路的 WAN 接入保证线路备份或带宽分担 全网实现 QoS，用户可以实现不用类型用户的分区管理，例如游戏服务区、影视服务区、网络聊天服务区等	1000 台左右

10.3.5 网吧局域网布线

在开始网络布线之前，首先要画一张施工简图，确认每台计算机的摆放方式和地点，然后在图上标明节点位置。根据节点的分布确定网络集线器的摆放地点。

接下来要做的就是网络相连，把为每台计算机准备的网线的一端插入计算机后面的网卡上，把另一端插入集线器中。一定要按照计算机的编号顺序依次插入，即 1 号机插集线器的第 1 个 RJ-45 插槽，2 号机插集线器的第 2 个 RJ-45 插槽，依此类推。建议在网线的两端都标上标签，这样就比较容易找到对应的计算机，线路比较清楚，易于维护。

所有的网络线都连接好以后，给集线器通上电源，并打开所有的计算机。等到每台计算机都正常启动完毕之后，观察集线器上的指示灯，检查是否出错。当所有的指示灯都亮起来，就说明网络是连通的。

10.4 项目设计与准备

目前，网吧局域网有两种类型：无盘工作站网吧与有盘工作站网吧。无盘工作站虽可节省一定的经费，但由于其技术比较复杂且需要一个高性能的服务器，因此，有盘工作站成为组建网吧的主流。

1. 基本网络结构

根据网络规模，有盘工作站网吧一般采用总线型、星形或树形拓扑结构。总线型是早期网吧组建使用的拓扑结构，一般应用于较小型的网吧；星形拓扑结构应用于小型网吧中，通过网络集线器将每台计算机连接起来，然后所有的集线器通过交换机连接到 Internet 上；树形结构应用于中、大型网吧，网络节点根据位置连接到一台交换机上，然后通过交换机级联实现交换机的连接。如图 10-1 所示。

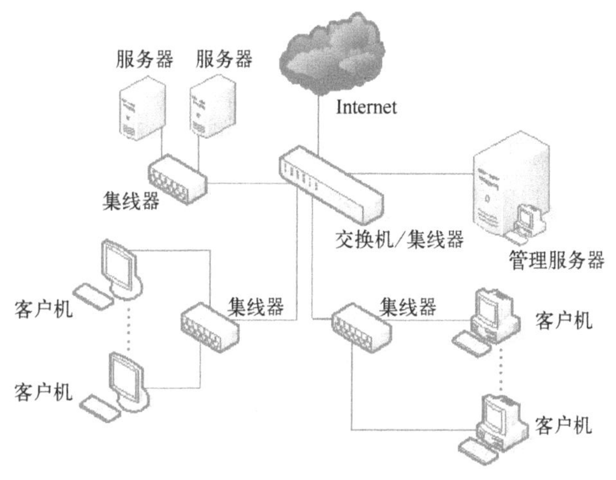

图 10-1 网吧局域网基本网络结构图

2. 安装和配置工作站

有盘工作站一般都采用对等式网络结构，所以网络中的服务器与工作站可以选用相同档次的计算机。当然，选用专用服务器更好。操作系统可选用 Windows 7/10 Professional 等。安装和配置有盘工作站的步骤如下。

1）安装有盘工作站网卡，一般为10/100 Mbit/s自适应，然后，使用直通双绞线将网卡与交换机连接起来。

2）添加网络协议、设置IP地址和子网掩码并测试网络的连通性。

3）设置NAT方式接入Internet。

4）安装应用软件。网吧安装的常用应用软件主要有以下几个方面。

- 办公软件：Microsoft Office、WPS等。
- 网络聊天工具：腾讯QQ、MSN等。
- FTP工具：CuteFTP、LeapFTP等。
- 下载工具：FlashGet、迅雷等。
- 播放工具：Media Player Classic、RealPlayer等。
- 字典或翻译工具：金山词霸等。

5）安装防病毒软件。

6）安装网吧管理软件。

下面我们将利用NAT实现接入Internet的目的。

10.5 项目实施

任务10-1 认识NAT的工作过程

网络地址转换（Network Address Translator，NAT）位于使用专用地址的Intranet和使用公用地址的Internet之间。从Intranet传出的数据包由NAT将它们的专用地址转换为公用地址；从Internet传入的数据包由NAT将它们的公用地址转换为专用地址。这样在内网中计算机使用未注册的专用IP地址，而在与外部网络通信时使用注册的公用IP地址，大大降低了连接成本。同时NAT也起到将内部网络隐藏起来，保护内部网络的作用，因为对外部用户来说只有使用公用IP地址的NAT是可见的。

NAT地址转换协议的工作过程主要有以下4个步骤。

1）客户端计算机将数据包发给运行NAT的计算机。

2）NAT将数据包中的端口号和专用的IP地址换成它自己的端口号和公用的IP地址，然后将数据包发给外部网络的目的主机，同时记录一个跟踪信息在映像表中，以便向客户端计算机发送回答信息。

3）外部网络发送回答信息给NAT。

4）NAT将所收到的数据包的端口号和公用IP地址转换为客户端计算机的端口号和内部网络使用的专用IP地址并转发给客户端计算机。

以上步骤对于网络内部的主机和网络外部的主机都是透明的，对它们来讲就如同直接通信一样。如图10-2所示。担当NAT的计算机有两块网卡，两个IP地址。IP1为192.168.0.1，IP2为202.162.4.1。

下面举例来说明。

1）192.168.0.2用户使用Web浏览器连接到位于202.202.163.1的Web服务器，则用户计算机将创建带有下列信息的IP数据包。

- 目标IP地址：202.202.163.1
- 源IP地址：192.168.0.2

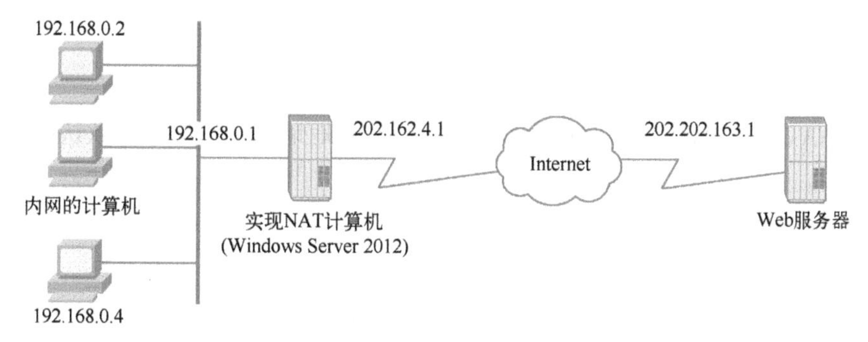

图 10-2　NAT 的工作过程

- 目标端口：TCP 端口 80
- 源端口：TCP 端口 1350

2）IP 数据包转发到运行 NAT 的计算机上，它将传出的数据包地址转换成下面的形式，用自己的 IP 地址新打包后转发。

- 目标 IP 地址：202. 202. 163. 1
- 源 IP 地址：202. 162. 4. 1
- 目标端口：TCP 端口 80
- 源端口：TCP 端口 2500

3）NAT 协议在表中保留了{192. 168. 0. 2,TCP 1350}到{202. 162. 4. 1,TCP 2500}的映射，以便回传。

4）转发的 IP 数据包是通过 Internet 发送的。Web 服务器响应通过 NAT 协议发回和接收。当接收时，数据包包含下面的公用地址信息。

- 目标 IP 地址：202. 162. 4. 1
- 源 IP 地址：202. 202. 163. 1
- 目标端口：TCP 端口 2500
- 源端口：TCP 端口 80

5）NAT 协议检查转换表，将公用地址映射到专用地址，并将数据包转发给位于 192. 168. 0. 2 的计算机。转发的数据包包含以下地址信息。

- 目标 IP 地址：192. 168. 0. 2
- 源 IP 地址：202. 202. 163. 1
- 目标端口：TCP 端口 1350
- 源端口：TCP 端口 80

说明：对于来自 NAT 协议的传出数据包，源 IP 地址（专用地址）被映射到 ISP 分配的地址（公用地址），并且 TCP/IP 端口号也会被映射到不同的 TCP/IP 端口号。对于到 NAT 协议的传入数据包，目标 IP 地址（公用地址）被映射到源 IP 地址（专用地址），并且 TCP/IP 端口号被重新映射回源 TCP/IP 端口号。

任务 10-2　部署架设 NAT 服务器的需求和环境

在架设 NAT 服务器之前，读者需要了解 NAT 服务器配置实例部署的需求和实训环境。

1. 部署需求

在部署 NAT 服务前需满足以下要求：

1）设置 NAT 服务器的 TCP/IP 属性，手动指定 IP 地址、子网掩码、默认网关和 DNS 服务器 IP 地址等。

2）部署域环境，域名为 long. com。

2. 部署环境

在如图 10-3 所示的网络环境下，NAT 服务器主机名为 win2012-1，该服务器连接内部局域网网卡（LAN）的 IP 地址为 192. 168. 10. 1/24，连接外部网络网卡（WAN）的 IP 地址为 200. 1. 1. 1/24；NAT 客户端主机名为 win2012-2，其 IP 地址为 192. 168. 10. 2/24；内部 Web 服务器主机名为 Server1，IP 地址为 192. 168. 10. 4/24；Internet 上的 Web 服务器主机名为 win2012-3，IP 地址为 200. 1. 1. 3/24。

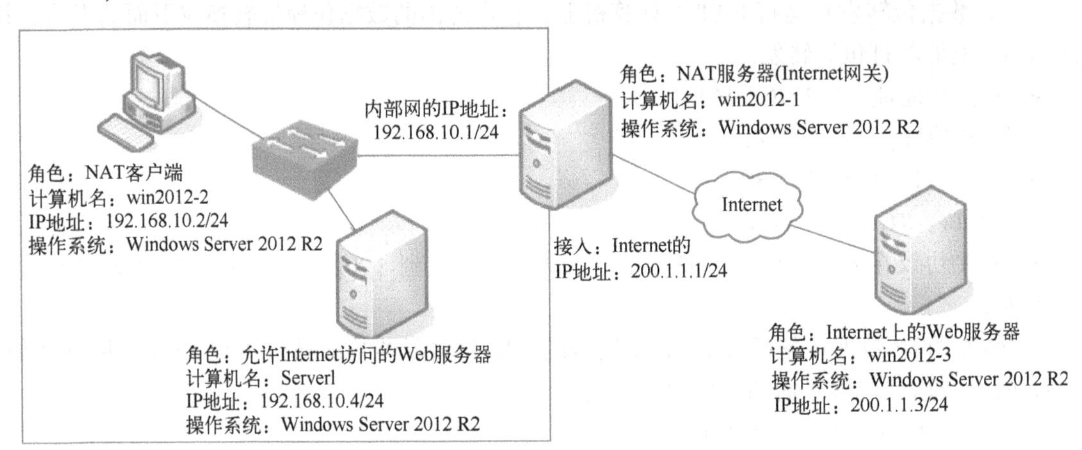

图 10-3 架设 NAT 服务器网络拓扑图

win2012-1、win2012-2、win2012-3、Server1 可以是 Hyper-V 服务器的虚拟机，网络连接方式采用“内部虚拟交换机”。也可以是 VMWare 的虚拟机，使用 VMnet1。

任务 10-3 配置并启用 NAT 服务

首先按照图 10-3 所示的网络拓扑图配置各计算机的 IP 地址等参数。然后在计算机 win2012-1 上通过“服务器管理器”安装“路由和远程访问服务”角色服务。

在计算机“win2012-1”上通过“路由和远程访问”控制台配置并启用 NAT 服务，具体步骤如下。

1. 打开“路由和远程访问服务器安装向导”页面

以管理员账户登录到需要添加 NAT 服务的计算机 win2012-1 上，单击“开始”→“管理工具”→“路由和远程访问”，打开“路由和远程访问”控制台。右击服务器 win2012-1，在弹出菜单中选择“禁用路由和远程访问”（清除 VPN 实验的影响）。

2. 选择网络地址转换（NAT）

右击服务器 win2012-1，在弹出菜单中选择“配置并启用路由和远程访问”，打开“路由和远程访问服务器安装向导”页面单击“下一步”按钮，出现“配置”对话框，在该对话框中可以配置 NAT、VPN 以及路由服务，在此选择“网络地址转换（NAT）”单选框。如图 10-4 所示。

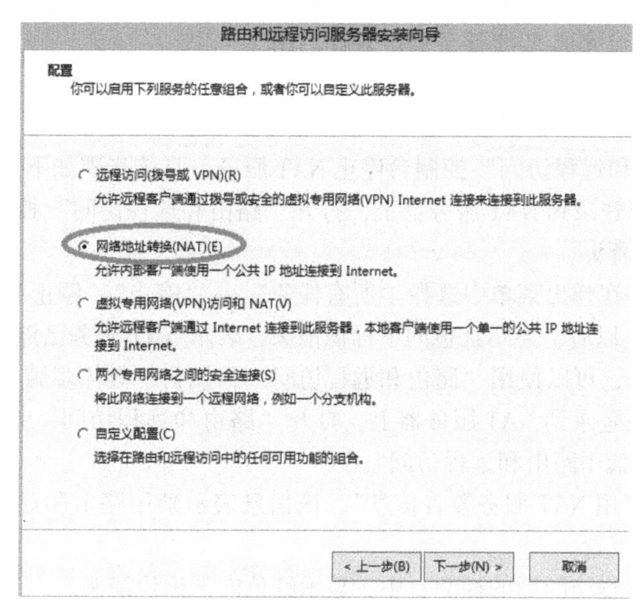

图 10-4　选择网络地址转换（NAT）

3. 选择连接到 Internet 的网络接口

单击“下一步”按钮，出现“NAT Internet 连接”对话框，在该对话框中指定连接到 Internet 的网络接口，即 NAT 服务器连接到外部网络的网卡，选择“使用此公共接口连接到 Internet”单选框，并选择接口为“Internet 连接”。如图 10-5 所示。

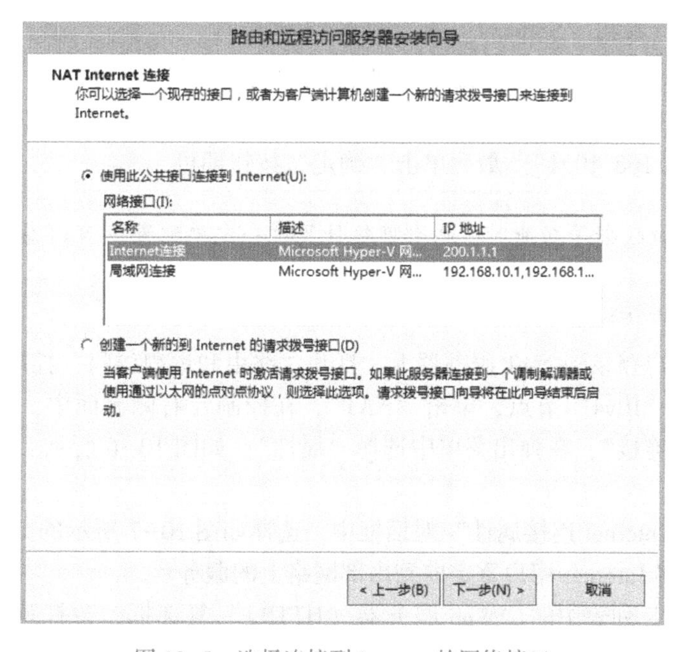

图 10-5　选择连接到 Internet 的网络接口

4. 结束NAT配置

单击“下一步”按钮，出现“正在完成路由和远程访问服务器安装向导”对话框，最后单击“完成”按钮即可完成NAT服务的配置和启用。

任务10-4 停止和禁用NAT服务

可以使用“路由和远程访问”控制台停止NAT服务，具体步骤如下。

1）以管理员账户登录到NAT服务器上，打开“路由和远程访问”控制台，NAT服务启用后显示绿色向上标识箭头。

2）右击服务器，在弹出菜单中选择“所有任务”→“停止”，停止NAT服务。

3）NAT服务停止以后，显示红色向下标识箭头，表示NAT服务已停止。

要禁用NAT服务，可以使用“路由和远程访问”控制台，具体步骤如下。

1）以管理员账户登录到NAT服务器上，打开“路由和远程访问”控制台，右击服务器，在弹出菜单中选择“禁用路由和远程访问”。

2）接着弹出“禁用NAT服务警告信息”。该信息表示禁用路由和远程访问服务后，要重启路由器，需要重新配置。

3）禁用路由和远程访问后的控制台中，显示红色向下标识箭头。

任务10-5 外部网络主机访问内部Web服务器

要让外部网络的计算机“win2012-3”能够访问内部Web服务器“Server1”，具体步骤如下。

1. 在内部网络计算机“Server1”上安装Web服务器

如何在Server1上安装Web服务器，请参考“任务9-1 安装Web服务器（IIS）角色”。

2. 将内部网络计算机“Server1”配置成NAT客户端

以管理员账户登录NAT客户端计算机Server1上，打开“Internet协议版本4（TCP/IPv4）”对话框。设置其“默认网关”的IP地址为NAT服务器的内网网卡（LAN）的IP地址，在此输入“192.168.10.1”。最后单击“确定”按钮即可。

注意： 使用端口映射等功能时，内部网络计算机一定要配置成NAT客户端。

3. 设置端口地址转换

1）以管理员账户登录到NAT服务器上，打开“路由和远程访问”控制台，依次展开服务器“win2012-1”和“IPv4”节点，单击“NAT”，在控制台右侧界面中，右击NAT服务器的外网网卡“Internet连接”，在弹出菜单中选择“属性”。如图10-6所示。打开“Internet连接属性”对话框。

2）在打开的“Internet连接属性”对话框中，选择如图10-7所示的“服务和端口”选项卡，在此可以设置将Internet用户重定向到内部网络上的服务。

3）选择“服务”列表中的“Web服务器（HTTP）”复选框，会打开“编辑服务”对话框，在“专用地址”文本框中输入安装Web服务器的内部网络计算机IP地址，在此输入“192.168.10.4”。如图10-8所示。最后单击“确定”按钮即可。

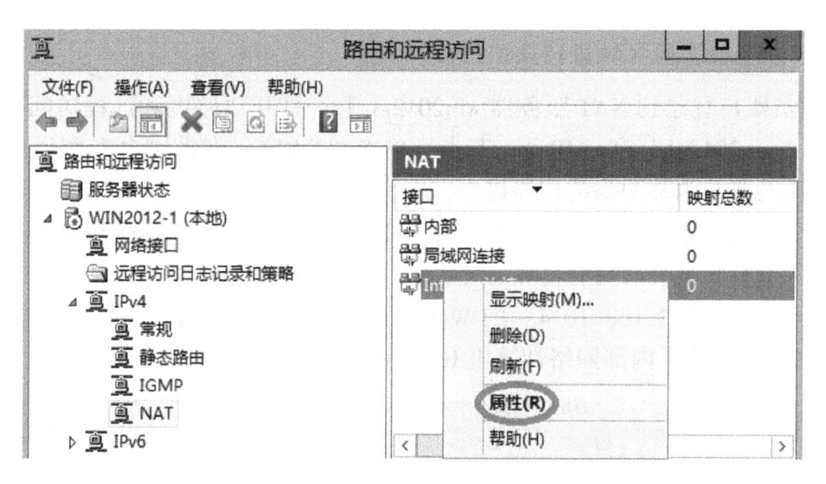

图 10-6　打开 WAN 网卡属性对话框

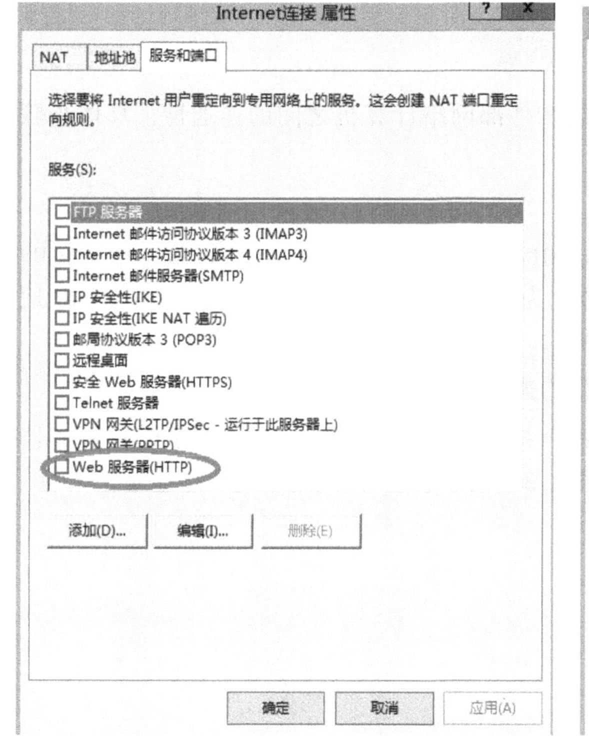

图 10-7　“服务和端口”选项卡

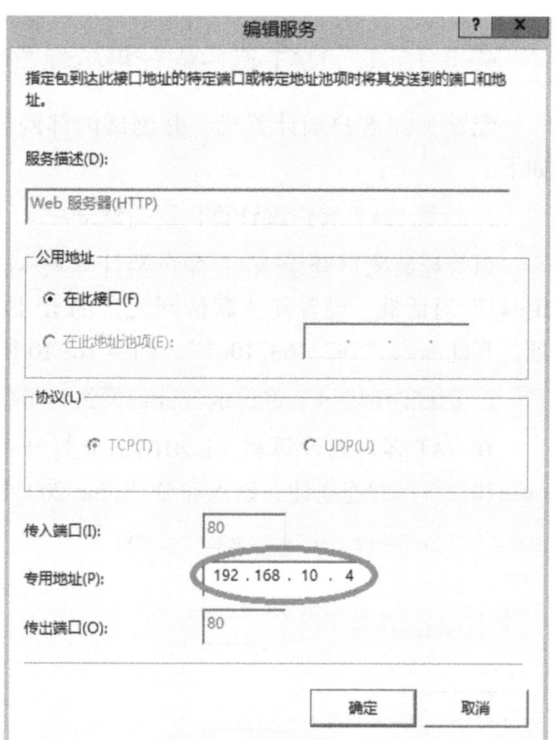

图 10-8　“编辑服务”对话框

4）返回“服务和端口”选项卡，可以看到已经选择了“Web 服务器（HTTP）”复选框，然后单击“确定”按钮可完成端口地址转换的设置。

4. 从外部网络访问内部 Web 服务器

1）以管理员账户登录到外部网络的计算机 win2012-3 上。

2）打开 IE 浏览器，输入 http://200.1.1.1，会打开内部计算机 Server1 上的 Web 网站。请读者试一试。

注意：“200.1.1.1”是 NAT 服务器外部网卡的 IP 地址。

5. 在 NAT 服务器上查看地址转换信息

1）以管理员账户登录到 NAT 服务器 win2012-1 上，打开“路由和远程访问”控制台，依次展开服务器“win2012-1”和“IPv4”节点，单击“NAT”，在控制台右侧界面中显示 NAT 服务器正在使用的连接内部网络的网络接口。

2）右击“Internet 连接”，在弹出的菜单中选择“显示映射”，打开如图 10-9 所示的“win2012-1-网络地址转换会话映射表格”对话框。该信息表示外部网络计算机“200.1.1.3”访问到内部网络计算机“192.168.10.4”的 Web 服务，NAT 服务器将 NAT 服务器外网卡 IP 地址“200.1.1.1”转换成了内部网络计算机 IP 地址“192.168.10.4”。

WIN2012-1 - 网络地址转换会话映射表格

协议	方向	专用地址	专用端口	公用地址	公用端口	远程地址	远程端口	空闲时间
TCP	入站	192.168.10.4	80	200.1.1.1	80	200.1.1.3	49,362	20

图 10-9 网络地址转换会话映射表格

任务 10-6 NAT 客户端计算机配置和测试

配置 NAT 客户端计算机，并测试内部网络和外部网络计算机之间的连通性，具体步骤如下。

1. 设置 NAT 客户端计算机网关地址

以管理员账户登录 NAT 客户端计算机 win2012-2 上，打开“Internet 协议版本 4（TCP/IPv4）”对话框。设置其“默认网关”的 IP 地址为 NAT 服务器的内网网卡（LAN）的 IP 地址，在此输入“192.168.10.1”。如图 10-10 所示。最后单击“确定”按钮即可。

2. 测试内部 NAT 客户端与外部网络计算机的连通性

在 NAT 客户端计算机 win2012-2 上打开命令提示符，测试与 Internet 上的 Web 服务器（win2012-3）的连通性，输入命令“ping 200.1.1.3”。如图 10-11 所示，显示能连通。

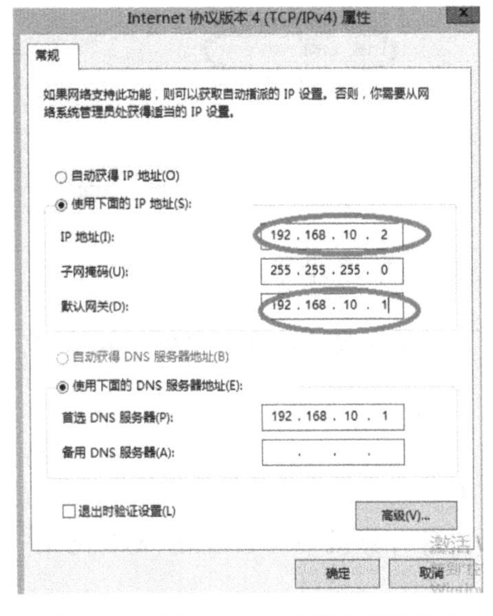

图 10-10 设置 NAT 客户端的网关地址

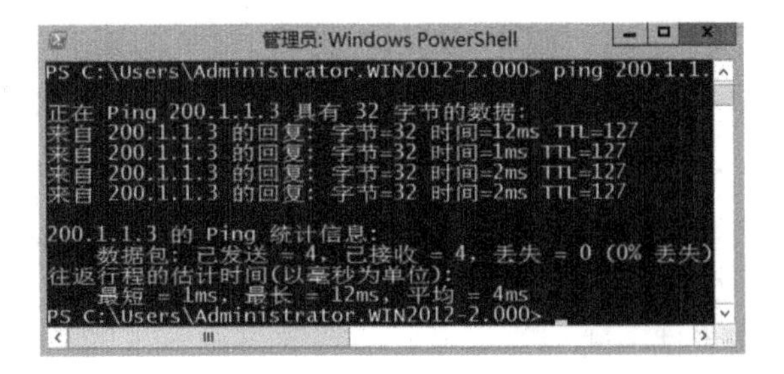

图 10-11 测试 NAT 客户端计算机与外部计算机的连通性

3. 测试外部网络计算机与 NAT 服务器、内部 NAT 客户端的连通性

以本地管理员账户登录到外部网络计算机 win2012-3 上，打开命令提示符界面，依次使用命令“ping 200. 1. 1. 1”“ping 192. 168. 10. 1”“ping 192. 168. 10. 2”“ping 192. 168. 10. 4”，测试外部计算机 win2012-3 与 NAT 服务器外网卡和内网卡以及内部网络计算机的连通性。如图 10-12 所示，除 NAT 服务器外网卡外均不能连通。

```
PS C:\Users\Administrator> ping 200.1.1.1

正在 Ping 200.1.1.1 具有 32 字节的数据:
来自 200.1.1.1 的回复: 字节=32 时间=2ms TTL=128
来自 200.1.1.1 的回复: 字节=32 时间=1ms TTL=128
来自 200.1.1.1 的回复: 字节=32 时间=1ms TTL=128
来自 200.1.1.1 的回复: 字节=32 时间<1ms TTL=128

200.1.1.1 的 Ping 统计信息:
    数据包: 已发送 = 4, 已接收 = 4, 丢失 = 0 (0% 丢失),
往返行程的估计时间(以毫秒为单位):
    最短 = 0ms, 最长 = 2ms, 平均 = 1ms
PS C:\Users\Administrator> ping 192.168.10.1

正在 Ping 192.168.10.1 具有 32 字节的数据:
PING: 传输失败。General failure.
PING: 传输失败。General failure.
PING: 传输失败。General failure.
PING: 传输失败。General failure.

192.168.10.1 的 Ping 统计信息:
    数据包: 已发送 = 4, 已接收 = 0, 丢失 = 4 (100% 丢失),
PS C:\Users\Administrator> ping 192.168.10.2

正在 Ping 192.168.10.2 具有 32 字节的数据:
PING: 传输失败。General failure.
PING: 传输失败。General failure.
PING: 传输失败。General failure.
PING: 传输失败。General failure.

192.168.10.2 的 Ping 统计信息:
    数据包: 已发送 = 4, 已接收 = 0, 丢失 = 4 (100% 丢失),
PS C:\Users\Administrator> ping 192.168.10.4

正在 Ping 192.168.10.4 具有 32 字节的数据:
PING: 传输失败。General failure.
PING: 传输失败。General failure.
PING: 传输失败。General failure.
PING: 传输失败。General failure.

192.168.10.4 的 Ping 统计信息:
    数据包: 已发送 = 4, 已接收 = 0, 丢失 = 4 (100% 丢失),
```

图 10-12 测试外部网络计算机与 NAT 服务器、内部 NAT 客户端的连通性

任务 10-7 设置 NAT 客户端

前面已经实践过设置 NAT 客户端了，在这里总结一下。局域网 NAT 客户端只要修改 TCP/IP 的设置即可。可以选择以下两种设置方式。

1. 自动获得 TCP/IP

此时客户端会自动向 NAT 服务器或 DHCP 服务器来索取 IP 地址、默认网关、DNS 服务器的 IP 地址等设置。

2. 手动设置 TCP/IP

手动设置 IP 地址要求客户端的 IP 地址必须与 NAT 局域网接口的 IP 地址在相同的网段内，也就是 Network ID 必须相同。默认网关必须设置为 NAT 局域网接口的 IP 地址，本例中为 192. 168. 10. 1。首选 DNS 服务器可以设置为 NAT 局域网接口的 IP 地址，或是任何一台合法的 DNS 服务器的 IP 地址。

完成后，客户端的用户只要上网、收发电子邮件、连接 FTP 服务器等，NAT 就会自动通过 PPPoE 请求拨号来连接 Internet。

任务 10-8 安装美萍网管大师

使用网吧管理软件，可以帮助网吧管理员更方便地管理网吧。目前最常使用的网吧管理软件为“美萍网管大师”与“美萍安全卫士”，前者为服务器端程序用于管理和计费，后者为客户端程序用于登录系统。

“美萍网管大师”集实时计费管理、记账等功能于一体，并且具有会员管理、网吧商品管理等功能，是管理网吧等场所的纯软件解决方案。

1. 安装美萍网管大师

1）双击“美萍网管大师”的安装程序图标 scon10. 1. exe，运行安装程序。如图 10-13 所示。

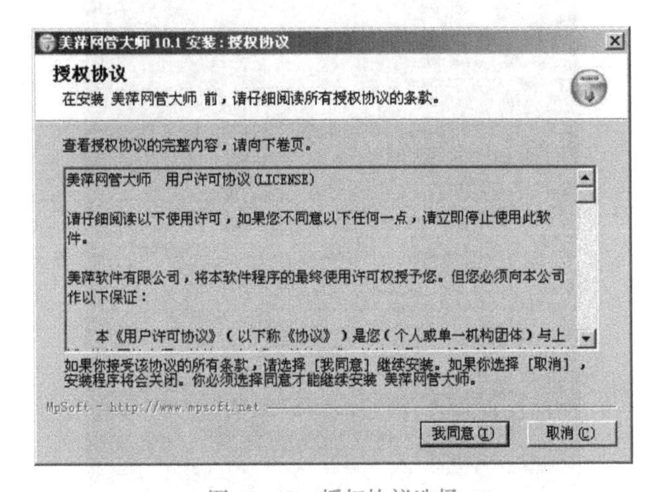

图 10-13 授权协议选择

2）单击“我同意”按钮，打开“选择安装组件”对话框。如图 10-14 所示。

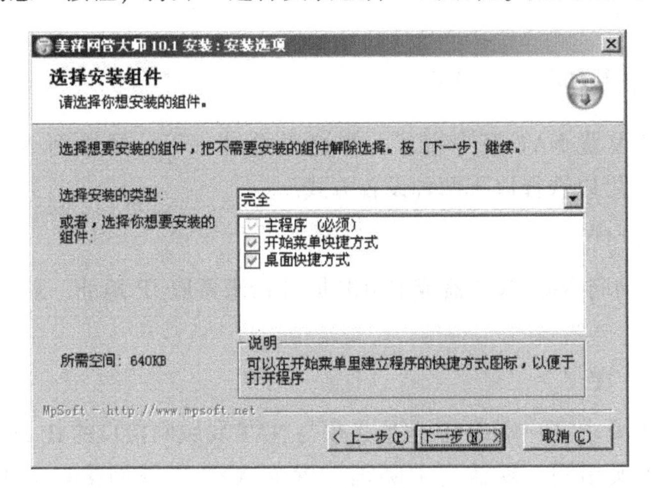

图 10-14 选择安装组件

3）在列表框中选择所有复选框，然后单击“下一步”按钮，打开“选择安装路径”对话框。

4）在文本框中输入“美萍网管大师”的安装路径，然后单击“下一步”按钮，开始安装

“美萍网管大师”，安装完成后单击“关闭”按钮即可。

5）在桌面双击“美萍网管大师”图标，即可运行该程序，其主界面如图 10-15 所示。

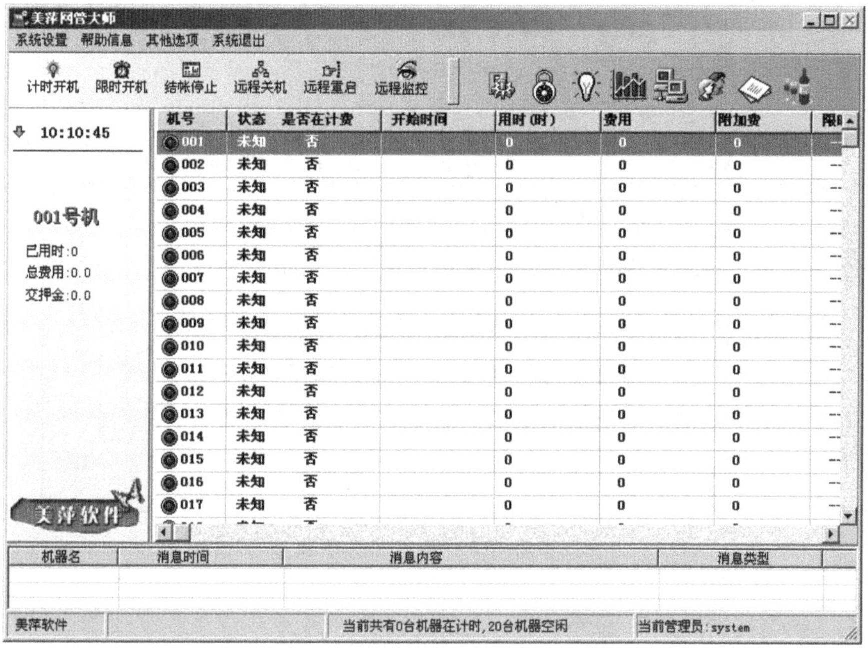

图 10-15　“美萍网管大师”主界面

2. 设置美萍网管大师

下面设置网吧的计费、记账属性，包括单机计费、普通计费、会员计费及食品饮料的价格等。

1）启动“美萍网管大师”，在菜单栏中选择“系统设置”→“系统设置”命令，打开“信息”对话框。

2）输入密码，然后单击“确定”按钮，打开“美萍软件设置”对话框。单击“计费”标签，打开“计费”选项卡。如图 10-16 所示。

注意：若没有设置“美萍网管大师”的管理密码，则在“信息”对话框的文本框中什么都不输入，然后单击“确定”按钮即可打开“美萍软件设置”对话框。

3）在“计费标准”选项卡的“普通上机计费”文本框中，输入网吧的计费标准。

4）单击“普通上机计费”文本框后的“各机分别计费”按钮，打开“设定费率”对话框。在该对话框中可以为网吧中的每台计算机单独设置计费标准，这样方便管理员对不同配置的客户端计算机设置不同的价格。

5）在“分时段计费”选项卡中，可以设置网吧不同时段的计费标准。

6）选择“时段 1”复选框，然后在后面的“从”与“到”文本框中输入该时段的开始结束时间，然后在“费用为原价的”文本框中设置该时段的计费标准。例如，可以设置非高峰期的上午时段价格为原价格的 50%，以吸引更多客户。

7）在“会员计费”选项卡中，可以设置网吧会员的计费标准。

8）在“美萍软件设置”对话框中打开“商品”选项卡。在该选项卡可以设置在网吧中销售的食品饮料以及其他一些商品的价格。

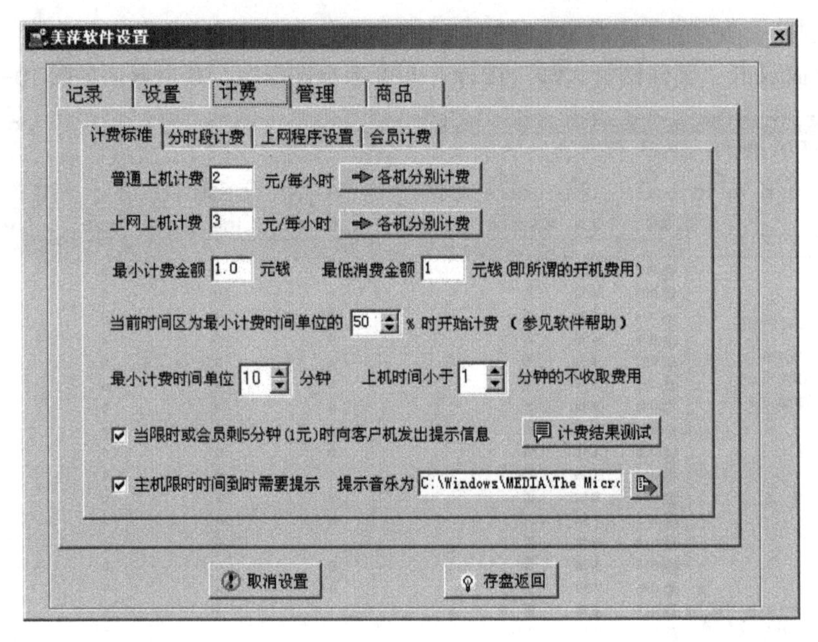

图 10-16 “计费”选项卡

3. 设置“美萍网管大师”密码

“美萍网管大师”安装在网吧服务器上，为了防止非认可的用户使用“美萍网管大师”，则需要为其设置密码。“美萍网管大师”的密码分为两种：设置密码与退出密码。其中，设置密码即为“信息”对话框中所要输入的密码；退出密码则为网吧客户端计算机要退出美萍网管系统的密码。这两个密码的设置方法十分简单，在“美萍软件设置”对话框中打开“设置”选项卡，然后再打开“系统选项”选项卡。在该选项卡中即可设置“美萍网管大师”的设置密码与退出密码。

4. 管理客户端计算机

当服务器上安装“美萍网管大师”后，系统会自动检测到本网络中所有安装“美萍安全卫士”的客户端计算机。网络管理员可以通过“美萍网管大师”来对网吧中的客户端计算机进行计时、限制关机等管理操作。

例如，要为机号为002的客户端计算机开通计时，并为其限时1个小时；为机号为001的客户结束计时，并收取费用。其过程如下。

1）启动“美萍网管大师”，在主窗口的列表框中显示了所有连接至“美萍网管大师”的客户端计算机。选择“机号”为002的客户端计算机，右击该选项，在弹出的快捷菜单中选择“计时”。

2）打开“选择计费标准（计时开通）2号机”对话框。选择“按照上网用机价格计费”单选按钮，单击“确定”按钮，即可开通002号机收费计时。

3）再次右击“机号”为002的客户端计算机，在弹出的快捷菜单中选择“限时”命令，打开“信息”对话框。

注意：若是网吧会员，拥有会员账户，也可以从网吧客户端计算机自行启动计时功能。

4）在对话框中选择“按照时间限时”单选按钮，并在其后面的文本框中输入 60，该计算机限时使用 1 个小时，最后单击“确定”按钮即可。

5）在主窗口中选择“机号”为 001 的客户端计算机，右击该选项，在弹出的快捷菜单中，单击“停止”命令，打开“计费窗口”对话框。

6）在该对话框中会详细显示应收取的费用明细，确认无误后，收取相应费用，然后单击“确定”按钮。

5. 管理网吧会员

会员制可以使网吧的流动客户变为固定客户，对于会员网吧将给予更多的价格优惠。

用“美萍网管大师”，可以帮助网吧管理员来管理网吧会员。打开“美萍网管大师”主界面，在菜单栏中选择“系统设置”→“会员管理”命令，打开“会员管理”对话框。在该对话框中可以完成新增会员、修改会员资料、查找会员、添加会员、会员统计及资料备份等操作。

任务 10-9　安装美萍安全卫士

“美萍安全卫士”安装在网吧客户端计算机上，配合“美萍网管大师”来管理网吧中的计算机。“美萍安全卫士”的安装文件可以通过 http://www.mpsoft.net/download.htm 下载，其安装方法与“美萍网管大师”相同。安装完成后双击桌面的“美萍电脑安全卫士”图标，即可进入虚拟桌面。如图 10-17 所示。由于安装“美萍安全卫士”后，客户端计算机会使用虚拟桌面来代替系统桌面，这样可以更好地保护客户端计算机的安全。

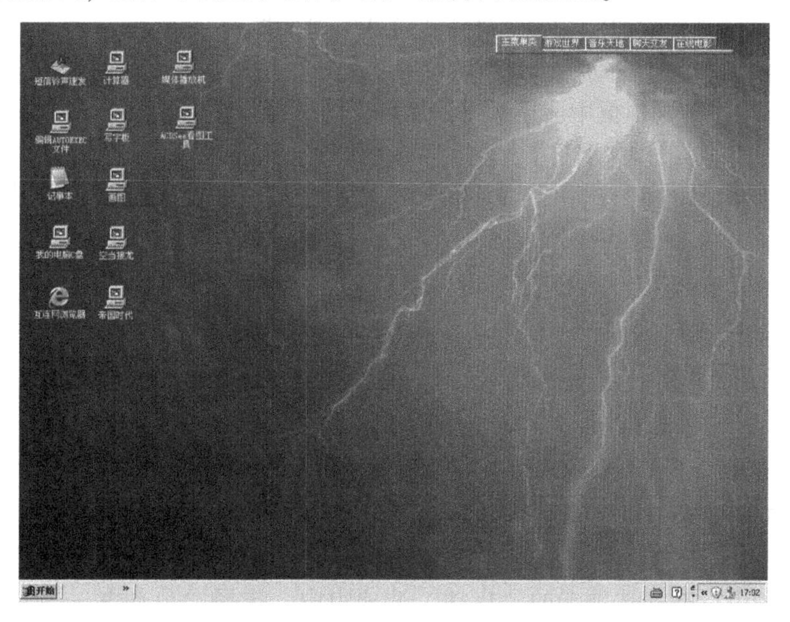

图 10-17　虚拟桌面

1. 连接“美萍网管大师”

网吧客户端计算机在安装“美萍安全卫士”后，首先需要将其连接至“美萍网管大师”。这样便于网吧管理员通过“美萍网管大师”对网吧客户端计算机进行统一的管理，并使用设置好的计费系统。默认情况下客户端计算机在安装“美萍安全卫士”后，会自动搜索并连接至局域网中安装“美萍网管大师”的服务器，若连接不上，管理员也可以手动设置连接。

例如，将客户端计算机连接至服务器的“美萍网管大师”，服务器地址为192.168.0.1。步骤如下。

1）进入“美萍安全卫士”虚拟桌面。

2）选择“开始”→“设定系统”命令，打开“信息”对话框，在文本框中输入设置密码，没有设置密码则保持为空，然后单击“确定”按钮，打开“美萍电脑安全卫士设置”对话框，然后打开“模式”选项卡。

3）单击“高级选项”按钮，打开“高级设置选项”对话框。

4）选择“网络协议使用TCP/IP协议”单选按钮，然后在“网管大师的IP地址”文本中输入服务器的地址192.168.0.1，单击“确定”按钮，返回“模式”选项卡。

5）单击“存盘返回”按钮完成连接设置。

2. 添加虚拟桌面图标

运行刚安装的“美萍安全卫士”，在其虚拟桌面上默认添加了一些程序快捷图标，网吧管理员也可以根据需要在虚拟桌面中添加程序快捷方法。

例如在虚拟桌面上添加游戏快捷图标。其步骤如下。

1）进入“美萍安全卫士”虚拟桌面。

2）选择“开始”→“设定系统”命令，打开“信息”对话框，输入设置密码（若没有设置密码则保持为空），然后单击“确定”按钮，打开“美萍电脑安全卫士设置”对话框。

3）单击“新建”标签，打开“新建”选项卡。

4）单击“从浏览中添加”按钮，打开“打开”对话框。

5）选择要添加的游戏启动图标，然后单击“打开”按钮，返回“新建”选项卡。此时在选项卡的“目标程序”文本框中会显示要添加程序的路径，在“中文名称”文本框中输入该游戏在虚拟桌面中显示的中文名称。

6）单击“添加到菜单”按钮，然后单击“保存返回”按钮，即可将选择的程序图标添加到虚拟桌面中。

3. 设置“美萍安全卫士”密码

与“美萍网管大师”相比，“美萍安全卫士”的密码同样分为设置密码与退出密码两种。打开“美萍安全卫士设置”对话框的“管理”选项卡，然后打开“密码”选项卡，在该选项卡中即可设置“美萍安全卫士”密码。

4. 设置自动启动“美萍安全卫士”

在设置“美萍安全卫士”后，一定不能忘记设置其在启动系统后自动运行，否则会无法有效地管理网吧客户端计算机。在“美萍安全卫士设置”对话框的“管理”选项卡中打开“启动”选项卡。在该选项卡的“启动”选项组中，选择“启动Windows自动运行安全卫士”单选按钮，然后单击“保存”按钮即可设置自动启动“美萍安全卫士”。

10.6 练习题

一、填空题

1. 在规划网吧时，应首先注意网吧的________、________以及________。

2. 目前网吧常用的接入方式为________接入方式和________接入方式。________接入方式网络数据传输速率极高，传输距离远，抗干扰性强，具有非常好的稳定性。

3. 目前最常使用的网吧管理软件为________与________，前者为服务器端程序，用于管理和计费，后者为客户端程序，用于登录系统。

4. 双击桌面的“美萍电脑安全卫士”图标，即可进入________。

二、简答题

1. 简述有盘工作站网吧所常采用的局域网拓扑结构。

2. 如何安装与配置有盘工作站？

3. 如何设置自动启动“美萍安全卫士”？

4. 网络地址转换 NAT 的功能是什么？

5. 简述地址转换的原理，即 NAT 的工作过程。

6. 下列不同技术有何异同？

1）NAT 与路由的比较；2）NAT 与代理服务器；3）NAT 与 Internet 共享。

10.7　项目实训 10　配置与管理 NAT 服务器

一、实训目的

- 了解掌握使局域网内部的计算机连接到 Internet 的方法。
- 掌握使用 NAT 实现网络互联的方法。

10.7 和 11.7 配置与管理 VPN 和 NAT 服务器

二、实训要求

根据如图 10-3 所示的环境来部署 NAT 服务器。

三、实训指导

根据网络拓扑图 10-3，完成如下任务。

1）部署架设 NAT 服务器需求的环境。

2）安装“路由和远程访问服务”角色服务。

3）配置并启用 NAT 服务。

4）停止和禁用 NAT 服务。

5）NAT 客户端计算机配置和测试。

6）设置 NAT 客户端。

7）外部网络主机访问内部 Web 服务器。

8）配置筛选器。

四、实训思考题

- 什么是专用地址和公用地址？
- Windows 内置的使网络内部的计算机连接到 Internet 的方法有几种？是什么？
- 在 Windows Server 版的操作系统中，提供了哪两种地址转换方法？

项目 11　组建企业局域网

11.1 项目导入

目前，企业通信网络系统基本上分为局域网（LAN）和广域网（WAN）。局域网用于连接企业内部的计算机系统，它经常是在一幢建筑物或多幢建筑物组成的园区内；广域网主要用于连接远程分支机构。局域网基本上是采用结构化布线系统，应用各种局域网可以为企业信息化插上腾飞的翅膀。组建企业局域网是实现企业网络信息化的第一步。

特别地，分公司间、分公司与总部间可以使用 VPN 实现局域网间的互联。而对于企业员工而言，如果出差在外仍希望使用公司局域网的资源，使用 VPN 也是不错的选择。

11.2 职业能力目标和要求

◇ 了解企业局域网的规划和设计。
◇ 重点掌握配置虚拟局域网 VPN 服务器，建立 VPN 连接。

11.3 相关知识

11.3.1　企业局域网的应用需求分析和网络规划

根据不同的公司和企业的性质、规模大小等条件的差异，对网络组建的要求也不相同，因此，在组建网络时必须遵循一定的组网原则，并选择合适的网络结构形式。

一个完整的企业局域网通常都由企业骨干网、服务器子网、办公室子网、管理子网以及 Internet 连接子网组成。如图 11-1 所示。

1. 企业局域网的应用需求分析

局域网设计人员在设计过程中，首先要做的工作就是指定设计目标，根据具体情况，企业局域网中计算机网络的规划、设置和实施中需遵循以下原则。

- 功能性：网络必须可以正常使用，具有实用性、灵活性、安全性、先进性。在考虑现有通信网络的基础上，计算机网络拓扑结构应尽量采用稳定、可靠的结构形式冗余备份，保证整个网络的高可靠性。设备的选择应有最优的性价比，以最少的投资实现需要的功能。
- 可扩展性：网络必须能够扩展，设计过程中要充分考虑将来业务发展的需求，设计时应考虑网络的连续性，要保护现有投资，充分利用现有的计算机资源和通信资源，应保留在不改变网络整体设计的前提下进行升级的能力，操作简单，易于工程施工。
- 适应性：网络设计应考虑到未来的技术发展，尽量不包含限制新技术部署的因素。

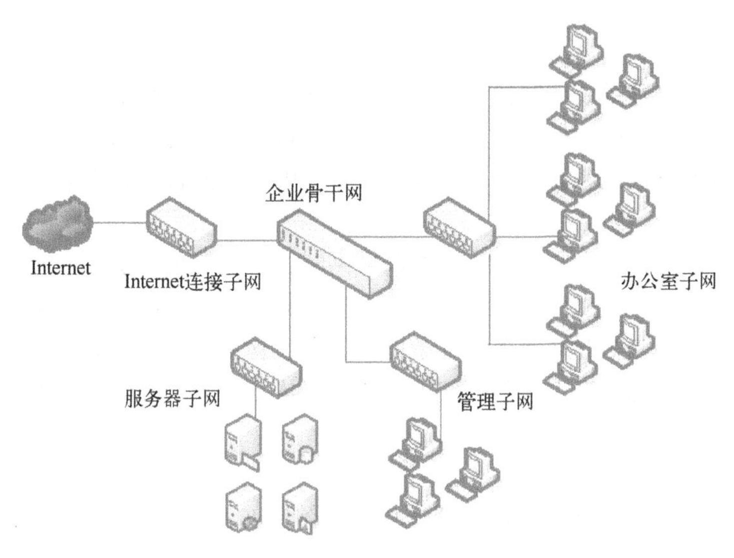

图 11-1 企业局域网的组成架构

- 开放性：网络应具有高度的开放性，即对设备的技术开放和对其他网络的接入开放。
- 可管理性：网络的设计应便于网络监控和管理，以确保网络运行的稳定性。

2. 确定企业局域网的组网方案

在组建企业局域网时，要考虑成本、可扩充性和安装维护的方便性等，现在局域网市场几乎已完全被性能优良、价格低廉、升级和维护方便的以太网所占领，因此可选择以太网并采用星形结构（小型办公网络）或者混合型结构（大型办公网络）。

目前在中、小型企业局域网中，应用较为广泛的有对等网和客户端/服务器两种网络结构，对等网适用于对网络要求不是很高的小型企业，对于网络要求较高的大、中型企业，建议采用客户端/服务器模式。在预算允许的情况下，可以配置多台服务器，这样可以在不同服务器上实现不同的服务，而当其中一台服务器出现故障时，其他服务器还可以正常工作。

对于采用 Windows Server 2012 作为服务器操作系统的企业，还可以采用域的模式来构建局域网，以便于对网络进行集中管理，从而提高网络的使用效率，增强安全性。

11.3.2 IP 地址规划和子网划分

1. IP 地址规划

目前大多数企业局域网都采用以太网，使用的网络协议为 TCP/IP，这就得为每一台计算机分配一个 IP 地址。因此，如何规划和分配 IP 地址是组建企业局域网的一个重要内容。

组建企业局域网要用到两种 IP 地址：合法 IP 地址和私有 IP 地址。

合法 IP 地址就是通常所说的公网 IP 地址。要获得公网 IP 地址，需要向 ISP（Internet 服务供应商）提出申请，由于合法 IP 地址有限并且租用费用较高，因此主要用于企业对外服务的服务器以及单位与 Internet 的接口上。

私有 IP 地址就是常说的内网 IP 地址，一般大型企业选用 A 类 IP 地址（10.0.0.1~10.255.255.254）；中型企业选择 B 类 IP 地址（172.16.0.1~172.31.255.254）；小型企业选择 C 类 IP 地址（192.168.0.1~192.168.255.254）。

2. 子网划分

当局域网内计算机数量较少时，可直接使用交换机将其连接起来构成一个局域网，网络中所有的计算机都在同一网段。如果计算机数量较多，再将其设置在同一网段，由于网络风暴等因素的影响会导致网络性能急剧下降甚至无法工作。因此，需将其分割成若干个小的网络，这就是子网划分。

由于单位局域网规模较大，在设计企业局域网时，不能简单地使用普通交换机将计算机连接在一起，因为交换机不能隔离广播数据包。大量的数据包会占用网络带宽，通常需要使用路由器将网络中的计算机分割开来形成多个子网。另外，像财务等部门的计算机应该相对独立，不能轻易被访问，可以通过将不同部门和类型的计算机划分到不同的网段中将其隔离开来。

11.3.3 认识 VPN

为满足家庭办公或出差员工对企业局域网内部资源和应用服务的访问需求，需要开通企业局域网远程访问功能。只要能够访问互联网，不论是在家中、还是出差在外，都可以通过该功能轻松访问未对外开放的企业局域网内部资源（文件和打印共享、Web 服务、FTP 服务、OA 系统等）。

远程访问（Remote Access）也称为远程接入，通过这种技术，可以将远程或移动用户连接到组织内部网络上，使远程用户可以像他们的计算机物理地连接到内部网络上一样工作。实现远程访问最常用的连接方式就是 VPN 技术。目前，互联网中的多个企业网络常常选择 VPN 技术（通过加密技术、验证技术、数据确认技术的共同应用）连接起来，从而可以轻易地在 Internet 上建立一个专用网络，让远程用户通过 Internet 来安全地访问网络内部的网络资源。

VPN（Virtual Private Network）即虚拟专用网，是指在公共网络（通常为 Internet 中）建立一个虚拟的、专用的网络，是 Internet 与 Intranet 之间的专用通道，为企业提供一个高安全、高性能、简便易用的环境。当远程的 VPN 客户端通过 Internet 连接到 VPN 服务器时，它们之间所传送的信息会被加密，所以即使信息在 Internet 传送的过程中被拦截，也会因为信息已被加密而无法识别，因此可以确保信息的安全性。

1. VPN 的构成

1）远程访问 VPN 服务器：用于接收并响应 VPN 客户端的连接请求，并建立 VPN 连接。它可以是专用的 VPN 服务器设备，也可以是运行 VPN 服务的主机。

2）VPN 客户端：用于发起连接 VPN 的连接请求，通常为 VPN 连接组件的主机。

3）隧道协议：VPN 的实现依赖于隧道协议，通过隧道协议，可以将一种协议用另一种协议或相同协议封装，同时还可以提供加密、认证等安全服务。VPN 服务器和客户端必须支持相同的隧道协议，以便建立 VPN 连接。目前最常用的隧道协议有 PPTP 和 L2TP。

- PPTP（Point-to-Point Tunneling Protocol，点对点隧道协议）。PPTP 是点对点协议（PPP）的扩展，并协调使用 PPP 的身份验证、压缩和加密机制。PPTP 客户端支持内置于 Windows 远程访问客户端。只有 IP 网络（如 Internet）才可以建立 PPTP 的 VPN。两个局域网之间若通过 PPTP 来连接，则两端直接连接到 Internet 的 VPN 服务器必须要执行 TCP/IP 通信协议，但网络内的其他计算机不一定需要支持 TCP/IP，它们可执行 TCP/IP、IPX 或 NetBEUI 通信协议，因为当它们通过 VPN 服务器与远程计算机通信时，这些不同通信协议的数据包会被封装到 PPP 的数据包内，然后经过 Internet 传送，信息

到达目的地后，再由远程的 VPN 服务器将其还原为 TCP/IP、IPX 或 NetBEUI 的数据包。PPTP 是利用 MPPE（Microsoft Point-to-Point Encryption）加密法来将信息加密。PPTP 的 VPN 服务器支持内置于 Windows Server 2012 家族的成员。PPTP 与 TCP/IP 一同安装，根据运行“路由和远程访问服务器安装向导”时所做的选择，PPTP 可以配置为 5 个或 128 个 PPTP 端口。

- L2TP（Layer Two Tunneling Protocol，第二层隧道协议）。L2TP 是基于 RFC 的隧道协议，该协议是一种业内标准。L2TP 同时具有身份验证、加密与数据压缩的功能。L2TP 的验证与加密方法都是采用 IPSec。与 PPTP 类似，L2TP 也可以将 IP、IPX 或 NetBEUI 的数据包封装到 PPP 的数据包内。与 PPTP 不同，运行在 Windows Server 2012 服务器上的 L2TP 不利用 Microsoft 点对点加密（MPPE）来加密点对点协议（PPP）数据报。L2TP 依赖于加密服务的 Internet 协议安全性（IPSec）。L2TP 和 IPSec 的组合被称为 L2TP/IPSec。L2TP/IPSec 提供专用数据的封装和加密的主要虚拟专用网（VPN）服务。VPN 客户端和 VPN 服务器必须支持 L2TP 和 IPSec。L2TP 的客户端支持内置于 Windows 远程访问客户端，而 L2TP 的 VPN 服务器支持内置于 Windows Server 2012 家族的成员。L2TP 与 TCP/IP 一同安装，根据运行“路由和远程访问服务器安装向导”时所做的选择，L2TP 可以配置为 5 个或 128 个 L2TP 端口。

4）Internet 连接：VPN 服务器和客户端必须都接入 Internet，并且能够通过 Internet 进行正常的通信。

2. VPN 应用场合

VPN 的实现可以分为软件和硬件两种方式。Windows Server 操作系统以完全基于软件的方式实现了虚拟专用网，成本非常低廉。无论身处何地，只要能连接到 Internet，就可以与企业网在 Internet 上的虚拟专用网相关联，登录到内部网络浏览或交换信息。

一般来说，VPN 使用在以下两种场合。

（1）远程客户端通过 VPN 连接到局域网

总公司（局域网）的网络已经连接到 Internet，而用户在远程拨号连接 ISP 连上 Internet 后，就可以通过 Internet 来与总公司（局域网）的 VPN 服务器建立 PPTP 或 L2TP 的 VPN，并通过 VPN 来安全地传送信息。

（2）两个局域网通过 VPN 互联

两个局域网的 VPN 服务器都连接到 Internet，并且通过 Internet 建立 PPTP 或 L2TP 的 VPN，它可以让两个网络之间安全地传送信息，不用担心在 Internet 上传送时泄密。

除了使用软件方式实现外，VPN 的实现需要建立在交换机、路由器等硬件设备上。目前，在 VPN 技术和产品方面，最具有代表性的是 Cisco 和华为 3Com。

3. VPN 的连接过程

1）客户端向服务器连接 Internet 的接口发送建立 VPN 连接的请求。

2）服务器接收到客户端建立连接的请求之后，将对客户端的身份进行验证。

3）如果身份验证未通过，则拒绝客户端的连接请求。

4）如果身份验证通过，则允许客户端建立 VPN 连接，并为客户端分配一个内部网络的 IP 地址。

5）客户端将获得的 IP 地址与 VPN 连接组件绑定，并使用该地址与内部网络进行通信。

11.4 项目设计与准备

在架设 VPN 服务器之前，读者需要了解本节实例部署的需求和实验环境。

1. 项目设计

本项目将根据如图 11-2 所示的环境部署远程访问 VPN 服务器。

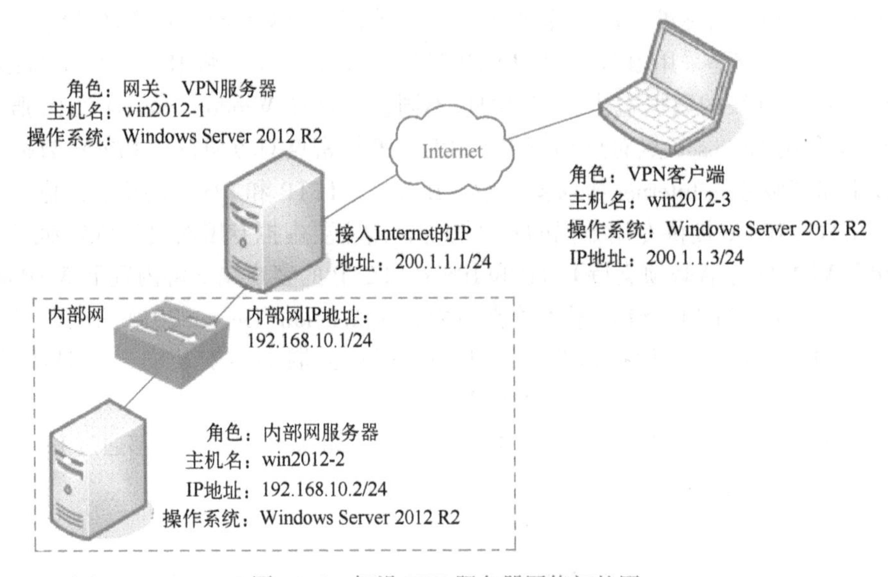

图 11-2　架设 VPN 服务器网络拓扑图

win2012-1、win2012-2、win2012-3 可以是 Hyper-V 服务器的虚拟机，也可以是 VMWare 的虚拟机。

2. 项目准备

部署远程访问 VPN 服务之前，应做如下准备。

1）使用提供远程访问 VPN 服务的 Windows Server 2012 操作系统。

2）VPN 服务器至少要有两个网络连接。IP 地址如图 11-2 所示。

3）VPN 服务器必须与内部网络相连，因此需要配置与内部网络连接所需要的 TCP/IP 参数（私有 IP 地址），该参数可以手工指定，也可以通过内部网络中的 DHCP 服务器自动分配。本例 IP 地址为 192.168.10.1/24。

4）VPN 服务器必须同时与 Internet 相连，因此需要建立和配置与 Internet 的连接。VPN 服务器与 Internet 的连接通常采用较快的连接方式，如专线连接。本例 IP 地址为 200.1.1.1/24。

5）合理规划分配给 VPN 客户端的 IP 地址。VPN 客户端在请求建立 VPN 连接时，VPN 服务器需要为其分配内部网络的 IP 地址。配置的 IP 地址也必须是内部网络中不使用的 IP 地址，地址的数量根据同时建立 VPN 连接的客户端数量来确定。在本任务中部署远程访问 VPN 时，使用静态 IP 地址池为远程访问客户端分配 IP 地址，地址范围采用 192.168.10.11/24~192.168.10.20/24。

6）客户端在请求 VPN 连接时，服务器要对其进行身份验证，因此应合理规划需要建立 VPN 连接的用户账户。

11.5 项目实施

任务 11-1　为 VPN 服务器添加第 2 块网卡

1）在“服务器管理器”窗口的“虚拟机”面板中，选择目标虚拟机（本例 win2012-1），在右侧的“操作”面板中，单击“设置”超链接，打开“win2012-1 的设置”对话框。

2）单击“硬件”→“添加硬件”选项，打开“添加硬件”对话框。在右侧的允许添加的硬件列表中，显示允许添加的硬件设备，本例为“网络适配器”。选中要添加的硬件，单击“添加”按钮，并选择网络连接方式为“内部虚拟交换机”。

3）启动 win2012-1，单击“开始”，在弹出的菜单中选择“网络连接”，更改两块网卡的网络连接的名称分别为：“局域网连接”和“Internet 连接”，并按图 11-2 分别设置两个连接的网络参数。最终的网络连接如图 11-3 所示。（或者右击右下方的网络连接，依次“打开网络和 Internet 共享”→“更改适配器设置”。）

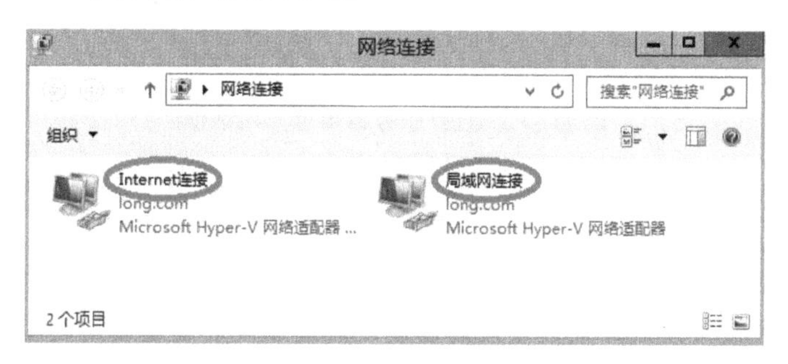

图 11-3　网络连接

4）同理启动 win2012-2 和 win2012-3，并按图 11-2 设置这两台服务器的 IP 地址等信息。设置完成后利用“ping”命令测试这 3 台虚拟机的连通情况，为后面实训做准备。

任务 11-2　安装“路由和远程访问服务”角色

要配置 VPN 服务器，必须安装“路由和远程访问服务”。Windows Server 2012 中的路由和远程访问是包括在“网络策略和访问服务”角色中的，并且默认没有安装。用户可以根据自己的需要选择同时安装网络策略和访问服务中的所有服务组件或者只安装路由和远程访问服务。

路由和远程访问服务的安装步骤如下。

1）以管理员身份登录服务器“win2012-1”，打开“服务器管理器”窗口的“仪表板”，单击“添加角色”链接，打开如图 11-4 所示的“选择服务器角色”对话框，选择“网络策略和访问服务”和“远程访问”角色。

2）持续单击“下一步”按钮，显示“网络策略和访问服务”的“角色服务”对话框，网络策略和访问服务中包括“网络策略服务器、健康注册机构和主机凭据授权协议”角色服务，选择“网络策略服务器”复选框。

3）单击“下一步”按钮，显示“远程访问”的“角色服务”对话框。全部选择，如图 11-5 所示。

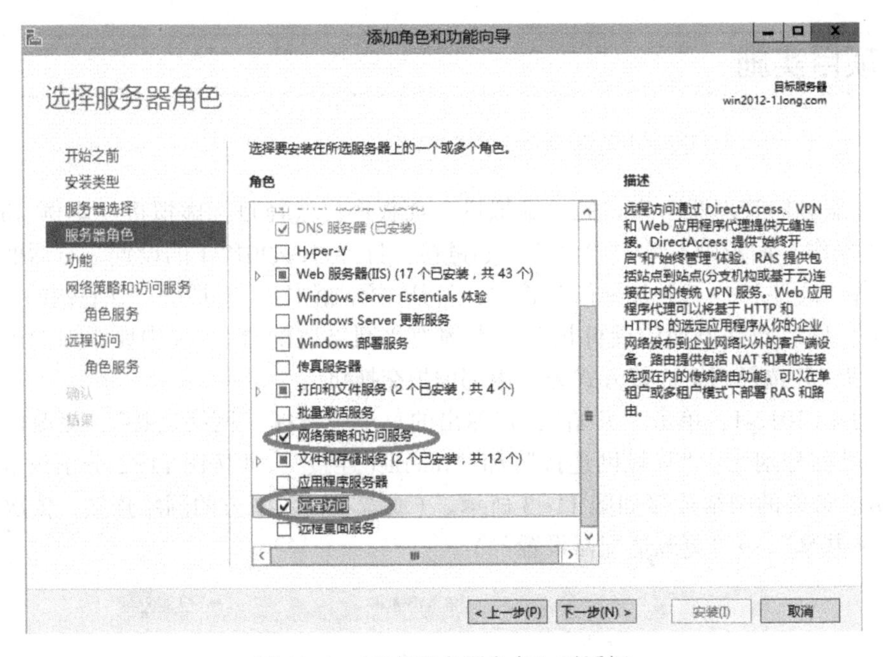

图 11-4 “选择服务器角色”对话框

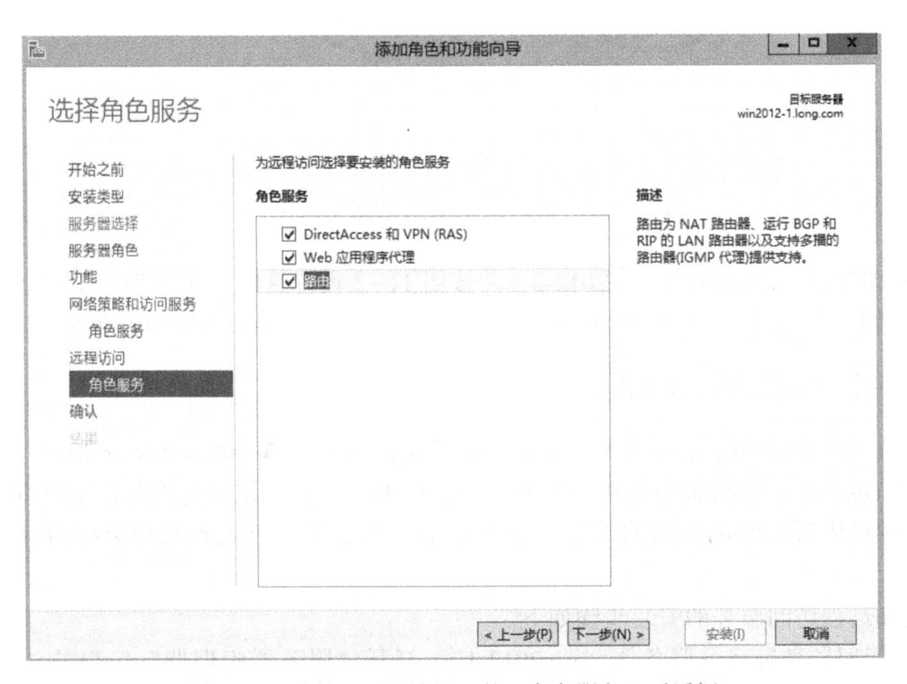

图 11-5 选择“远程访问”的“角色服务”对话框

4）最后单击“安装”按钮即可开始安装，完成后显示“安装结果”对话框。

任务 11-3 配置并启用 VPN 服务

在已经安装“路由和远程访问服务”角色服务的计算机“win2012-1”上通过“路由和远程访问”控制台配置并启用路由和远程访问，具体步骤如下。

（1）打开“路由和远程访问服务器安装向导”页面

1）以域管理员账户登录到需要配置 VPN 服务的计算机 win2012-1 上，单击“开始”→“管理工具”→“路由和远程访问”，打开如图 11-6 所示的“路由和远程访问”控制台。

2）在该控制台树上右击服务器“win2012-1（本地）”，在弹出的菜单中选择“配置并启用路由和远程访问”，打开“路由和远程访问服务器安装向导”对话框。

（2）选择 VPN 连接

1）单击“下一步”按钮，出现“配置”对话框，在该对话框中可以配置 NAT、VPN 以及路由服务，在此选择“远程访问（拨号或 VPN）”单选按钮，如图 11-7 所示。

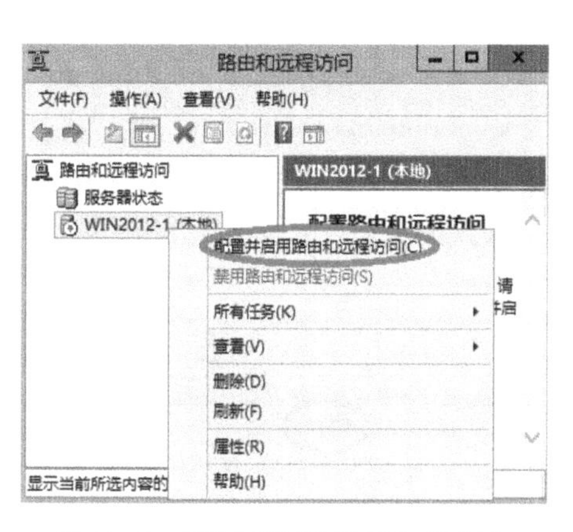

图 11-6 “路由和远程访问”控制台

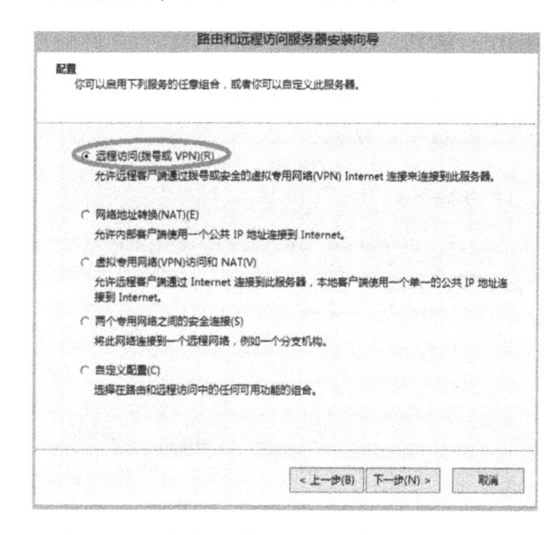

图 11-7 选择“远程访问（拨号或 VPN）”

2）单击“下一步”按钮，出现“远程访问”对话框，在该对话框中可以选择创建拨号或 VPN 远程访问连接，在此选择“VPN”复选框，如图 11-8 所示。

（3）选择连接到 Internet 的网络接口

单击“下一步”按钮，出现“VPN 连接”对话框，在该对话框中选择连接到 Internet 的网络接口，在此选择“Internet 连接”接口，如图 11-9 所示。

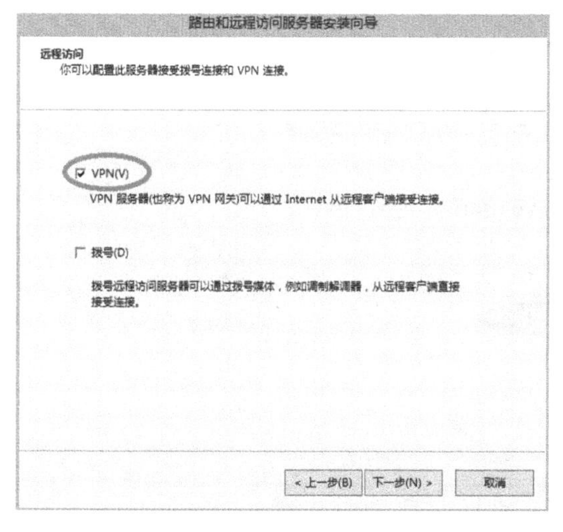

图 11-8 选择“VPN”

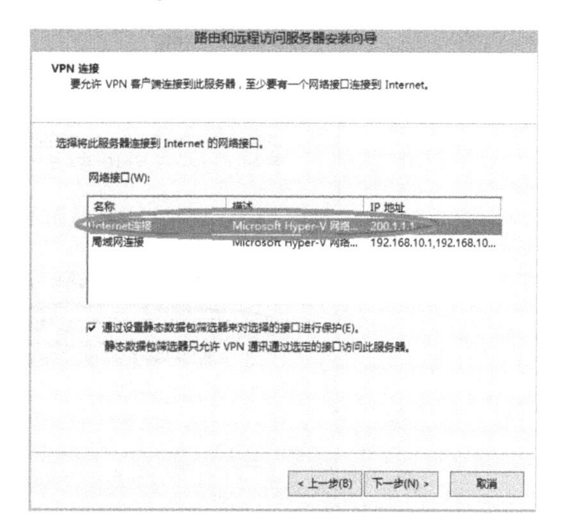

图 11-9 选择连接到 Internet 的网络接口

（4）设置 IP 地址分配

1）单击“下一步”按钮，出现“IP 地址分配”对话框，在该对话框中可以设置分配给 VPN 客户端计算机的 IP 地址从 DHCP 服务器获取或是指定一个范围，在此选择“来自一个指定的地址范围”选项，如图 11-10 所示。

2）单击“下一步”按钮，出现“地址范围分配”对话框，在该对话框中指定 VPN 客户端计算机的 IP 地址范围。

3）单击“新建”按钮，出现“新建 IPv4 地址范围”对话框，在“起始 IP 地址”文本框中输入“192. 168. 10. 11”，在“结束 IP 地址”文本框中输入“192. 168. 10. 20”，如图 11-11 所示，然后单击“确定”按钮即可。

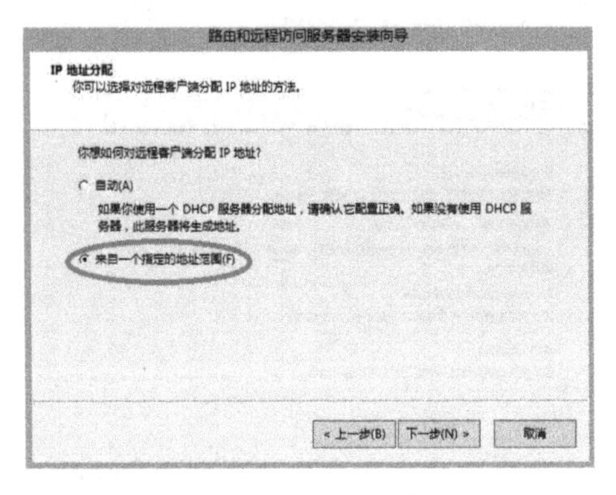

图 11-10　IP 地址分配

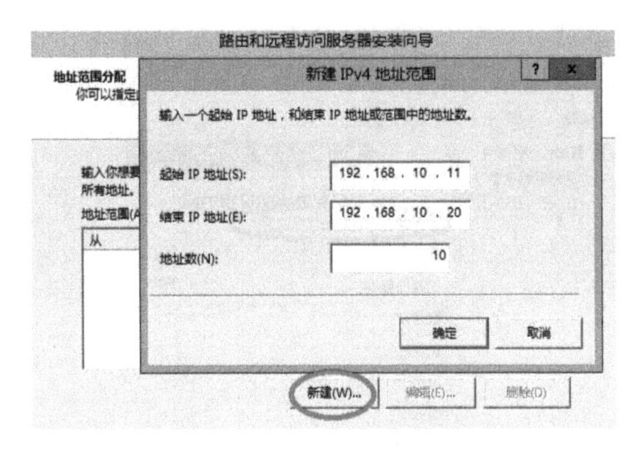

图 11-11　输入 VPN 客户端计算机的 IP 地址范围

4）返回到“地址范围分配”对话框，可以看到已经指定了一段 IP 地址范围。

（5）结束 VPN 配置

1）单击“下一步”按钮，出现“管理多个远程访问服务器”对话框。在该对话框中可以指定身份验证的方法是路由和远程访问服务器还是 RADIUS 服务器，在此选择“否，使用路由和远程访问来对连接请求进行身份验证”单选按钮，如图 11-12 所示。

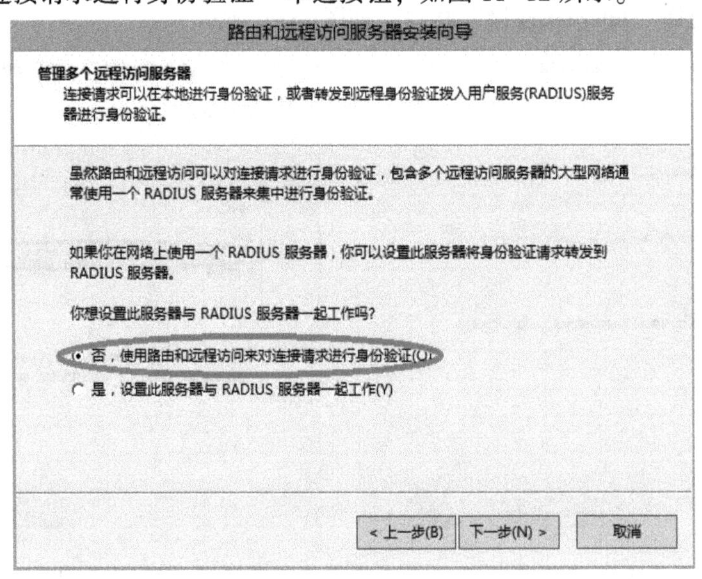

图 11-12　管理多个远程访问服务器

2）单击“下一步”按钮，出现“摘要”对话框，在该对话框中显示了之前步骤所设置的信息。

3）单击“完成”按钮，出现如图 11-13 所示对话框，表示需要配置 DHCP 中继代理程序，最后单击“确定”按钮即可。

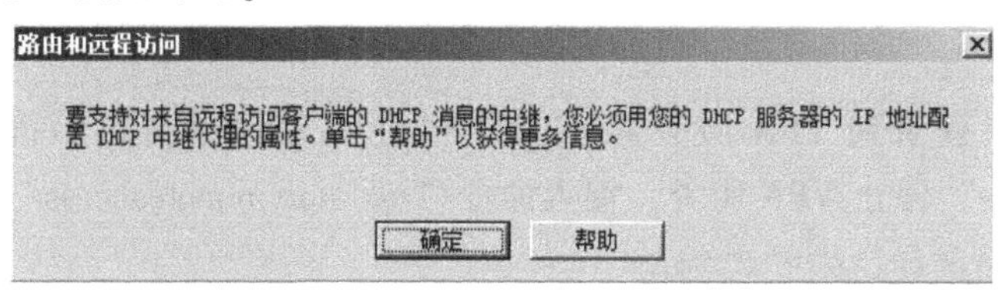

图 11-13　DHCP 中继代理信息

（6）查看 VPN 服务器状态

1）完成 VPN 服务器的创建，返回到如图 11-14 所示的“路由和远程访问”对话框。由于目前已经启用了 VPN 服务，所以显示绿色向上的标识箭头。

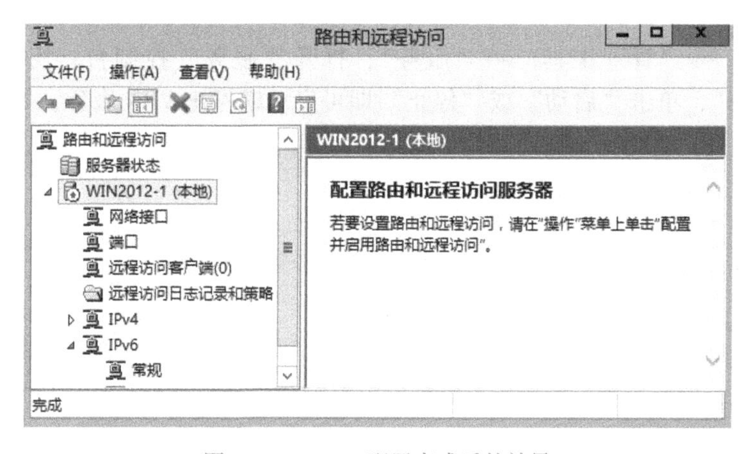

图 11-14　VPN 配置完成后的效果

2）在“路由和远程访问”控制台树中，展开服务器，单击“端口”，在控制台右侧显示所有端口的状态为“不活动”，如图 11-15 所示。

3）在“路由和远程访问”控制台树中，展开服务器，单击“网络接口”，在控制台右侧显示 VPN 服务器上的所有网络接口，如图 11-16 所示。

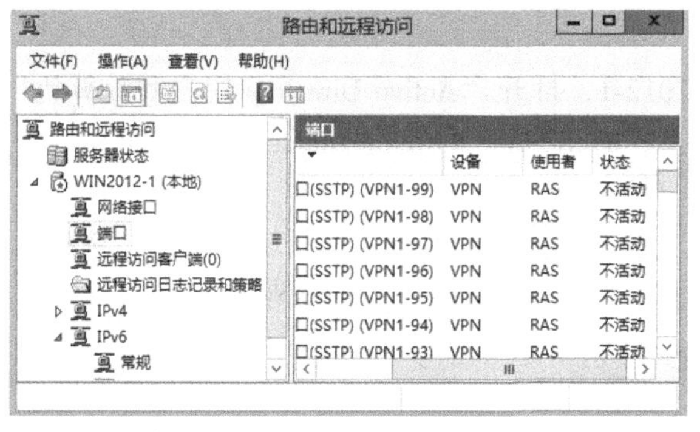

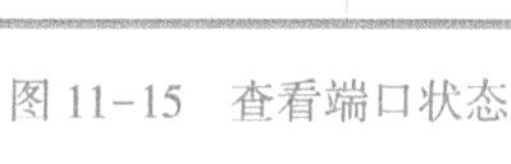

图 11-15　查看端口状态

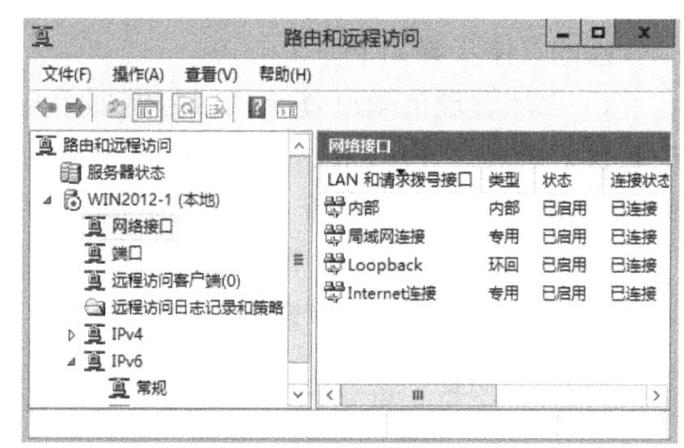

图 11-16　查看网络接口

任务 11-4 停止和启动 VPN 服务

要启动或停止 VPN 服务，可以使用 net 命令、“路由和远程访问”控制台或“服务”控制台，具体步骤如下。

1. 使用 net 命令

以域管理员账户登录到 VPN 服务器 win2012-1 上，在命令行提示符界面中，输入命令“net stop remoteaccess”停止 VPN 服务，输入命令“net start remoteaccess”启动 VPN 服务。

2. 使用“路由和远程访问”控制台

在“路由和远程访问”控制台树中，右击服务器，在弹出的菜单中选择“所有任务”→“停止”或“启动”命令，即可停止或启动 VPN 服务。

VPN 服务停止以后，“路由和远程访问”控制台界面如图 11-6 所示，显示红色向下标识箭头。

3. 使用“服务”控制台

单击“开始”→“管理工具”→“服务”，打开“服务”控制台。找到服务“Routing and Remote Access”，单击“启动”或“停止”即可启动或停止 VPN 服务，如图 11-17 所示。

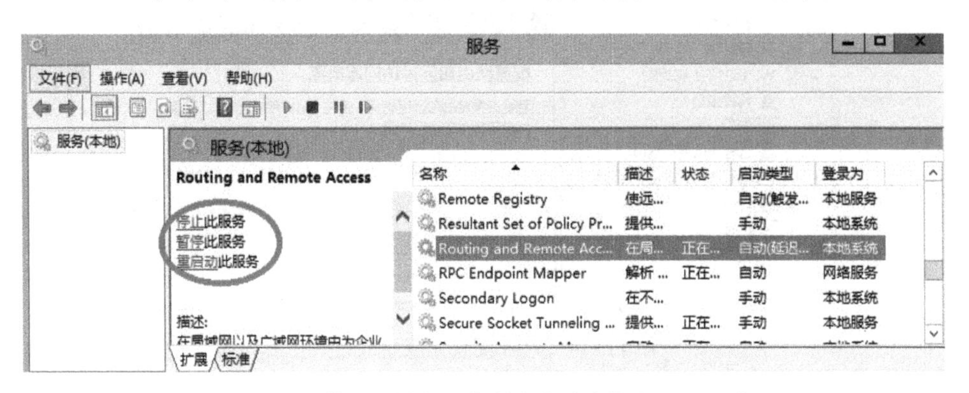

图 11-17 使用“服务”控制台启动或停止 VPN 服务

任务 11-5 配置域用户账户允许 VPN 连接

在域控制器 win2012-1 上设置允许用户“Administrator@long. com”使用 VPN 连接到 VPN 服务器的具体步骤如下。

1）以域管理员账户登录到域控制器上 win2012-1，打开“Active Directory 用户和计算机”控制台。依次打开“long. com”和“Users”节点，右击用户“Administrator”，在弹出菜单中选择“属性”命令，打开“Administrator 属性”对话框。

2）在“Administrator 属性”对话框中选择“拨入”选项卡。在“网络访问权限”选项区域中选择“允许访问”单选框，如图 11-18 所示，最后单击“确定”按钮即可。

任务 11-6 在 VPN 端建立并测试 VPN 连接

在 VPN 端计算机 win2012-3 上建立 VPN 连接并连接到 VPN 服务器上，具体步骤如下。

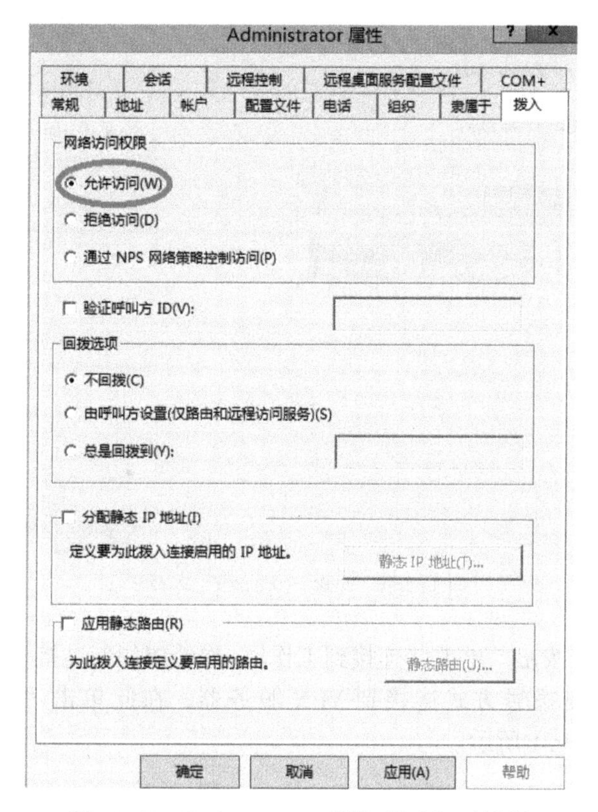

图 11-18　“Administrator 属性-拨入”对话框

1. 在客户端计算机上新建 VPN 连接

1）以本地管理员账户登录到 VPN 客户端计算机 win2012-3 上，单击“开始”→“控制面板”→“网络和 Internet”→“网络和共享中心”，打开如图 11-19 所示的“网络和共享中心”窗口。

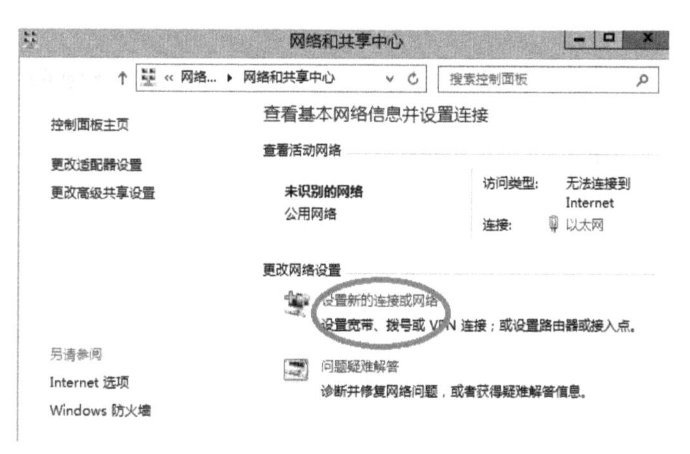

图 11-19　“网络和共享中心”窗口

2）单击“设置新的连接或网络”按钮，打开“设置连接或网络”对话框，通过该对话框可以建立连接以连接到 Internet 或专用网络，在此选择“连接到工作区”连接选项，如图 11-20 所示。

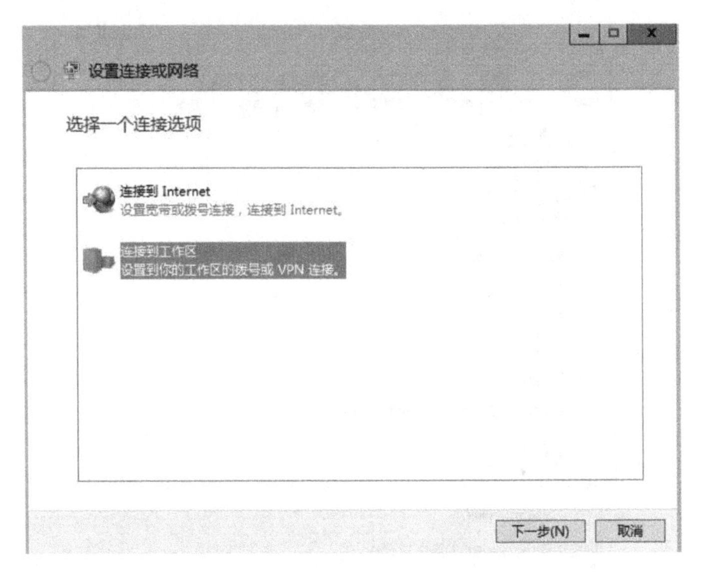

图 11-20 选择“连接到工作区”

3）单击“下一步”按钮，出现“连接到工作区-你希望如何连接?”对话框，在该对话框中指定使用 Internet 还是拨号方式连接到 VPN 服务器，在此单击“使用我的 Internet 连接（VPN）”选项，如图 11-21 所示。

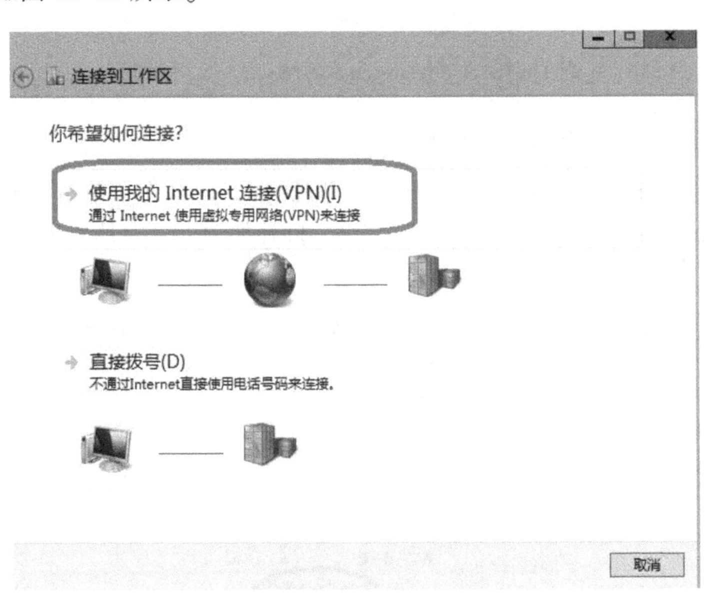

图 11-21 选择“使用我的 Internet 连接（VPN）”

4）接着出现“连接到工作区-您想在继续之前设置 Internet 连接吗?”对话框，在该对话框中设置 Internet 连接，由于本实例 VPN 服务器和 VPN 客户端计算机是物理直接连接在一起的，所以单击“我将稍后设置 Internet 连接”，如图 11-22 所示。

5）接着出现如图 11-23 所示的“连接到工作区-输入要连接的 Internet 地址”对话框，在“Internet 地址”文本框中输入 VPN 服务器的外网网卡 IP 地址为“200.1.1.1”，并设置目标名称为“VPN 连接”。

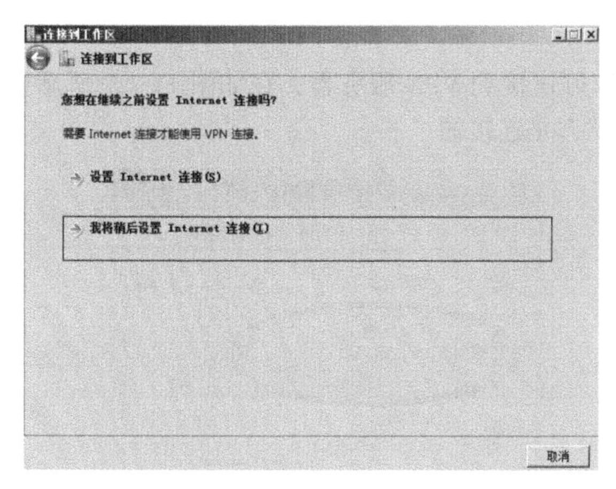

图 11-22　设置 Internet 连接

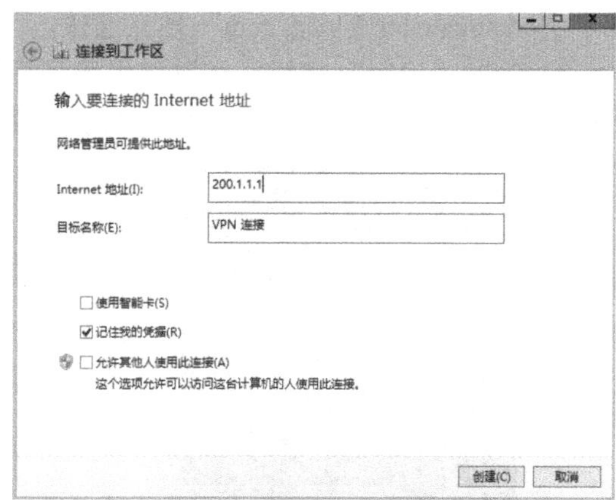

图 11-23　输入要连接的 Internet 地址

6）单击“创建”按钮，出现“连接到工作区-输入您的用户名和密码”对话框，在此输入希望连接的用户名、密码以及域，如图 11-24 所示。

7）单击“创建”按钮创建 VPN 连接，接着出现“连接到工作区-连接已经使用”对话框。创建 VPN 连接完成。

2. 未连接到 VPN 服务器时的测试

1）以管理员身份登录服务器“win2012-3”，打开 Windows powershell 或者在运行处输入“cmd”。

2）在 win2012-3 上使用“ping”命令分别测试与 win2012-1 和 win2012-2 的连通性。如图 11-25 所示。

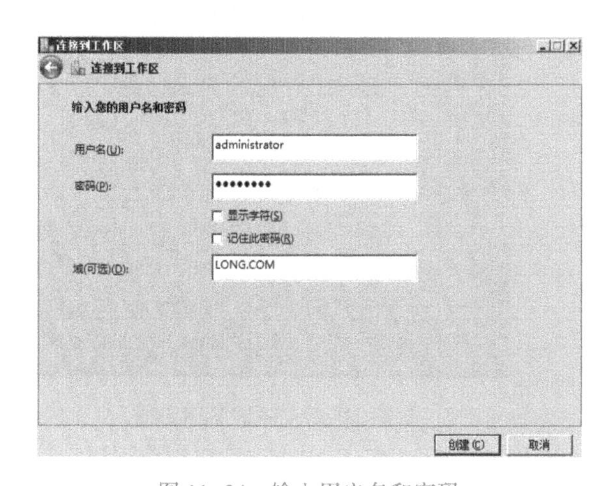

图 11-24　输入用户名和密码

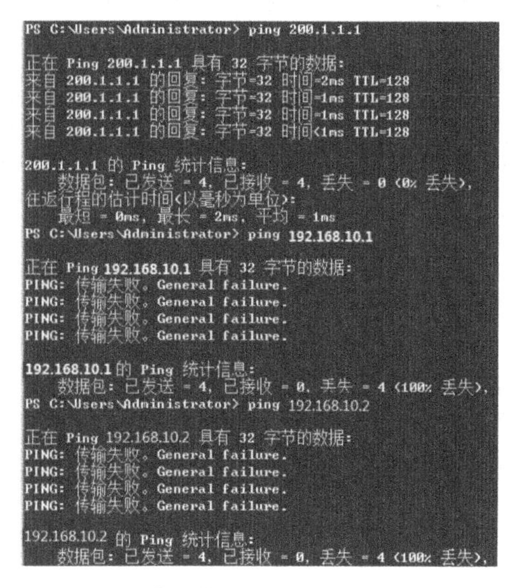

图 11-25　未连接 VPN 服务器时的测试结果

3. 连接到 VPN 服务器

1）单击“开始”，选择弹出菜单中的“网络连接”，双击“VPN 连接”，单击“连接”按钮，打开如图 11-26 所示对话框。在该对话框中输入允许 VPN 连接的账户和密码，在此使用账户“administrator@ long. com”建立连接。

2）单击“确定”按钮，经过身份验证后即可连接到 VPN 服务器，在如图 11-27 所示的“网络连接”界面中可以看到“VPN 连接”的状态是连接的。

图 11-26　连接 VPN

图 11-27　已经连接到 VPN 服务器效果

任务 11-7　验证 VPN 连接

当 VPN 客户端计算机 win2012-3 连接到 VPN 服务器 win2012-1 上之后，可以访问公司内部局域网络中的共享资源，具体步骤如下。

1. 查看 VPN 客户端计算机获取到的 IP 地址

1）在 VPN 客户端计算机 win2012-3 上，打开命令提示符界面，使用命令“ipconfig/all”查看 IP 地址信息，如图 11-28 所示，可以看到 VPN 连接获得的 IP 地址为“192. 168. 10. 13”。

2）先后输入命令“ping192. 168. 10. 1”和“ping 192. 168. 10. 2”测试 VPN 客户端计算机和 VPN 服务器以及内网计算机的连通性，如图 11-29 所示，显示能连通。

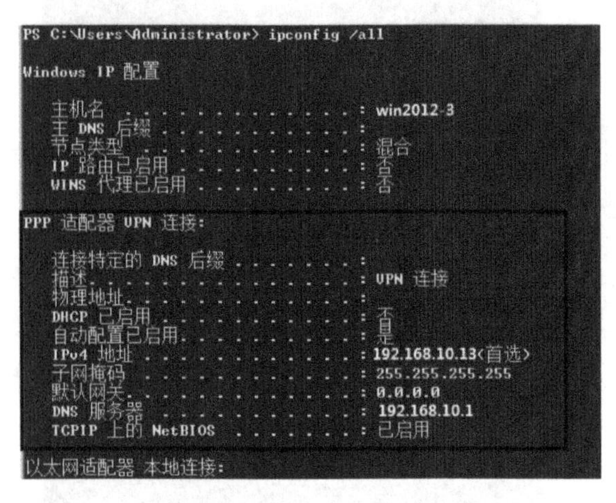

图 11-28　查看 VPN 客户端计算机获取到的 IP 地址

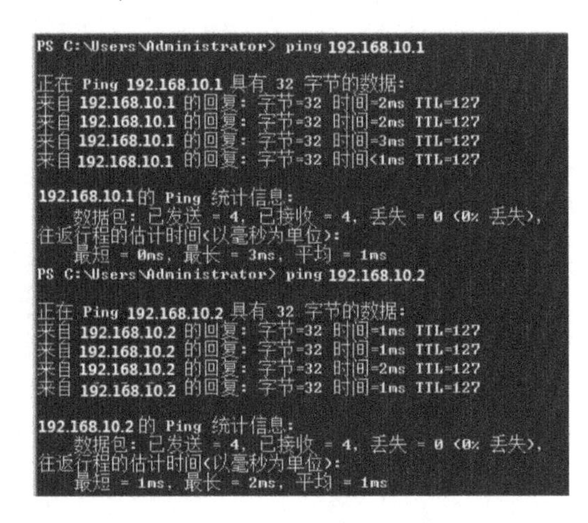

图 11-29　测试 VPN 连接

2. 在 VPN 服务器上的验证

1）以域管理员账户登录到 VPN 服务器上，在“路由和远程访问”控制台树中，展开服务器节点，单击“远程访问客户端”，在控制台右侧显示连接时间以及连接的账户，这表明已经有一个客户端建立了 VPN 连接，如图 11-30 所示。

2）单击“端口”，在控制台右侧界面中可以看到其中一个端口的状态是“活动”，表明有客户端连接到 VPN 服务器。

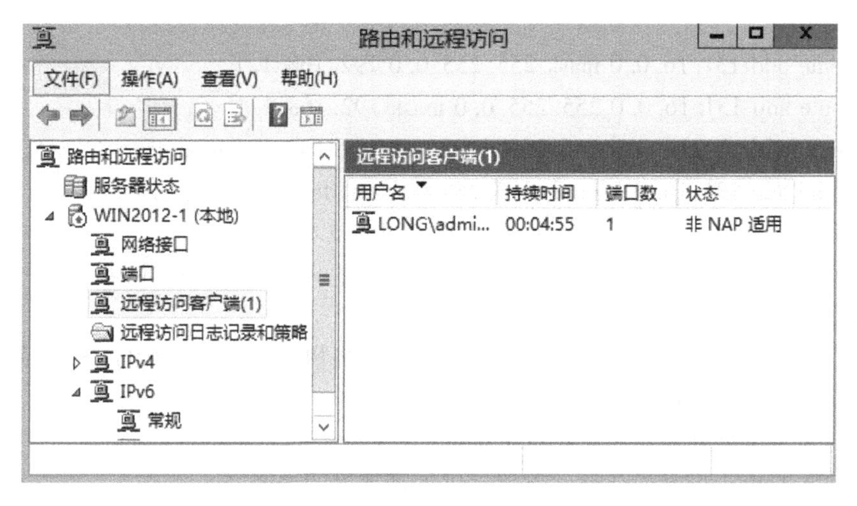

图 11-30　查看远程访问客户端

3）右击该活动端口，在弹出菜单中选择“属性”，打开“端口状态”对话框，在该对话框中显示连接时间、用户以及分配给 VPN 客户端计算机的 IP 地址。

3. 访问内部局域网的共享文件

1）以管理员账户登录到内部网服务器 win2012-2 上，在“计算机”管理器中创建文件夹“C:\share”作为测试目录，在该文件夹内存入一些文件，并将该文件夹共享。

2）以本地管理员账户登录到 VPN 客户端计算机 win2012-3 上，单击“开始”→“运行”，输入内部网服务器 win2012-2 上共享文件夹的 UNC 路径为“\\192.168.10.2”。由于已经连接到 VPN 服务器上，所以可以访问内部局域网络中的共享资源。

4. 断开 VPN 连接

以域管理员账户登录到 VPN 服务器上，在“路由和远程访问”控制台树中依次展开服务器和“远程访问客户端（1）”节点，在控制台右侧右击连接的远程客户端，在弹出的菜单中选择“断开”命令即可断开客户端计算机的 VPN 连接。

11.6 练习题

一、填空题

1. 一个完整的企业局域网通常都由________、________、________、________以及________组成。

2. 组建________后，不论用户在哪，只要能接入 Internet 即可访问企业局域网，大大方便了外地办公。

3. VPN 是________的简称，中文是________；NAT 是________的简称，中文是________。

4. 一般来说，VPN 使用在以下两种场合：________、________。

5. VPN 使用的两种隧道协议是________和________。

二、选择题

1. 一台 Windows Server 2012 计算机的 IP 地址为 192.168.1.100，默认网关为

192.168.1.1。下面（　　）命令用于在该计算机上添加一条去往131.16.0.0网段的静态路由。

A. route add 131.16.0.0 mask 255.255.0.0 192.168.1.1

B. route add 131.16.0.0 255.255.0.0 mask 192.168.1.1

C. route add 131.16.0.0 255.255.0.0 mask 192.168.1.1 interface 192.168.1.100

D. route add 131.16.0.0 mask 255.255.0.0 interface 192.168.1.1

2. 下列选项中，（　　）不是创建VPN所采用的技术。

A. PPTP　　B. PKI　　C. L2TP　　D. IPSec

3. 以下关于VPN的说法正确的是（　　）。

A. VPN指的是用户自己租用线路，和公共网络物理上完全隔离的、安全的线路

B. VPN指的是用户通过公用网络建立的临时的、安全的连接

C. VPN不能做到信息认证和身份认证

D. VPN只能提供身份认证、不能提供加密数据的功能

4. 有关PPTP（Point-to-Point Tunnel Protocol）的说法正确的是（　　）。

A. PPTP是Netscape提出的

B. 微软从NT3.5以后对PPTP开始支持

C. PPTP可用在微软的路由和远程访问服务上

D. 它是传输层上的协议

5. 有关L2TP（Layer 2 Tunneling Protocol）说法有误的是（　　）。

A. L2TP是由PPTP和Cisco公司的L2F组合而成

B. L2TP可用于基于Internet的远程拨号访问

C. 为PPP的客户建立拨号连接的VPN连接

D. L2TP只能通过TCT/IP连接

6. 用户通过本地的信息提供商（ISP）登录到Internet上，并在现在的办公室和公司内部网之间建立一条加密通道。这种访问方式属于哪一种VPN？（　　）

A. 内部网VPN　　B. 远程访问VPN

C. 外联网VPN　　D. 以上皆有可能

三、简答题：

1. 什么是专用地址和公用地址？

2. 企业局域网设计一般需要遵循什么原则？

3. 为什么要划分子网？

11.7 项目实训11　配置与管理VPN服务器

一、实训目的

10.7和11.7 配置与管理 VPN和NAT 服务器

- 掌握远程访问服务的实现方法。
- 掌握VPN的实现方法。

二、实训要求

根据如图11-2所示的环境来部署VPN服务器。

三、实训指导

根据网络拓扑图 11-2，完成如下任务。

1）部署架设 VPN 服务器的需求和环境。
2）为 VPN 服务器添加第二块网卡。
3）安装“路由和远程访问服务”角色。
4）配置并启用 VPN 服务。
5）停止和启动 VPN 服务。
6）配置域用户账户允许 VPN 连接。
7）在 VPN 端建立并测试 VPN 连接。
8）验证 VPN 连接。

四、实训思考题

- 什么是 VPN？简述其工作原理。
- 如何配置 VPN 端口？
- 如何配置 VPN 用户账户？
- 如何测试 VPN 连接？

局域网管理与安全

——千里之堤，毁于蚁穴

- 项目 12　局域网性能与安全管理
- 项目 13　局域网故障排除与维护

项目12 局域网性能与安全管理

12.1 项目导入

确保网络系统稳定正常运行是网络管理员的首要工作，往往很多用户认为网络系统能够正常运行就万事大吉，其实很多网络故障的发生正是由于平时的疏忽所致。为了能够让网络稳定正常运行，就需要经常对网络系统进行监测和维护，让网络始终处于最佳工作状态。

网络系统监测与性能优化是保证网络安全的基础。

12.2 职业能力目标和要求

◇ 掌握启动可靠性和性能监视器。
◇ 掌握创建数据收集器集。
◇ 掌握查看数据报告。
◇ 掌握综合利用性能优化的方法。

12.3 项目实施

Windows Server 2012 中，允许管理员对本地安全进行设置，从而达到提高系统安全性的目的。Windows Server 2012 对登录本地计算机的用户都定义了一些安全设置。所谓本地计算机是指用户登录执行 Windows Server 2012 的计算机，在没有活动目录集中管理的情况下，本地管理员必须为计算机进行本地安全设置，例如，限制用户如何设置密码、通过账户策略设置账户安全性、通过锁定账户策略避免他人登录计算机、指派用户权限等。将这些安全设置分组管理，就组成了 Windows Server 2012 的本地安全策略。

系统管理员可以通过本地安全策略，确保执行的 Windows Server 2012 计算机的安全。例如，通过判断账户的密码长度和复杂性是否符合要求，系统管理员可以设置允许哪些用户登录本地计算机，以及从网络访问这台计算机的资源，进而控制用户对本地计算机资源和共享资源的访问。

Windows Server 2012 在“管理工具”对话框中提供了“本地安全策略”控制台，可以集中管理本地计算机的安全设置原则。使用管理员账户登录本地计算机，即可打开“本地安全策略”窗口，如图 12-1 所示。

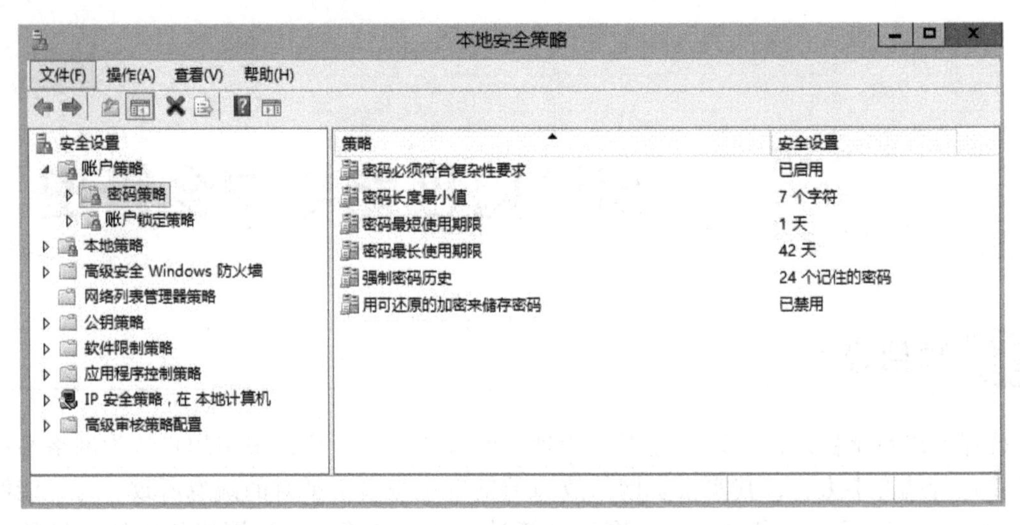

图 12-1　“本地安全策略”窗口

任务 12-1　配置账户策略

用户密码是保证计算机安全的第一道屏障，是计算机安全的基础。如果用户账户特别是管理员账户没有设置密码，或者设置的密码非常简单，那么计算机将很容易被非授权用户登录，进而访问计算机资源或更改系统配置。目前互联网上的攻击很多都是因为密码设置过于简单或根本没设置密码造成的，因此应该设置合适的密码和密码设置原则，从而保证系统的安全。

Windows Server 2012 的密码原则主要包括以下 4 项：密码必须符合复杂性要求、密码长度最小值、密码使用期限和强制密码历史等。

（1）启用“密码复杂性要求”

对于工作组环境的 Windows 系统，默认密码没有设置复杂性要求，用户可以使用空密码或简单密码，如“123”“abc”等，这样黑客很容易通过一些扫描工具得到系统管理员的密码。对于域环境的 Windows Server 2012，默认即启用密码复杂性要求。要使本地计算机启用密码复杂性要求，只要在“本地安全策略”对话框中选择“账户策略”下的“密码策略”选项，双击右窗格中的“密码必须符合复杂性要求”图标，打开其属性对话框，选择“已启用”单选项即可，如图 12-2 所示。

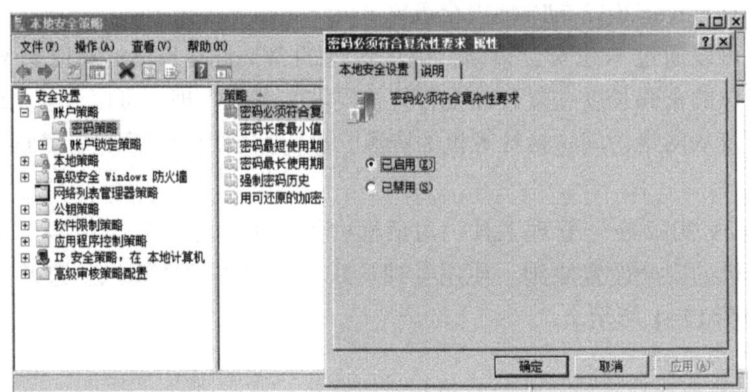

图 12-2　启用密码复杂性要求

启用密码复杂性要求后，所有用户设置的密码必须包含字母、数字和标点符号等才能符合要求。例如，密码“ab%&3D80”符合要求，而密码“asdfgh”不符合要求。

（2）设置“密码长度最小值”

默认密码长度最小值为 0 个字符。在设置密码复杂性要求之前，系统允许用户不设置密码。但为了系统的安全，最好设置最小密码长度为 6 或更长的字符。在“本地安全策略”对话框中，选择“账户策略”下的“密码策略”选项，双击右边的“密码长度最小值”，在打开的对话框中输入密码最小长度即可。

（3）设置“密码使用期限”

默认的密码最长有效期为 42 天，用户账户的密码必须在 42 天之后修改，也就是说，密码会在 42 天之后过期。默认的密码最短有效期为 0 天，即用户账户的密码可以立即修改。与前面类似可以修改默认密码的最长有效期和最短有效期。

（4）设置“强制密码历史”

默认强制密码历史为 0 个。如果将强制密码历史改为 3 个，则系统会记住最后 3 个用户设置过的密码。当用户修改密码时，如果为最后 3 个密码之一，系统将拒绝用户的要求，这样可以防止用户重复使用相同的字符来组成密码。与前面类似，可以修改强制密码历史设置。

任务 12-2　配置“账户锁定策略”

Windows Server 2012 在默认情况下，没有对账户锁定进行设置。此时，对黑客的攻击没有任何限制，黑客可以通过自动登录工具和密码猜解字典进行攻击，甚至可以进行暴力模式的攻击。因此，为了保证系统的安全，最好设置账户锁定策略。账户锁定原则包括如下设置：账户锁定阈值、账户锁定时间和重设账户锁定计算机的时间间隔。

账户锁定阈值默认为“0 次无效登录”，可以设置为 5 次或更多次数以确保系统安全，如图 12-3 所示。

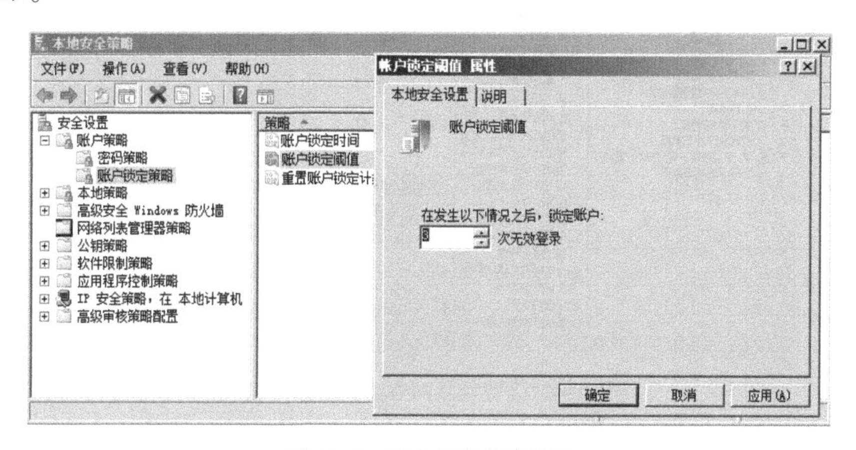

图 12-3　账户锁定阈值设置

如果账户锁定阈值设置为 0 次，则不可以设置账户锁定时间。在修改账户锁定阈值后，如果将账户锁定时间设置为 30 分钟，那么当账户被系统锁定 30 分钟之后会自动解锁。这个值的设置可以延迟它们继续尝试登录系统。如果账户锁定时间设定为 0 分钟，则表示账户将被自动锁定，直到系统管理员解除锁定。

复位账户锁定计数器设置在登录尝试失败计数器被复位为 0（0 次失败登录尝试）之前，尝试登录失败之后所需的分钟数。有效范围为 1~99 999 分钟。如果定义了账户锁定阈值，则该复位时间必须小于或等于账户锁定时间。

任务 12-3 配置“本地策略”

1. 配置“用户权限分配”

12.3-3 安全管理 Windows Server 2012

Windows Server 2012 将计算机管理各项任务设置为默认的权限，例如，从本地登录系统、更改系统时间、从网络连接到该计算机、关闭系统等。系统管理员在新增用户账户和组账户后，如果需要指派这些账户管理计算机的某项任务，可以将这些账户加入内置组，但这种方式不够灵活。系统管理员可以单独为用户或组指派权限，这种方式提供了更好的灵活性。

用户权限的分配在“本地安全策略”对话框的“本地策略”下设置。下面举例来说明如何配置用户权限。

（1）设置“从网络访问此计算机”

从网络访问这台计算机是指允许哪些用户及组通过网络连接到该计算机，默认为 Administrators、Backup Operators、Users 和 Everyone 组，如图 12-4 所示。由于允许 Everyone 组通过网络连接到此计算机，所以网络中的所有用户默认都可以访问这台计算机。从安全角度考虑，建议将 Everyone 组删除，这样当网络用户连接到这台计算机时，就需要输入用户名和密码，而不是直接连接访问。

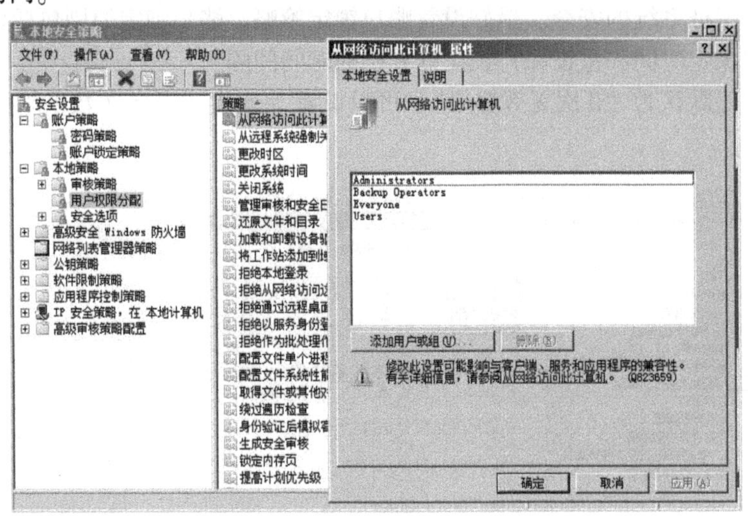

图 12-4 设置“从网络访问此计算机”

与该设置相反的是“拒绝从网络访问这台计算机”，该安全设置决定哪些用户被明确禁止通过网络访问计算机。如果某用户账户同时符合此项设置和“从网络访问此计算机”，那么禁止访问优先于允许访问。

（2）设置“允许本地登录”

在本地登录是指允许哪些用户可以交互式地登录此计算机，默认为 Administrators、Backup Operators、Users，如图 12-5 所示。另一个安全设置是“拒绝本地登录”，默认用户或组为空。

同样，如果某用户既属于“在本地登录”，又属于“拒绝本地登录”，那么该用户将无法在本地登录计算机。

(3) 设置“关闭系统”

关闭系统是指允许哪些本地登录计算机的用户可以关闭操作系统。默认能够关闭系统的是Administrators、Backup Operators。

注意： 如果在以上各种属性中单击“说明”选项卡，计算机会显示帮助信息。图 12-6 所示为“关闭系统属性”对话框中的“说明”选项卡。

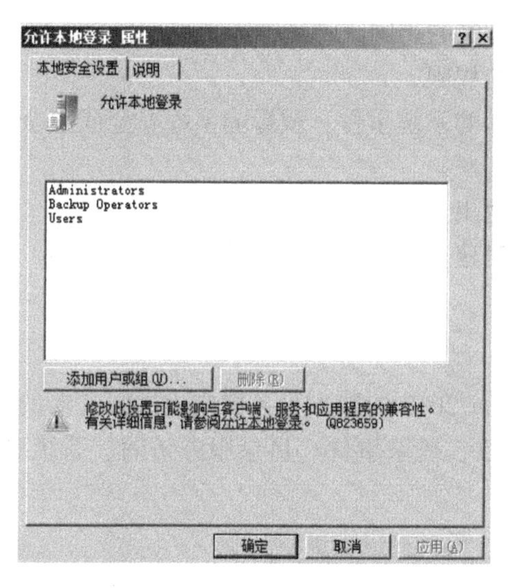

图 12-5　允许本地登录

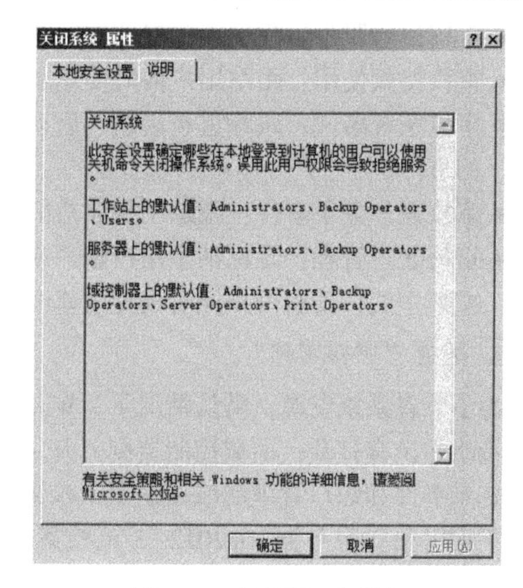

图 12-6　“说明”选项卡

默认 Users 组用户可以从本地登录计算机，但是不在“关闭系统”成员列表中，所以Users 组用户能从本地登录计算机，但是登录后无法关闭计算机。这样可避免普通权限用户误操作导致关闭计算机而影响关键业务系统的正常运行。例如，属于 Users 组的用户 user1 从本地登录到系统，当用户执行“开始”→“关机”命令时，只能使用“注销”功能，而不能使用“关机”和“重新启动”等功能，也不可以执行 shutdown. exe 命令关闭计算机。

在“用户权限分配”树中，管理员还可以设置其他各种权限的分配。需要指出的是，这里讲的用户权限是指登录到系统的用户有权在系统上完成某些操作。如果用户没有相应的权限，则执行这些操作的尝试是被禁止的。权限适用于整个系统，它不同于针对对象（如文件、文件夹等）的权限，后者只适用于具体的对象。

2. 认识审核

审核提供了一种在 Windows Server 2012 中跟踪所有事件从而监视系统访问的方法。它是保证系统安全的一个重要工具。审核允许跟踪特定的事件，具体地说，审核允许跟踪特定事件的成败。例如，可以通过审核登录来跟踪谁登录成功以及谁（以及何时）登录失败；还可以审核对给定文件夹或文件对象的访问，跟踪是谁在使用这些文件夹和文件以及对它们进行了什么操作。这些事件都可以记录在安全日志中。

虽然可以审核每一个事件，但这样做并不实际，因为如果设置或使用不当，会使服务器超载。不提倡打开所有的审核，也不建议完全关闭审核，而是要有选择地审核关键的用户、关键的文件以及关键的事件和服务。

Windows Server 2012 允许设置的审核策略包括如下几项。

- 审核策略更改：跟踪用户权限或审核策略的改变。
- 审核登录事件：跟踪用户登录、注销任务或本地系统账户的远程登录服务。
- 审核对象访问：跟踪对象何时被访问以及访问的类型。例如，跟踪对文件夹、文件、打印机等的使用。利用对象的属性（如文件夹或文件的“安全”选项卡）可配置对指定事件的审核。
- 审核过程跟踪：跟踪诸如程序启动、复制、进程退出等事件。
- 审核目录服务访问：跟踪对 Active Directory 对象的访问。
- 审核特权使用：跟踪用户何时使用了不应有的权限。
- 审核系统事件：跟踪重新启动、启动或关机等的系统事件，或影响系统安全或安全日志的事件。
- 审核账户登录事件：跟踪用户账户的登录和退出。
- 审核账户管理：跟踪某个用户账户或组是何时建立、修改和删除的，是何时改名、启用或禁止的，其密码是何时设置或修改的。

3. 配置“审核策略”

为了节省系统资源，默认情况下，Windows Server 2012 的独立服务器或成员服务器的本地审核策略并没有打开；而域控制器则打开了策略更改、登录事件、目录服务访问、系统事件、账户登录事件和账户管理的域控制器审核策略。

下面以独立服务器 win2012-3 审核策略的配置过程为例介绍其配置方法。

1）执行“开始”→“管理工具”→“本地安全策略”命令，依次选择“安全设置”→“本地策略”→“审核策略”，打开如图 12-7 所示的对话框。

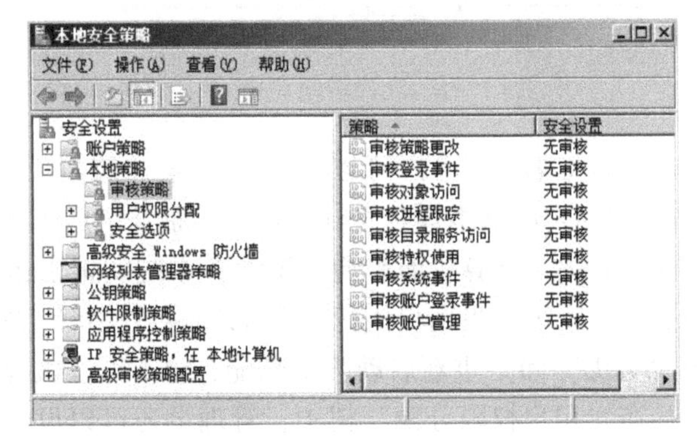

图 12-7 本地安全策略-审核

2）在该对话框的右窗格中双击某个策略，可以显示出其设置。例如双击审核登录事件，将打开“审核登录事件属性”对话框。可以审核成功登录事件，也可以审核失败的登录事件，以便跟踪非授权使用系统的企图。

3）选择“成功”复选框或“失败”复选框或两者都选，然后单击“确定”按钮，完成配置。这样每次用户的登录或注销事件都能在事件查看器的“安全性”中看到审核的记录。

如果要审核对给定文件夹或文件对象的访问，可通过如下方法设置。

- 打开“Windows 资源管理器”对话框，右击文件夹（如“C:\Windows”文件夹）或文件，在弹出的快捷菜单中选择“属性”选项，打开其属性对话框。
- 选择“安全”选项卡，如图 12-8 所示，然后单击“高级”按钮，打开“高级安全设置”对话框。
- 选择“审核”选项卡，显示审核属性，如图 12-9 所示，然后单击“添加”按钮。

图 12-8　Windows 文件夹的“安全”选项卡

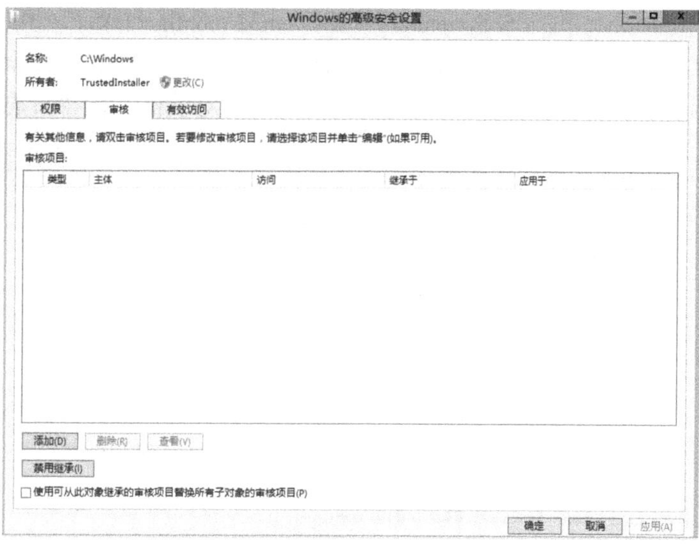

图 12-9　高级安全设置的“审核”选项卡

4）在“Windows 的审核项目”对话框中单击“选择主体”按钮，在弹出的对话框中，选择所要审核的用户、计算机或组，输入要选择的对象名称，如“Administrator”，如图 12-10所示，单击“确定”按钮。

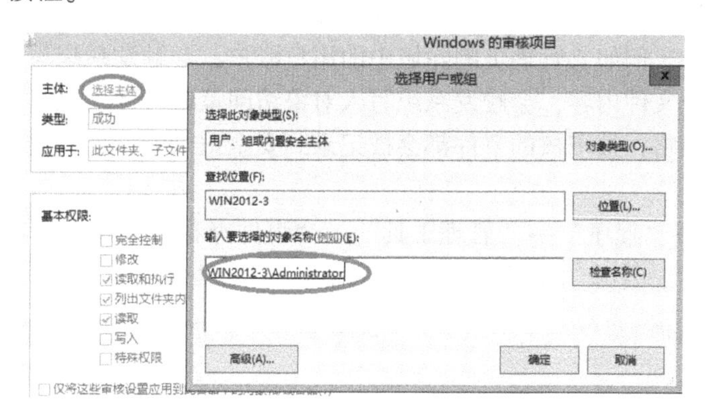

图 12-10　选择用户、计算机或组

5）回到“Windows 的审核项目”对话框，在“高级权限”中列出了被选中对象的可审核的事件，包括“完全控制”“读取属性”“写入属性”“删除”等 14 项事件，如图 12-11 所示。也可单击“显示基本权限”更改权限范围。

6）定义完对象的审核策略后，单击“确定”按钮，关闭对象的属性对话框，审核立即开始生效。

提示：在“本地安全策略”中还可以设置“安全选项”，包括“设置关机选项”“设置交互登录”“设置账户状态”等内容，请读者做一做。

4. 查看安全记录

审核策略配置好后，相应的审核记录都将记录在安全日志文件中，日志文件名为 SecEvent. Evt，位于%Systemroot%\System32\config 目录下。用户可以设置安全日志文件的大小，方法是打开“事件查看器”对话框，在左窗格中右击“安全性”图标，在弹出的快捷菜单中选择“属性”选项，打开“安全性属性”对话框，在“日志大小”选项区域中进行调整。

Windows 的审核项目
主体: Administrator (WIN2012-3\Administrator) 选择主体
类型: 成功
应用于: 此文件夹、子文件夹和文件
高级权限: 显示基本权限
完全控制
遍历文件夹/执行文件
列出文件夹/读取数据
读取属性
读取扩展属性
创建文件/写入数据
创建文件夹/附加数据
写入属性
写入扩展属性
删除子文件夹及文件
删除
读取权限
更改权限
取得所有权
仅将这些审核设置应用到此容器中的对象和/或容器(T)
全部清除

图 12-11　Windows 文件夹的审核项目

在事件查看器中可以查看到很多事件日志，包括应用程序日志、安全日志、Setup 日志、系统日志、转发事件日志等。通过查看这些事件日志，管理员可以了解系统和网络的情况，也能跟踪安全事件。当系统出现故障问题时，管理员可以通过日志记录进行查错或恢复系统。

安全事件用于记录关于审核的结果。打开计算机的审核功能后，计算机或用户的行为会触发系统安全记录事件。例如，管理员删除域中的用户账户，会触发系统写入目录服务访问策略事件记录；修改一个文件内容，会触发系统写入对象访问策略事件记录。

只要做了审核策略，被审核的事件都会被记录到安全记录中，可以通过事件查看器查到每一条安全记录。

执行“开始”→“程序”→“管理工具”→“事件查看器”命令或者在命令行对话框中输入“eventvwr. msc”，打开“事件查看器”对话框，即可查看安全记录，如图 12-12 所示。

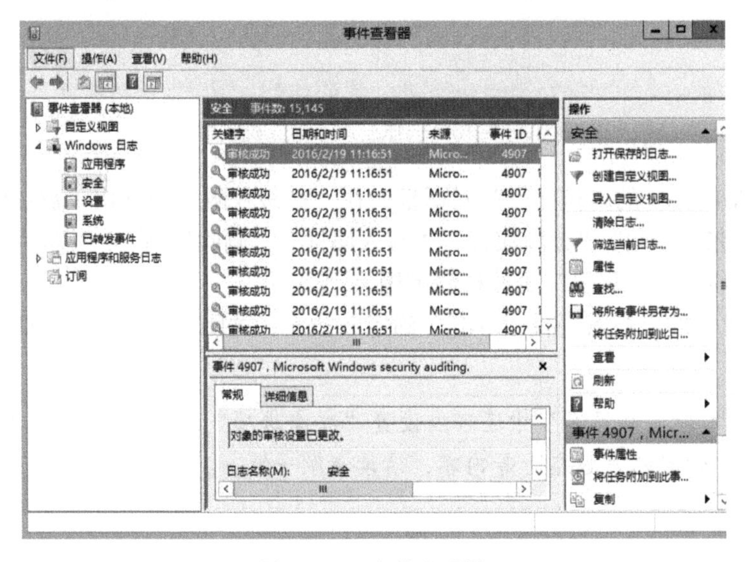

图 12-12　事件查看器

安全记录的内容包括如下几项。

- 类型：包括审核成功或失败。
- 日期：事件发生的日期。
- 时间：事件发生的时间。
- 来源：事件种类，安全事件为 Security。
- 分类：审核策略，例如登录/注销、目录服务访问、账户登录等。
- 事件：指定事件标识符，标明事件 ID，为整数值。
- 用户：触发事件的用户名称。
- 计算机：指定事件发生的计算机名称，一般是本地计算机名称。

事件 ID 可以用来识别登录事件，系统使用的多为默认的事件 ID，一般值都小于 1024 B。常见的事件 ID 如表 12-1 所示。

表 12-1　常用的事件 ID 及描述

事件 ID	ID 描述
528	用户已成功登录计算机
529	登录失败。尝试以不明的用户名称，或已知用户名称与错误密码登录
530	登录失败。尝试在允许的时间之外登录
531	登录失败。尝试使用已禁用的账户登录
532	登录失败。尝试使用过期的账户登录
533	登录失败。不允许登录此计算机的用户尝试登录
534	登录失败。尝试以不允许的类型登录
535	登录失败。特定账户的密码已经过期
536	登录失败。NetLogon 服务不在使用中
537	登录失败。登录尝试因为其他原因而失败
538	用户的注销程序已完成
539	登录失败。尝试登录时账户已锁定
540	用户已成功登录网络
542	数据信道已终止
543	主要模式已终止
544	主要模式验证失败。因为对方并未提供有效的验证，或签章未经确认
545	主要模式验证失败。因为 Kerberos 失败或密码无效
548	登录失败。来自受信任域的安全标识符（SID）与客户端的账户域 SID 不符合
549	登录失败。所有对应到不受信任的 SID 都会在跨树系的验证时被筛选掉
550	通知信息，指出可能遭拒绝服务的攻击事件
551	用户已启动注销程序
552	用户在认证成功登录计算机的同时，又使用不同的用户身份登录
682	用户重新连接到中断连接的终端服务器会话
683	用户没有注销，但中断与终端服务器会话的连接

任务 12-4　使用性能监视器

在 Windows Server 2012 中提供了功能非常强大的可靠性和性能监视器组件，它不仅可以实时监视应用程序和硬件性能、自定义在日志中收集的数据、设置警报和自动操作的阈值，还能够生成报告以及以各种方式查看过去的性能数据。在 Windows Server 2012 的可靠性和性能监视器中整合了以前独立工具的功能，包括性能日志和警报、服务器性能审查程序和系统监视器，主要提供了两个监视工具：资源监视器和性能监视器。

在 Windows Server 2012 中依次选择“开始”→“管理工具”→“性能监视器”命令可以打开性能监视器，实时查看性能数据，也可以从日志文件中查看，如图 12-13 所示。创建数据收集器集以配置和计划性能计数器、事件跟踪和配置数据收集，以便可以分析结果和查看报告。如果要打开资源监视器，则单击“打开资源监视器”。

提示： 按〈Win+R〉组合键，并输入“perfmon/res”命令可以单独打开资源监视器窗口，如图 12-14 所示。

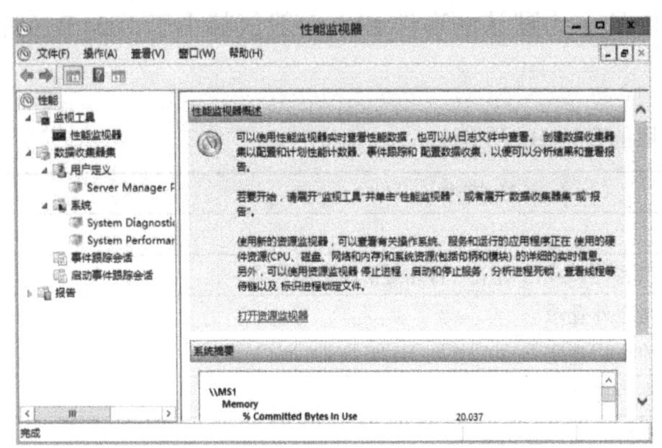

图 12-13 性能监视器

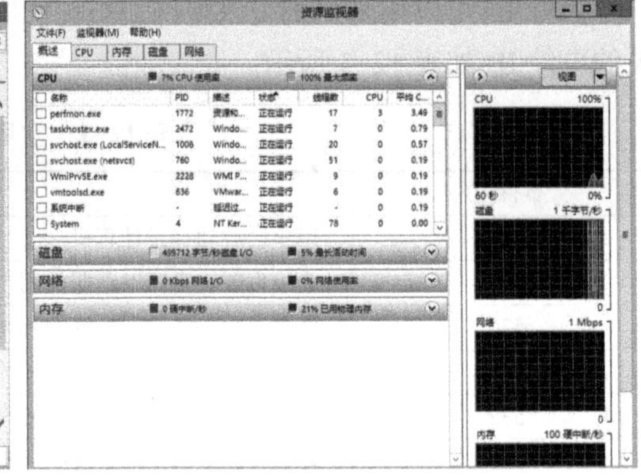

图 12-14 独立的资源监视器窗口

在性能监视器窗口左侧单击“监视工具”→“性能监视器”项目，此时可以在右部区域中使用性能监视器查看具体的性能数据，如图 12-15 所示。性能监视器以实时或查看历史数据的方式显示了内置的 Windows 性能计数器。图中的曲线表示当前系统资源占用的情况，如果曲线值一直大于 60%则说明系统处于满负载状态。

默认情况下，性能监视器只提供了针对 CPU 使用率的监测，也可以根据需要来添加其他类型的监测项目。

1）在性能监视器右部区域右击鼠标，并从弹出的快捷菜单中选择“添加计数器”命令。

2）在如图 12-16 所示的“添加计数器”对话框中提供了多种计数器类型，在此可以根据需要选中某个计数器，接着单击“添加”按钮将其添加到右侧的“添加的计数器”列表中。

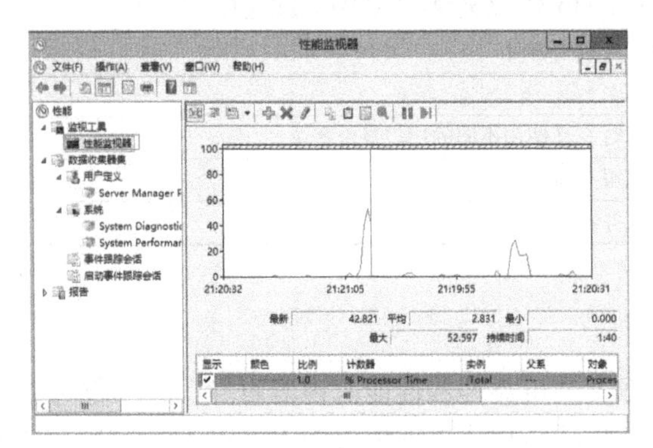

图 12-15 查看性能数据

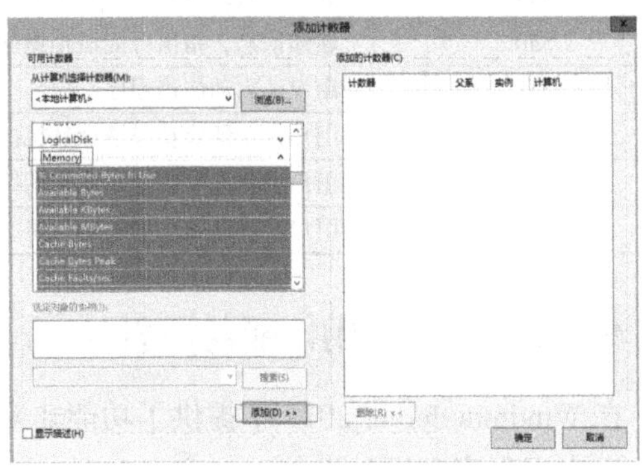

图 12-16 添加计数器

3）可在性能监视器中查看到新增的计数器的统计信息，如图 12-17 所示显示添加的 memory 计数器的统计信息。

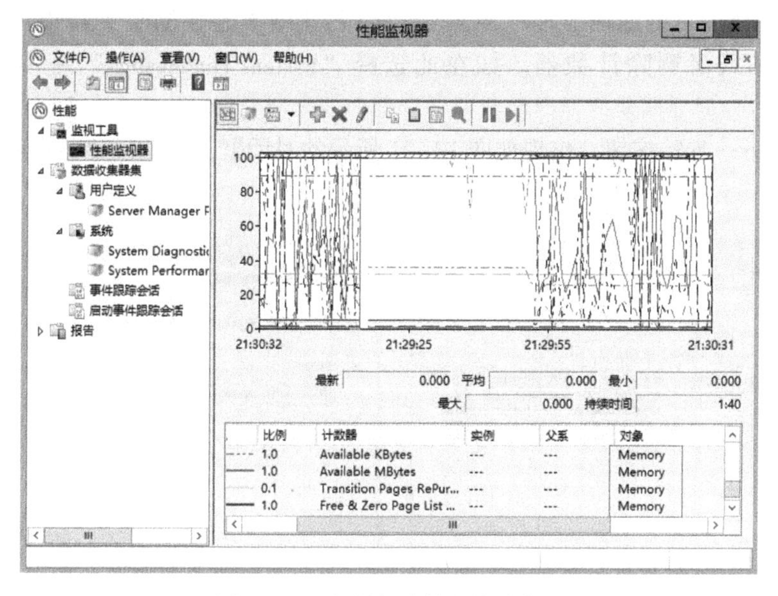

图 12-17　新增的计数器统计信息

任务 12-5　创建数据收集器集

数据收集器集是可靠性和性能监视器中性能监视和报告的功能组件，它将多个数据收集点组织成可用于查看或记录性能的单个组件。数据收集器集可以提供包含性能计数器、事件跟踪数据和系统配置信息等类型的数据收集。创建数据收集器集可以参照下述步骤进行相应的操作。

1）在性能监视器中依次展开“数据收集器集”→“用户定义”项目，在右侧空白区域右击，在弹出的快捷菜单中选择“新建”→“数据收集器集”命令，如图 12-18 所示。

2）在创建新的数据收集器集向导中，先在如图 12-19 所示的对话框中输入一个数据收集器集的名称，例如，此处设置为“新的数据收集器集”，并选择“从模板创建”单选按钮。

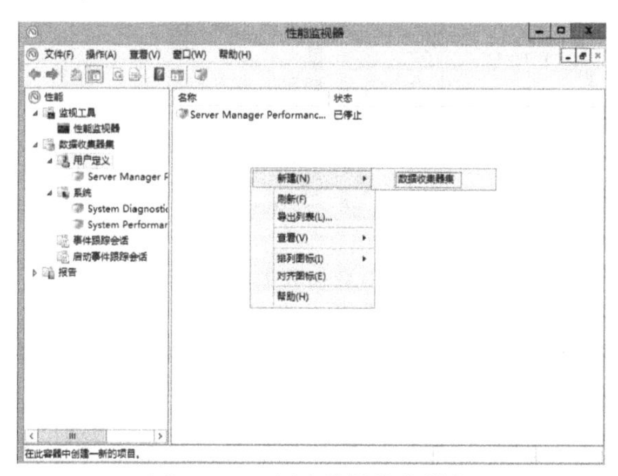

图 12-18　新建数据收集器集

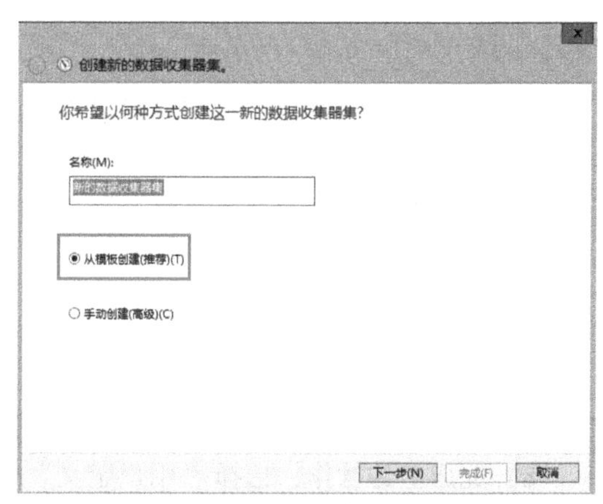

图 12-19　设置新的数据收集器集名称

3）选择使用哪一个模板创建收集器集，这里提供了4种模板，其中“System Diagnostics”模板能够提供最大化性能和简化系统操作的方法；“System Performance”模板可以识别性能问题的可能原因；而“基本”是只创建基本的数据收集器集，以后可以通过编辑属性来添加或者删除计数器。如在此选择“System Diagnostics”一项继续操作，如图12-20所示。

4）单击“下一步”按钮，出现如图12-21所示的对话框，在此设置数据收集器集的数据存放路径。

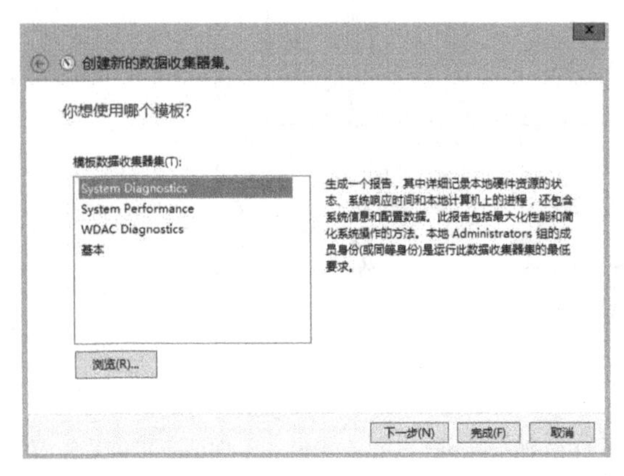

图12-20 选择模板

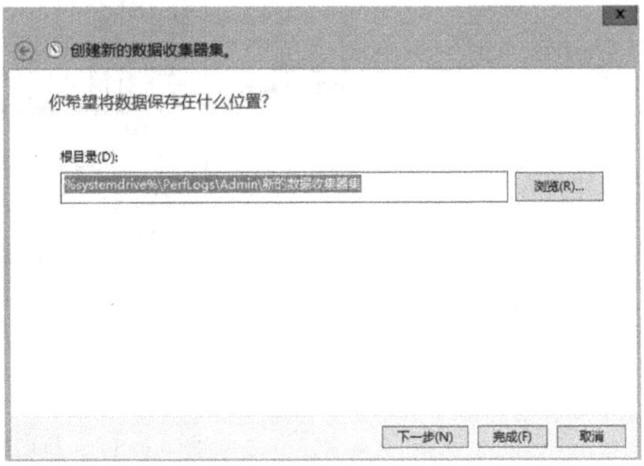

图12-21 设置数据收集器集的数据存放路径

5）最后在如图12-22所示的对话框中选择“保存并关闭”单选按钮，并单击“完成”按钮完成数据收集器集创建操作。

6）创建数据收集器集之后，依次展开“数据收集器集”→“用户定义”→“新的数据收集器集”命令即可在右侧区域中查看到该数据收集器集中包含的内容，如图12-23所示。

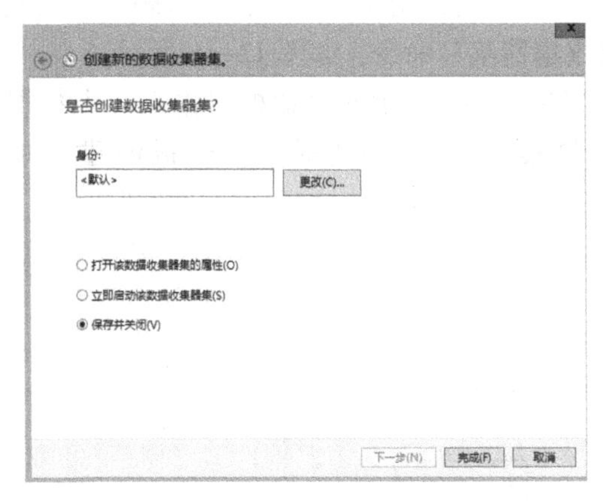

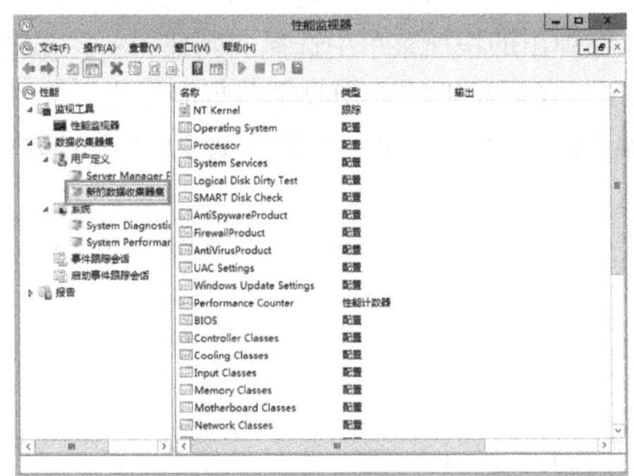

图12-22 完成数据收集器集创建

图12-23 查看数据收集器集项目

7）在“性能计数器”上右击，在弹出的快捷菜单中选择“属性”命令，可在如图12-24所示的对话框中选择相应的项目添加到数据收集器集中。

8）完成上述操作，选择“用户定义”一项，右击刚才新建的数据收集器，从弹出的快捷菜单中选择“开始”命令，即可让该数据收集器集生效，如图12-25所示。

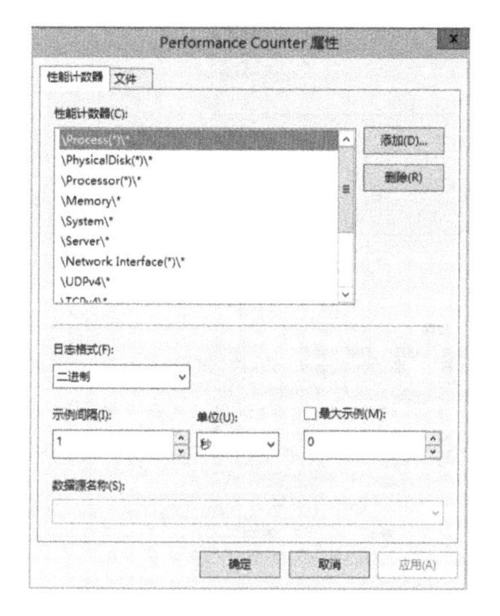

图 12-24　添加数据收集器集项目

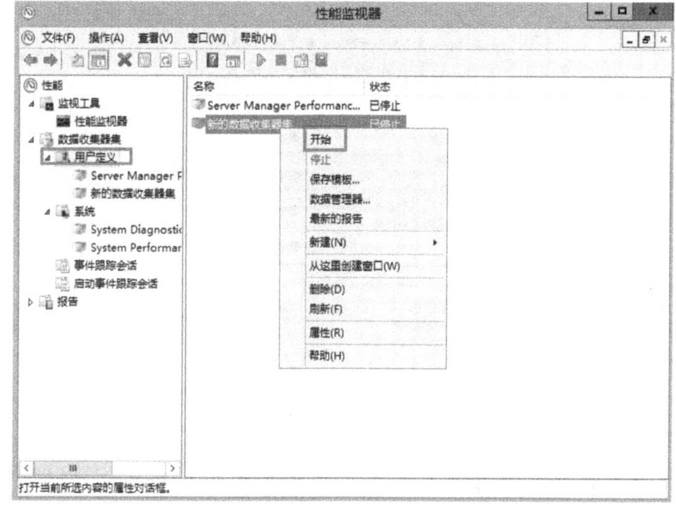

图 12-25　启动数据收集器集

任务 12-6　查看数据报告

启用数据收集器集之后系统会针对其中包含的内容进行系统监测，在监测一段时间之后，依次展开“报告”→“用户定义”→“新的数据收集器集”→“监测时间”项目，这时即可在如图 12-26 所示的窗口中查看到相应的报告信息。

图 12-26　查看报告信息

在报告信息中不仅能够查看设置跟踪的项目，而且展开每个项目还能够查看到应用程序计数器、CPU、磁盘、配置等方面的详细报告。例如，展开“CPU”项目之后，能够在如图 12-27所示的窗口中查看到更为详细的 CPU 占用信息，这有助于用户对系统资源使用情况有更深入的了解。

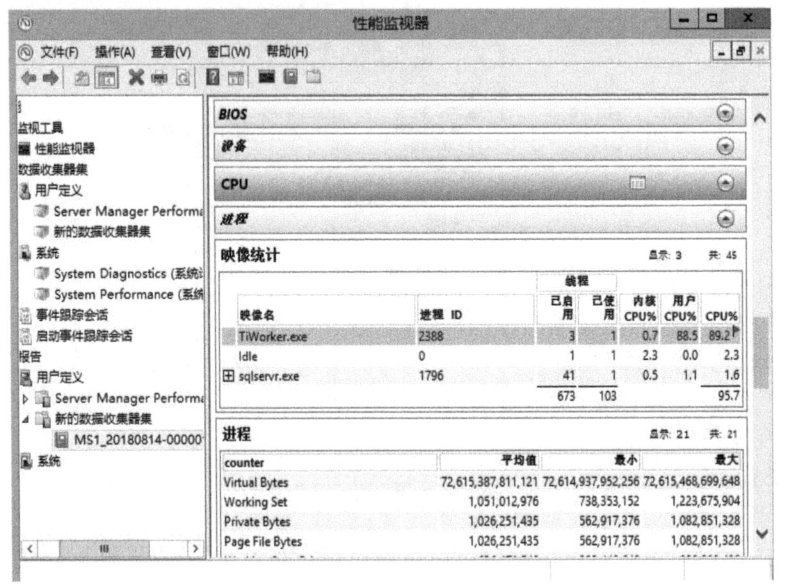

图 12-27 查看详细报告信息

1. 查看应用程序计数器

应用程序计数器主要反映了内存占用的情况，对于 Windows Server 2012 系统来说，内存绝对是一个影响系统性能的至关重要的因素，系统内存不足会严重影响本机和网络的性能，严重的时候还会导致系统崩溃。但是出于不同用户不同需求以及最经济化的考虑，并不是每台计算机都是安装越大的内存越好。那么如何判断自己的计算机需要多大的内存才能够稳定快速地运行程序，哪些运行的程序是内存消耗大户，如何了解一些有关内存的信息呢？通过性能监视器就可以帮助管理员解决这些问题。

2. 监测 CPU

在整个计算机中，CPU 是最为关键的部分，很多人都称之为“计算机的心脏”。那么怎样知道这颗心脏是否胜任当前的工作，还有多少潜力可以挖掘呢？管理员也可以通过性能监视器得到满意的答复。例如，发现 CPU 占用率始终在 80%以上，则表示 CPU 已经成为计算机的瓶颈。

3. 监测硬盘

硬盘主要用于存储计算机各种数据，它的性能好坏也直接影响着整个系统的性能。在一块硬盘中，除了安装有操作系统之外，还有大量的应用程序和各类型文件，它们都要进行频繁的读写操作。在局域网系统中，硬盘的性能还会影响其他用户的网络使用，甚至影响到网络的稳定性和数据的安全性。而性能监视器帮助管理员在充分了解硬盘性能和其他设备之间协调工作的同时，为合理配置硬盘资源提供重要的依据。

任务 12-7 配置性能计数器警报

在性能监视器中还可以设置性能计数器警报，使得当某些程序占用过多系统资源的时候自动进行预警提示，这样就可以放心地运行各种服务和程序，一旦遇到系统资源不足的时候会及时得到警告，适当关闭一些不使用的程序，可避免发生系统崩溃。

1）在可靠性和性能监视器窗口中依次展开“数据收集器集”→“用户定义”项目，在右部空白区域右击鼠标，从弹出的快捷菜单中选择“新建”→“数据收集器集”命令。

2）按照向导操作，在如图 12-28 所示的对话框中为该数据收集器集设置一个名称，并选中“手动创建”单选按钮。

3）在如图 12-29 所示的对话框中选中“性能计数器警报”单选按钮，针对计数器设置警报属性。

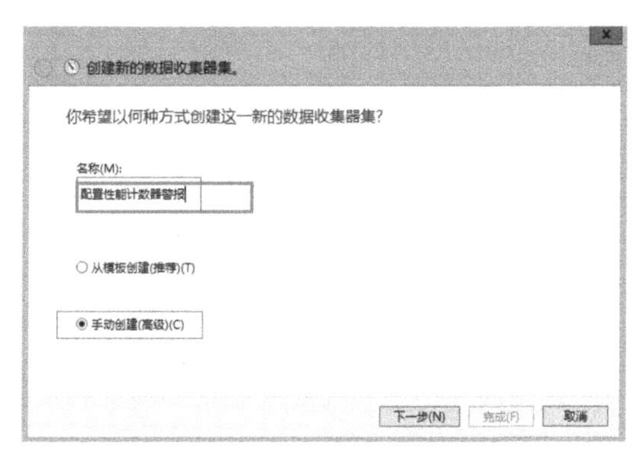

图 12-28　手动创建数据收集器集

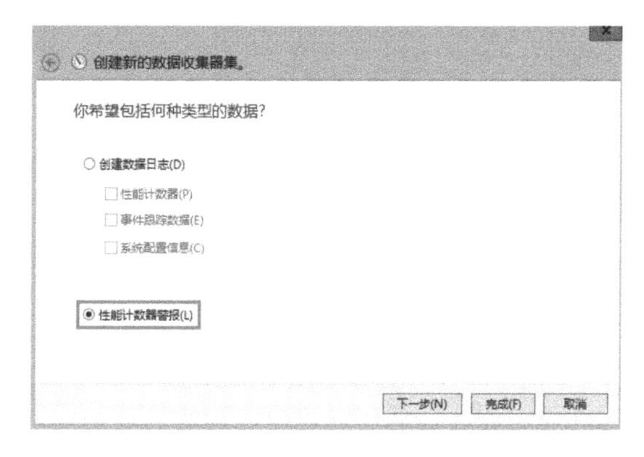

图 12-29　选择“性能计数器警报”单选按钮

4）单击“下一步”按钮，如图 12-30 所示，单击“添加”按钮，出现如图 12-31 所示对话框，在左侧列表中提供了所有的警报监测属性项目，单击“添加”按钮将其添加到右侧的“添加的计数器”列表中。单击“确定”按钮。

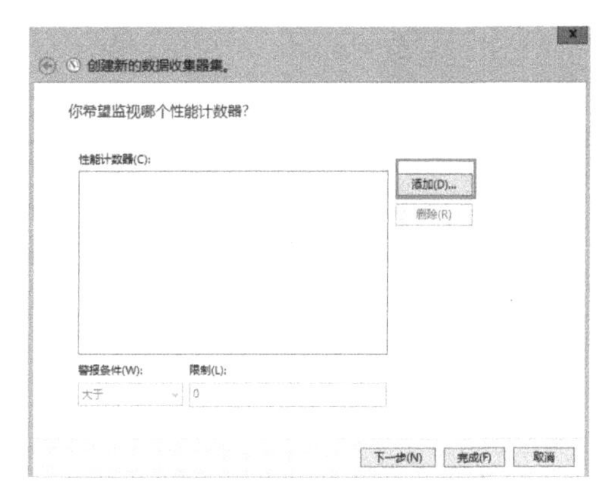

图 12-30　性能计数器

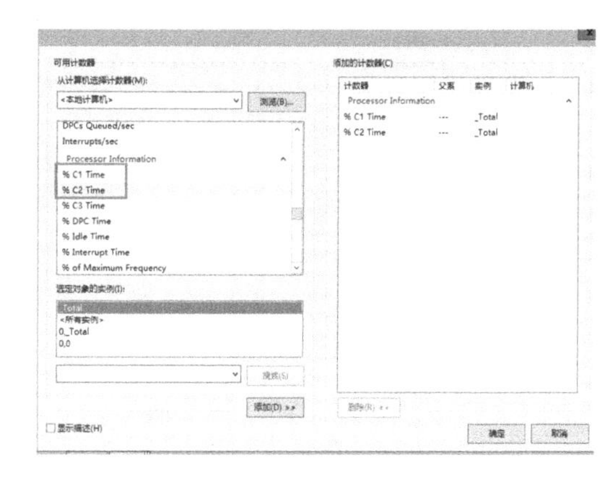

图 12-31　添加计数器项目

5）在如图 12-32 所示的对话框中选择监视某个性能计数器，并在下部设置警报条件。例如，在此可以设置 CPU 使用率大于 60%、硬盘读写率大于 60%或者网络带宽占用率大于 60%的时候进行警告提示。

6）添加“LogicalDisk\%Free Space”，在报警条件中选择“小于”，并在限定中，指定触发警报值为“90”，如图 12-33 所示。单击“确定”按钮。

7）选择“保存并关闭”单选按钮，并单击下部的“完成”按钮完成创建数据收集器集的操作。

8）这时在可靠性和性能监视器窗口中依次展开左侧的“数据收集器集”→“用户定义”项目，即可在右部查看到刚才新增的数据收集器集。双击该数据收集器集，将打开属性设置对话框，可以对属性进行相关设置，如图 12-34 所示。

图 12-32 选择监视的性能计数器（1）

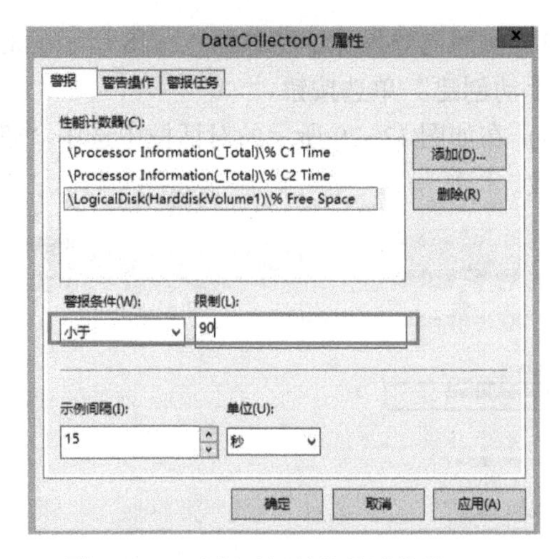

图 12-33 选择监视的性能计数器（2）

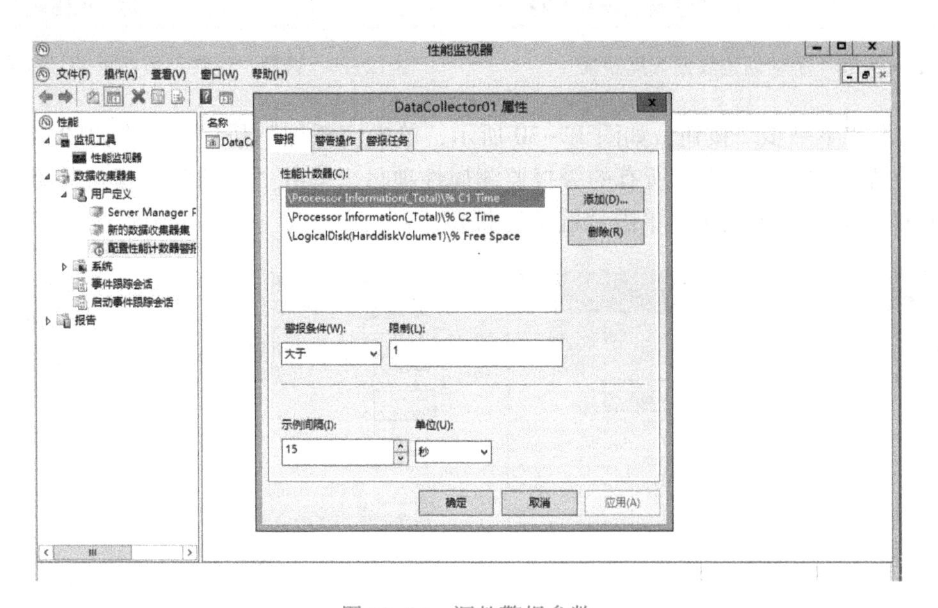

图 12-34 调整警报参数

9）选择“警告操作”选项卡，勾选“将项记入应用程序事件日志”复选框则可以把该项目以日志方式记录下来，而且在“启动数据收集器集”下拉列表中选择相应的数据收集器集才能进行正确的监测，如图 12-35 所示。

10）单击选择“警报任务”选项卡可以设定当触发警报时激活的事件。例如，可以运行一个指定的程序，或者设定一个特殊的声音，这样当出现报警的时候能够引起用户的注意，如图 12-36 所示。

11）完成上述操作，在性能监视器窗口中依次展开“数据收集器集”→“用户定义”项目，右击新建的数据收集器集，并在弹出的快捷菜单中选择“开始”命令。这样系统就会针对设置的项目进行监测，一旦监测器发现有达到设置要求的情况就会给出警报，并且引发相应的事件进行报警提示。

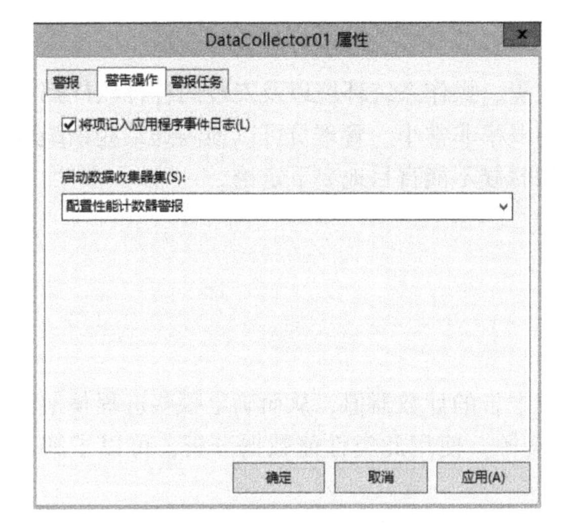

图 12-35 “警告操作”选项卡

图 12-36 “警报任务”选项卡

任务 12-8　巧妙使用性能监视器

在进行问题分析的时候，一方面需要对现有的证据进行分析，另外一方面要凭借自己的经验进行判断。因此，在使用性能监视器时，如果能够具备一些经验将会使得整个分析判断更为轻松准确。

1. 瓶颈的隐蔽性

把握系统整体情况就是要掀开罩在系统各种问题上的面纱，有时候表面看起来是内存的问题，但实际上却是硬盘故障导致的，同样有时候硬盘性能下降也是因为内存不足造成的。

例如，曾经有用户安装了某个应用程序之后，系统变得非常缓慢，通过性能监测器的结果发现 CPU 占有率一直在 75%以上，而使用的是酷睿双核 CPU、2 GB 内存的计算机，按道理说不应该出现这种情况的。后来才发现安装的软件内置了一些服务功能，在软件安装好之后就自动开启了这些服务，所以才使得 CPU 占有率一直居高不下，而且造成了整个系统的速度下降。

对于这种情况，就不能仅仅从性能监视器的一个方面来进行判断，否则无法准确地找出系统的瓶颈所在。只有从全局出发，才能发现问题的最终根源。

2. 注意瓶颈的监测时机

对系统进行监测是一个非常耗费时间的过程，有时候为了发现一个小小的问题就要花费数小时甚至是几天的时间来进行跟踪监测。所以管理员不仅要掌握各种监测的方法，同时还要有很大的耐心。

另外，如果发现系统性能下降、资源不足的情况，在进行监测的时候尽量模拟出相同的环境。如当时运行的程序、网络的连接和使用等，只有尽可能地模拟出相同的操作环境，才能最快地发现问题所在。

3. 平均值与总体性能

在性能监视器中的计数器提供的部分信息为平均值，如原始队列长度等。这些参数都只反映出一个总体性能的趋势，并没有提供系统的活动细节，所以在使用的时候要注意分析。

4. 系统的差异

在局域网中，由于每个人使用的计算机硬件配置、操作系统环境以及安装的各种软件都不一样，所以任何两台计算机的行为方式完全相同的概率非常小。管理员可以预测到某些系统可能运行在某个参数范围内，但是在判定系统性能的时候不能盲目地妄下定论。

任务 12-9　使用性能监视器优化性能

1. 性能优化的一般步骤

（1）分析性能数据

分析监视数据是指在系统执行各种操作时检查报告的计数器值，从而确定哪些进程是最活跃的，以及哪些程序或线程（如果有的话）独占资源。使用此类性能数据分析，可以了解系统响应工作负载需求的方式。

作为此分析的结果，用户可能发现系统执行情况有时令人满意，有时令人并不满意。根据这些偏差的原因和差异程度，可以选择采取纠正操作或接受这些偏差，将调整或更新资源延迟到稍后进行。

系统处理典型的负载并运行所有必要的服务时认为可以接受的系统性能级别称为性能基准。这种基准是管理员根据工作环境确定的一种主观标准。性能基准可以与计数器值的范围对应，包括一些暂时无法接受的值，但是通常表示在管理员特定的条件下可能的最佳性能。基准是用来设置用户性能标准的度量标准，可以包含在使用的任何服务协议中。

（2）决定计数器的可接受值

通常，决定性能是否可以接受是一种主观判断，随用户环境的变化而明显地变化。表 12-2 提供了特定计数器的建议阈值，可以帮助用户判断系统报告的值是否表示出现了问题。如果“系统监视器”连续报告这些值，可能是系统存在瓶颈，应当采取措施来调整或升级受影响的资源。与即时计数器值的平均值相比，较长一段时间内使用比例的计数器是一种可以提供更多信息的衡量标准。例如，在性能数据衡量标准中，在比较短的一段时间内超出正常工作条件的两个数据点可能会使平均值偏离真实值，它并没有正确反映这段数据收集期间内的总体工作性能。

（3）调整系统资源以优化性能

结合表 12-2 给出的计数器阈值，用户可以根据实际情况适当调整系统资源以优化系统性能。

表 12-2　建议的计数器阈值

资　源	对象\计数器	建议的阈值	注　释
磁盘	Physical Disk\% Free Space Logical Disk\% Free Space	15%	
磁盘	Physical Disk\% Disk Time Logical Disk\% Disk Time	90%	检查磁盘的指定传送速度，以验证此速度没有超出规格
磁盘	Physical Disk\Disk Reads/sec Physical Disk\Disk Writes/sec	取决于制造商的规格	
磁盘	Physical Disk\Current Disk Queue Length	主轴数加 2	这是即时计数器；对于时间段内的平均值，请使用 Physical Disk\ Avg. Disk Queue Length

（续）

资　源	对象\计数器	建议的阈值	注　释
内存	Memory\Available Bytes	大于 4 MB	考察内存使用情况并在需要时添加内存
内存	Memory\Pages/sec		研究页交换活动，注意进入具有页面文件的磁盘的 I/O 数量
页面文件	Paging File\% Usage	70%以上	将该值与 Available Bytes 和 Pages/sec 一起复查，了解计算机的页交换活动
处理器	Processor\% Processor Time	85%	查找占用处理器时间高百分比的进程，升级到更快的处理器或安装其他处理器
处理器	Processor\Interrupts/sec	取决于处理器；每秒 1000 次中断是好的起点	此计数器的值明显增加，而系统活动没有相应的增加则表明存在硬件问题。确定引起中断的网络适配器、磁盘或其他硬件
服务器	Server\Bytes Total/sec		如果所有服务器的 Bytes Total/sec 和与网络的最大传送速度几乎相等，则可能需要将网络分段
服务器	Server\Pool Paged Peak	物理 RAM 的数量	此值是最大页面文件大小和物理内存数量的指示器
服务器	Server Work Queues\Queue Length	4	这是即时计数器；应该观察在多个间隔上的值。如果达到此阈值，则可能存在处理器瓶颈
多个处理器	System\Processor Queue Length	2	这是即时计数器；观察在多个间隔上的值

2. 优化系统资源

(1) 优化内存

在 4 个主要的性能瓶颈之中，内存通常是引起性能下降的首要资源。这是因为 Windows Server 2012 倾向于消耗内存。不过，增大内存是提高性能的最容易和最经济的方法。与内存相关的重要计数器有很多，应该一直被监视的两个计数器是 Page Faults/sec 和 Pages/sec，它们用来表明系统是否被配置了合适数量的 RAM。

Page Faults/sec 计数器包括硬件错误（要求磁盘访问的错误）和软件错误（在内存的其他地方发现损坏的页面的地方）。多数系统可处理大量的软件错误而不影响性能。然而，由于硬盘访问时间的限制，硬件错误可引起显著的延迟。即使是市场上可见的最快的驱动器，其查找率和传输率与内存速度相比也是低的。

Pages/sec 计数器反映了从磁盘读或写到磁盘的页面数量，以解决硬页面错误。当进程要求不在工作集中或内存中的代码或数据时，发生硬页面错误。该代码和数据必须被找到并从磁盘中找回。内存计数器是系统失效（过多依靠虚拟内存的硬盘驱动器）和页面过多的指示器。Microsoft 表示，如果 pages/sec 的值一直大于 5，那么可能是系统的内存不足。如果该值一直大于 20，那么应该注意到这是因为内存不足而造成的性能降低。

(2) 优化处理器

当系统性能显著降低时，处理器是首先应分析的资源。出于性能优化的目的，在处理器对象中有两个重要的计数器要监视：%Processor Time 和 Interrupts/sec。

%Processor Time 计数器表明整个处理器的利用百分比。如果系统上有不止一个处理器，那么每一个的实例与总（综合的）值计数器一起被包括在内。如果%Processor Time 计数器显示处理器的使用率长时间保持在 50%或以上，那么就应该考虑升级了。当平均处理器时间一直超过 65%的使用率时，可能出现用户不能容忍的性能下降。

Interrupts/sec 计数器也是一个处理器可利用的、很好的指示器。它表明处理器每秒处理的设备中断的数量。设备中断可能是硬件也可能是软件造成的，并且可达到几千的高值。提高性能的方法包括将一些服务卸载并安装到另一个不常使用的服务器上、添加另一个处理器、升级现有的处理器、群集和将负荷分发到整个新机器。

(3) 优化磁盘子系统

由于硬件性能的提升，磁盘子系统性能对象的作用变得越来越容易被忽视。为性能优化而监视的磁盘性能计数器是%Disk Time 和 Avg. Disk Queue Length。

%Disk Time 计数器监视选择的物理或逻辑驱动器满足读写要求所花费的时间量。Avg. Disk Queue Length 表明物理或逻辑驱动器上未完成的要求（已要求但未满足）的数量。该值是一个瞬间测量值而不是一个指定时间间隔上的平均值，但它精确地代表了驱动器所经历的延迟的数量。驱动器所经历的要求延迟可以通过从 Avg. Disk Queue Length 测量值中减去磁盘上的主轴数量来计算。如果延迟经常大于2，那么表示该磁盘性能下降了。

(4) 优化网络

因为组件很多，所以网络子系统是需要监视的最复杂的子系统之一。协议、网卡、网络应用程序和物理拓扑都在网络中起着重要的作用。另外，工作环境中可能要实现多个协议栈。因此，监视的网络性能计数器应根据系统的配置而变化。

从监视网络子系统组件获得的重要信息是网络行为和吞吐量的数量。当监视网络子系统组件时，应该使用除了“性能”管理单元以外的其他网络监视工具。例如，可考虑使用“网络监视器”（内置或 SMS 版本）之类的监视工具，或如 MOM 的系统管理应用程序。同时使用这些工具会拓宽监视范围，并可精确地表明网络基础结构中所发生的事情。

本节主要讨论 TCP/IP 方面网络子系统性能优化。在 TCP/IP 被安装后，其计数器被添加到系统并包括 Internet Protocol 版本 6（IPv6）的计数器。

许多与 TCP/IP 相关的对象内都有需要进行监视的重要计数器。其中两个用于 TCP/IP 监视的重要计数器与 NIC 对象相关。它们是 Bytes Total/sec 和 Output Queue Length 计数器。Bytes Total/sec 计数器表明服务器的 TCP/IP 通信量入站和出站的总数量。Output Queue Length 表明在 NIC 上是否存在拥挤和争用问题。如果 Output Queue Length 值一直大于2，那么应检查 Bytes Total/sec 计数器是否存在异常的高值。两个计数器皆为高值表明在该网络子系统中存在瓶颈，应该升级服务器的网络组件。

在分析异常计数器值或网络性能下降的原因时，还有许多其他需要监视和考虑的计数器。服务器性能的下降有时并不是由单个因素造成的。例如，如果磁盘访问量的增加是由内存不足引起的，那么这时应该优化的系统资源是内存而不是磁盘。

(5) 优化网络速度

虽然可靠性和性能监视器是两个不同类型的程序，但是在实际使用的时候如果将两者有机地结合在一起，综合使用这两个程序能起到事半功倍的效果。

1) 网络速度与内存。

当管理员怀疑网络速度变慢是由于内存不足引起的时候，首先创建数据收集器集，添加“Available Bytes”（可用字节数）一项，接着正常使用网络资源，并且对内存使用状况进行监测。如果在网络性能急剧下降的时候也发现内存占有率剧增，则说明内存不足是网络性能的瓶颈所在，此时应该适当增加物理内存来提升网络速度。

2) 网络速度与 CPU。

在局域网中，服务器端的 CPU 资源是非常宝贵的，如果遇到多用户同时登录到服务器运行程序的情况，将会对整个网络系统的性能造成严重的影响。此时可以采用上述方法同时运行网络监视器和性能监视器，并且在性能监视器中添加“%Processor Time”（处理器时间）一项进行监测。如果发现在网络速度下降的同时性能监视器也提示处理器时间一直在 80%以上，这就说明 CPU 的速度已经阻碍了网络性能的发挥，所以此时升级 CPU 或者再安装另外的 CPU 对于网络性能提升有很大的好处。

3）网络速度与磁盘。

由于办公室局域网中的重要数据一般都存放在服务器端，所以对服务器端的硬盘提出了很高的要求。这不仅是指硬盘要有很大的空间，而且对于转速、寻道时间等方面都有要求。但是当局域网扩展到一定程度的时候，硬盘有可能不适应网络的需要，从而成为网络性能的瓶颈所在，此时也可以通过网络监视器和性能监视器联合判断。先同时运行这两个监视器，然后在性能监视器中添加“%Disk Time”（磁盘时间）作为监测对象，如果在网络性能下降的同时也发现磁盘时间一直在 75%以上，则说明硬盘的性能无法满足当前网络的要求，造成用户排队等待的情况，引起网络速度下降。此时就可以考虑增加或者更换大容量和高速度的硬盘来优化网络。

任务 12-10　安全管理端口

端口是计算机和外部网络相连的逻辑接口，也是计算机的第一道屏障，端口配置正确与否直接影响到主机的安全，一般来说，只打开需要使用的端口会比较安全。

在网络技术中，端口大致有两种含义：一是物理意义上的端口，比如 ADSL Modem 集线器、交换机、路由器，用于连接其他网络设备的接口，如 RJ-45 端口、SC 端口等；二是逻辑意义上的端口，一般是指 TCP/IP 中的端口，端口号的范围为 0~65535，比如用于浏览网页服务的 80 端口，用于 FTP 服务的 21 端口等。

逻辑意义上的端口有多种分类标准，下面将介绍两种常见的分类。

1. 按端口号分类

（1）知名端口

知名端口（Well Known Ports）是众所周知的端口号，也称为“常用端口”，范围为 0~1023，这些端口号一般固定分配给一些服务。比如 80 端口分配给 HTTP 服务，21 端口分配给 FTP 服务，25 端口分配给 SMTP（简单邮件传输协议）服务等。这类端口通常不会被木马之类的黑客程序所利用。

（2）动态端口

动态端口（Dynamic Ports）的范围为 1024~65535，这些端口号一般不固定分配给某个服务，也就是说许多服务都可以使用这些端口。只要运行的程序向系统提出访问网络的申请，那么系统就可以从这些端口号中分配一个供该程序使用。比如 1024 端口就是分配给第一个向系统发出申请的程序。在关闭程序进程后，就会释放所占用的端口号。

这样，动态端口也常常被病毒木马程序所利用，如冰河默认连接端口是 7626、WAY 2.4 是 8011、Netspy 3.0 是 7306、YAI 病毒是 1024 等。

2. 按协议类型分类

按协议类型划分，可以分为 TCP、UDP、IP 和 ICMP（Internet 控制消息协议）等端口。下面主要介绍 TCP 和 UDP 端口。

（1）TCP 端口

TCP 端口，即传输控制协议端口，需要在客户端和服务器之间建立连接，这样可以提供可靠的数据传输。常见的包括 FTP 服务的 21 端口、Telnet 服务的 23 端口、SMTP 服务的 25 端口以及 HTTP 服务的 80 端口等。

（2）UDP 端口

UDP 端口，即用户数据报协议端口，无须在客户端和服务器之间建立连接，安全性得不到保障。常见的有 DNS 服务的 53 端口，SNMP（简单网络管理协议）服务的 161 端口，QQ 使用的 8000 和 4000 端口等。

3. 查看端口

在局域网的使用中，经常会发现系统中开放了一些莫名其妙的端口，给系统的安全带来隐患。Windows 提供的“netstat”命令，能够查看到当前端口的使用情况。具体操作步骤如下。

单击“开始”→“所有程序”→“附件”→“命令提示符”命令，在打开的对话框中输入“netstat -na”命令并按〈Enter〉键，就会显示本机连接的情况和打开的端口，如图 12-37 所示。

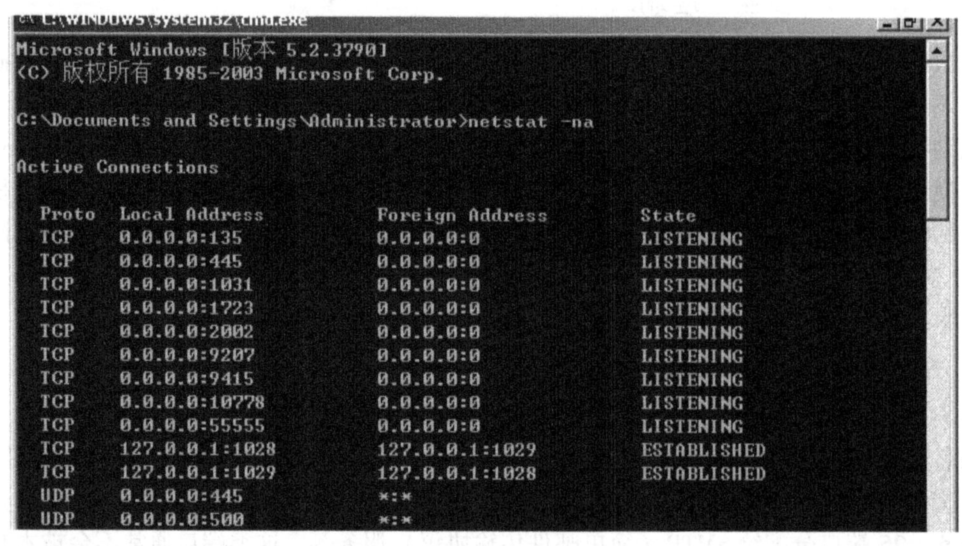

图 12-37 netstat -na 命令

其显示了以下统计信息。

1）Proto：协议的名称（TCP 或 UDP）。

2）Local Address：本地计算机的 IP 地址和正在使用的端口号。如果不指定-n 参数，就显示与 IP 地址和端口名称相对应的本地计算机名称。如果端口尚未建立，则端口以星号（*）显示。

3）Foreign Address：连接该接口的远程计算机的 IP 地址和端口号，如果不指定-n 参数，就显示与 IP 地址和端口相对应的名称。如果端口尚未建立，则端口以星号（*）显示。

4）State：表明 TCP 连接的状态。

如果输入的是“netstat -nab”命令，还将显示每个连接是由哪些进程创建的以及该进程一共调用了哪些组件来完成创建工作。

除了用“netstat”命令之外，还有很多端口监视软件也可以查看本机打开了哪些端口，如端口查看器、TCPView、Fport 等。

12.4 练习题

一、填空题

① 在 TCP/IP 端口中，有些端口已固定分配给一些服务，如________端口分配给 FTP 服务，________端口分配给 SMTP 服务，________端口分配给 HTTP 服务，________端口分配给 DNS 服务等。

② 在 Windows 中可以使用________命令来查看端口。

③ 在 Windows Server 2012 的性能监视器中整合了以前独立工具的功能，包括________、________、________，主要提供了两个监视工具：________、________。

④ 按〈Win+R〉组合键，并输入________命令可以单独打开资源监视器窗口。

⑤ ________是性能监视器中性能监视和报告的功能组件，它将多个数据收集点组织成可用于查看或记录性能的单个组件。

⑥ 在性能监视器中还可以设置________，使得当某些程序占用过多系统资源的时候自动进行预警提示。

二、简答题

1. 简述如何创建数据收器集。
2. 简述如何配置性能计数器警报。
3. 简述性能优化的一般步骤。
4. 如何优化系统资源？如何优化网络速度？

12.5 项目实训 12　监测网络系统、优化性能

一、实训目的

- 掌握启动可靠性和性能监视器的方法。
- 掌握创建数据收集器集的方法。
- 掌握查看数据报告的方法。
- 掌握综合利用性能优化的方法。

二、实训要求

- 启动可靠性和性能监视器。
- 创建数据收集器集。
- 查看数据报告。
- 配置计数器警报。

项目 13 局域网故障排除与维护

13.1 项目导入

由于网络协议和网络设备的复杂性，在局域网维护时，经常会遇到各种各样的故障：如无法上网、局域网不通、网络堵塞甚至网络崩溃等。在解决故障时，只有确切地知道网络到底出了什么问题，利用各种诊断工具找到故障发生的具体原因，才能对症下药，最终排除故障。

13.2 职业能力目标和要求

◇ 了解局域网故障基础知识。
◇ 掌握利用工具进行故障排除的方法。
◇ 掌握局域网常见故障的排除方法。

13.3 相关知识

13.3.1 局域网故障概述

网络故障诊断应该实现3方面的目的：确定网络的故障点，恢复网络的正常运行；发现网络规划和配置中欠佳之处，改善和优化网络的性能；观察网络的运行状况，及时预测网络通信质量。

1. 局域网故障产生的原因

局域网运行过程中会产生各种各样的故障，概括起来，主要有以下几个原因。

- 计算机操作系统的网络配置问题。
- 网络通信协议的配置问题。
- 网卡的安装设置问题。
- 网络传输介质问题。
- 网络交换设备问题。
- 计算机病毒引起的问题。
- 人为误操作引起的问题。

2. 局域网故障排除的思路

网络发生故障是不可避免的，网络建成后，网络故障诊断和排除便成了网络管理的重要内容。网络故障诊断应以网络原理、网络配置和网络运行的知识为基础，从故障现象出发，以网络故障排除工具为手段获得信息，确定故障点，查明故障原因，从而排除故障。

局域网故障的一般排除步骤如下。

1）识别故障现象，应该确切地知道网络故障的具体现象，知道什么故障并能够及时识别，是成功排除最重要的步骤。

2）收集有关故障现象的信息，对故障现象进行详细描述。例如，在使用 Web 浏览器进行浏览时，无论输入哪个网站都返回“该页无法显示”之类的信息。这类出错信息会为缩小故障范围提供很多有价值的信息。

3）列举可能导致错误的原因，不要急于下结论，可以根据出错的可能性把这些原因按优先级别进行排序，一个个先后排除。

4）根据收集到可能的故障原因进行诊断。排除故障时如果不能确定的话应该先进行软件故障排除，再进行硬件故障排除，做好每一步的测试和观察，直至全部解决。

5）故障分析、解决后，还必须搞清楚故障是如何发生的，是什么原因导致了故障的发生，以后如何避免类似故障的发生，拟定相应的对策，采取必要的措施，制定严格的规章制度。

13.3.2　网线故障

局域网经常会产生各种各样的故障，影响正常的工作和办公，因此掌握常见的故障现象及其处理方法对于网络管理员来说是十分必要和实用的。

网线是连接网卡和服务器之间的数据通道，如果网线有问题，一般会直接影响到计算机的信息通信，造成无法连接服务器、网络传输缓慢等问题。网线一般都是现场制作，由于条件限制，不能进行全面测试，仅仅通过指示灯来初步判断网线导通与否，但指示灯并不能完全真实地反映网线的好坏，需要经过一段时间的使用后问题才会暴露出来。并且网线故障很难直接从它自身找到故障点，而要借助于其他设备（如网卡、交换机等）或操作系统来确定故障所在。

网线的常见故障和处理方法如下。

1. 双绞线线序不正确故障

故障现象：两台计算机需要直接相连，找了根网线接上后对网络进行多次配置，两机仍然无法通信。

故障分析与处理：经过确认，两台计算机网卡的 IP 地址设置正确，且在同一网段中。在两台计算机上使用“ping”命令检查各自 IP 也可以 ping 通，说明 TCP/IP 工作正常。此故障的原因在双绞线上：双机互联要求的是交叉线而不是直连线。将双绞线重新制作之后，两台计算机即可实现互联。

2. 双绞线的连接距离过长

故障现象：某局域网建成后通信不畅，速度达不到预期要求，有时甚至出现无法通信的现象。

故障分析与处理：双绞线的标准连接长度为 100 m，但有些网络设备制造厂商在宣传自己的产品时，称能达到 130~150 m。但要注意的是，即使一些双绞线能够在大于 100 m 的状态下工作，但通信能力会大大下降，甚至可能会影响网络的稳定性，因此选用时一定要慎重。解决此类故障的方法很简单，只要在过长的双绞线中加中继器即可解决。

3. 环境原因

故障现象：网络中某台计算机原本都正常，某一天开始访问局域网的速度时快时慢，不稳定。

故障分析与处理：双绞线在强电磁干扰下将产生传输数据错误，如果发现系统以前正常，突然网络运行不稳定或信息失真等情况，又难以查找故障原因时，就需要检验是否有电磁干扰。电磁干扰一般来自于强电设备，如临时架设的强电线缆、微波通信设施等。一般重新调整布线就可以解决此故障，如果网线不能回避这些电磁源，则必须对电磁源或网线施加电磁屏蔽。

13.3.3 网卡故障

网卡是负责计算机与网络通信的关键部件，如果网卡出现问题，轻则影响网络通信，无法发送和接收数据，严重的可能发生硬件冲突，导致系统故障，引起死机、蓝屏等故障。

网卡可能出现的故障主要有两类：软故障和硬故障。软故障是指网卡本身没有故障，通过升级驱动程序或修改设置仍然可以正常使用。硬故障即网卡本身损坏，一般更换一块新网卡即可解决问题。

软故障主要包括网卡被禁用、驱动程序未正确安装、网卡与系统中其他设备在中断号（IRQ）或I/O地址上有冲突、网卡所设中断与自身中断不同、网络协议未安装或者有病毒。

1. 驱动问题

现在一般的网卡都是PCI网卡，支持即插即用，安装到计算机上后系统会自动识别并安装兼容驱动，但也有部分网卡使用的驱动不包括在Windows驱动库中，必须手工安装驱动，否则网卡无法被识别并正常工作。对于没有安装驱动程序或者安装了兼容驱动程序后工作中出现了驱动故障，可以手工安装升级驱动程序，通过右击网络适配器，在弹出的快捷菜单中选择“删除”命令，刷新后重新安装网卡，并为该网卡正确安装和配置网络协议，再进行应用测试。

2. 病毒

某些蠕虫病毒会使计算机运行速度变慢，网络速度下降甚至堵塞，有些用户误以为是网卡出了问题，可以到相关的网站下载对应的专杀工具，将病毒从计算机中清除出去。

3. 硬故障

硬故障是指网卡本身损坏，这种情况在实际使用中发生的概率不大。用户在遇到不明原因的故障时应首先考虑网卡软故障，如无法解决再考虑硬故障的可能。对于硬故障，首先应检查硬件的接触是否良好，先将网卡取下，擦拭干净后再正确地将网卡插回，然后确认是否可以正常使用。如果还不行，则可以通过替换法来确认问题所在，将网卡插到别的计算机上并安装好驱动程序，如果能正常使用，说明网卡本身硬件应该没有问题，再检查是否插槽有问题，否则说明网卡可能硬件损坏，需要更换网卡。

13.4 项目设计与准备

随着网络应用的日益广泛，计算机或各种网络设备出现这样那样的故障是在所难免的。

TCP/IP实用程序涉及对TCP/IP进行故障诊断和配置、文件传输和访问、远程登录等多个方面。网络管理员除了使用各种硬件检测设备和测试工具之外，还可利用操作系统本身内置的一些网络命令，对所在的网络进行故障检测和维护。

- ipconfig命令查看TCP/IP配置信息（如IP地址、网关、子网掩码等）。
- ping命令可测试网络的连通性。
- tracert命令可以获得从本地计算机到目的主机的路径信息。

- netstat 命令可以查看本机各端口的网络连接情况。
- arp 命令可以查看 IP 地址与 MAC 地址的映射关系。

13.5 项目实施

常见的网络维护命令在网络维护中必不可少，比如检查网络是否通畅或者网络的连接速度，了解网络连接的详细信息，检查用户主机与目标网站之间的线路故障到底出现在哪里等。在网络管理中，如何获取各个主机的 IP 地址、MAC 地址及相关的路由信息也是网络管理员最为关心的问题。网络故障排除工具是直观、有效的网络通信过程分析软件，是减少网络失败风险的重要因素。

任务 13-1　ping 命令的使用

ping 命令是利用回应请求/应答 ICMP 报文来测试目的主机或路由器的可达性的。

通过执行 ping 命令可获得如下信息：

- 监测网络的连通性，检验与远程计算机或本地计算机的连接。
- 确定是否有数据报被丢失、复制或重传。ping 命令在所发送的数据报中设置唯一的序列号（Sequence Number），以此检查其接收到应答报文的序列号。
- ping 命令在其所发送的数据报中设置时间戳（Timestamp），根据返回的时间戳信息可以计算数据包交换的时间，即 RTT（Round Trip Time）。
- ping 命令校验每一个收到的数据报，据此可以确定数据报是否损坏。

ping 命令的语法格式为：

```
ping [-t][-a][-n count][-l size][-f][-i TTL][-v TOS][-r count][-s count] [[-j host-list]|[-k host-list]][-w timeout]目的 IP 地址
```

ping 命令各选项的含义如表 13-1 所示。

表 13-1　ping 命令各选项的含义

选　项	含　义
-t	连续地 ping 目的主机，直到手动停止（按〈Ctrl+C〉组合键）
-a	将 IP 地址解析为主机名
-n　count	发送回送请求 ICMP 报文的次数（默认值为 4）
-l　size	定义 echo 数据报的大小（默认值为 32 B）
-f	不允许分片（默认为允许分片）
-i　TTL	指定生存周期
-v　TOS	指定要求的服务类型
-r　count	记录路由
-s　count	使用时间戳选项
-j　host-list	使用松散源路由选项
-k　host-list	使用严格源路由选项
-w　timeout	指定等待每个回送应答的超时时间（以 ms 为单位，默认值为 1000，即 1 s）

1）测试本机 TCP/IP 是否正确安装。

执行“ping 127.0.0.1”命令，如果能 ping 成功，说明 TCP/IP 已正确安装。“127.0.0.1”

是回送地址，它永远回送到本机。

2）测试本机 IP 地址是否正确配置或者网卡是否正常工作。

执行“ping 本机 IP 地址”命令，如果能 ping 成功，说明本机 IP 地址配置正确，并且网卡工作正常。

3）测试与网关之间的连通性。

执行“ping 网关 IP 地址”命令，如果能 ping 成功，说明本机到网关之间的物理线路是连通的。

4）测试能否访问 Internet。

执行“ping 60.215.128.237”命令，如果能 ping 成功，说明本机能访问 Internet。其中，“60.215.128.237”是 Internet 上新浪的服务器的 IP 地址。

5）测试 DNS 服务器是否正常工作。

执行“ping www.sina.com.cn”命令，如果能 ping 成功，说明 DNS 服务器工作正常，能把网址（www.sina.com.cn）正确解析为 IP 地址（60.215.128.237），如图 13-1 所示。否则，说明主机的 DNS 未设置或设置有误等。

如果计算机打不开任何网页，可通过上述的 5 个步骤来诊断故障的位置，并采取相应的解决措施。

6）连续发送 ping 探测报文。

```
ping  -t  60.215.128.237
```

7）使用自选数据长度的 ping 探测报文，如图 13-2 所示。

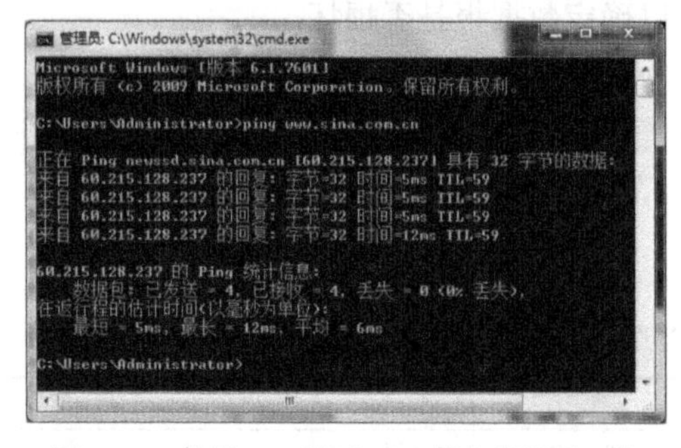

图 13-1　使用 ping 测试 DNS 服务器是否正常

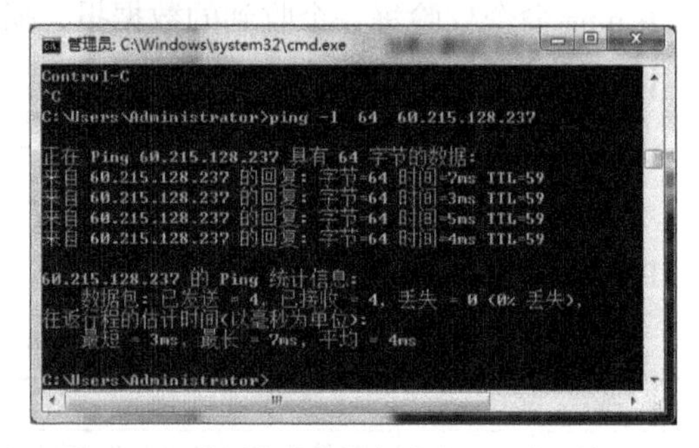

图 13-2　使用自选数据长度的 ping 探测报文

8）修改 ping 命令的请求超时时间，如图 13-3 所示。

9）不允许路由器对 ping 探测报文分片。

如果指定的探测报文的长度太长，同时又不允许分片，探测数据报就不可能到达目的地并返回应答。如图 13-4 所示。

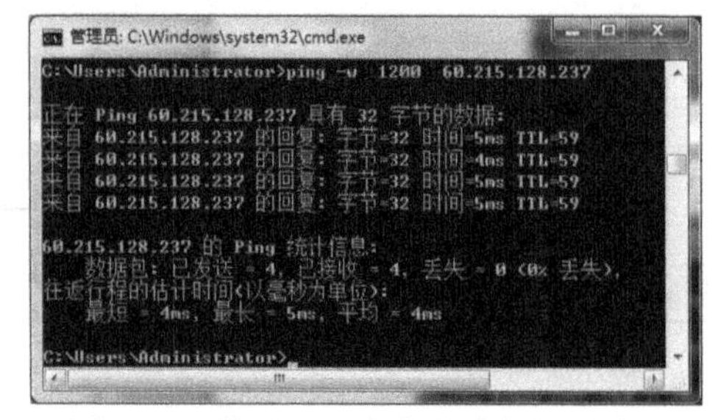

图 13-3　修改 ping 命令的请求超时时间

图 13-4　不允许路由器对 ping 探测报文分片

任务 13-2 ipconfig 命令的使用

ipconfig 命令可以查看主机当前的 TCP/IP 配置信息（如 IP 地址、网关、子网掩码等）、刷新动态主机配置协议（DHCP）和域名系统（DNS）设置。

ipconfig 命令的语法格式为：

```
ipconfig [/all] [/renew[Adapter]] [/release [Adapter]] [/flushdns] [/displaydns] [/registerdns]
[/showclassid Adapter] [/setclassid Adapter [ClassID]]
```

ipconfig 命令各选项的含义如表 13-2 所示。

表 13-2 ipconfig 命令各选项的含义

选　项	含　义
/all	显示所有适配器的完整 TCP/IP 配置信息
/renew [adapter]	更新所有适配器或特定适配器的 DHCP 配置
/release [adapter]	发送 DHCP RELEASE 消息到 DHCP 服务器，以释放所有适配器或特定适配器的当前 DHCP 配置并丢弃 IP 地址配置
/flushdns	刷新并重设 DNS 客户解析缓存的内容
/displaydns	显示 DNS 客户解析缓存的内容，包括从 Local Hosts 文件预装载的记录，以及最近获得的针对由计算机解析的名称查询的资源记录
/registerdns	初始化计算机上配置的 DNS 名称和 IP 地址的手动动态注册
/showclassid adapter	显示指定适配器的 DHCP 类别 ID
/setclassid adapter [ClassID]	配置特定适配器的 DHCP 类别 ID
/?	在命令提示符下显示帮助信息

1）要显示基本 TCP/IP 配置信息，可执行 ipconfig 命令。

使用不带参数的 ipconfig 可以显示所有适配器的 IP 地址、子网掩码和默认网关。

2）要显示完整的 TCP/IP 配置信息（主机名、MAC 地址、IP 地址、子网掩码、默认网关、DNS 服务器等），可执行“ipconfig /all”命令，并把显示结果填入表 13-3 中。

表 13-3 TCP/IP 配置信息

选　项	含　义
主机名（Host Name）	
网卡的 MAC 地址（Physical Address）	
主机的 IP 地址（IP Address）	
子网掩码（Subnet Address）	
默认网关地址（Default Gateway）	
DNS 服务器（DNS Server）	

3）仅更新“本地连接”适配器的由 DHCP 分配的 IP 地址配置，可执行“ipconfig/renew”命令。

4）要在排除 DNS 的名称解析故障期间刷新 DNS 解析器缓存，可执行“ipconfig/flushdns”命令。

任务 13-3 arp 命令的使用

arp 命令用于查看、添加和删除缓存中的 ARP 表项。

ARP 表可以包含动态（Dynamic）和静态（Static）表项，用于存储 IP 地址与 MAC 地址的映射关系。

动态表项随时间推移自动添加和删除。而静态表项则一直保留在高速缓存中，直到人为删除或重新启动计算机为止。

每个动态表项的潜在生命周期是 10 min，新表项加入时定时器开始计时，如果某个表项添加后 2 min 内没有被再次使用，则此表项过期并从 ARP 表中删除。如果某个表项始终在使用，则它的最长生命周期为 10 min。

1）显示高速缓存中的 ARP 表，如图 13-5 所示。

2）添加 ARP 静态表项，如图 13-6 所示。

```
管理员: C:\Windows\system32\cmd.exe
C:\Users\Administrator>arp -a

接口: 192.168.0.101 --- 0xb
  Internet 地址         物理地址              类型
  192.168.0.1           1c-bd-b9-b6-c0-de     动态
  192.168.0.255         ff-ff-ff-ff-ff-ff     静态
  224.0.0.22            01-00-5e-00-00-16     静态
  224.0.0.251           01-00-5e-00-00-fb     静态
  224.0.0.252           01-00-5e-00-00-fc     静态
  239.255.255.250       01-00-5e-7f-ff-fa     静态
  255.255.255.255       ff-ff-ff-ff-ff-ff     静态

接口: 192.168.187.1 --- 0x11
  Internet 地址         物理地址              类型
  192.168.187.255       ff-ff-ff-ff-ff-ff     静态
  224.0.0.22            01-00-5e-00-00-16     静态
  224.0.0.251           01-00-5e-00-00-fb     静态
```

图 13-5 显示高速缓存中的 ARP 表

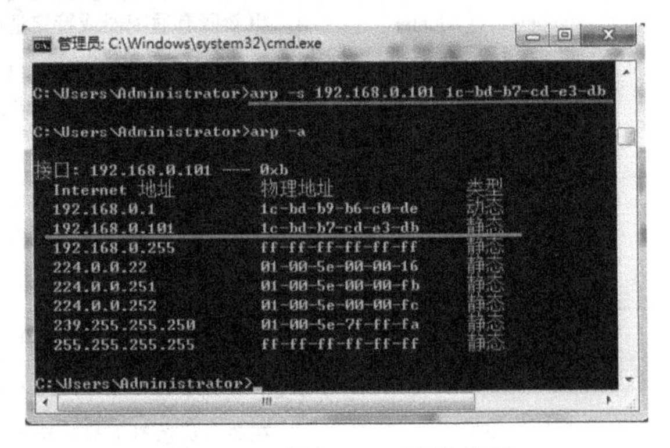

图 13-6 添加 ARP 静态表项

3）删除 ARP 表项，如图 13-7 所示。

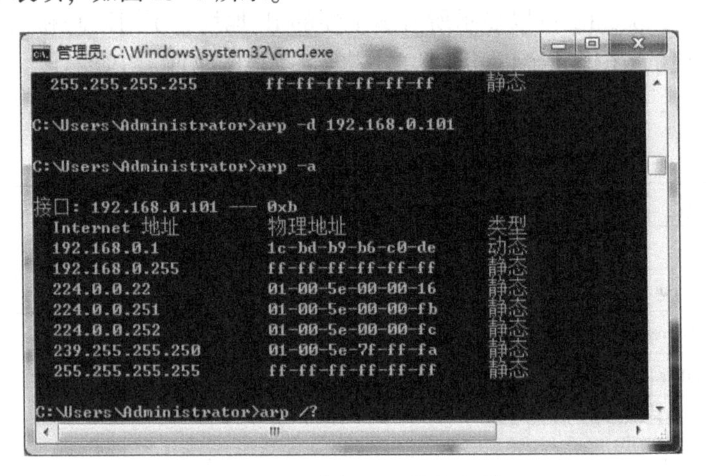

图 13-7 删除 ARP 静态表项

任务 13-4 tracert 命令的使用

Tracert（跟踪路由）是路由跟踪实用程序，用于获得 IP 数据报访问目标时从本地计算机到目的主机的路径信息。

tracert 命令的语法格式为：

tracert [-d] [-h MaximumHops] [-j HostList] [-w Timeout] [-R] [-S SrcAddr] [-4][-6] TargetName

tracert 命令各选项的含义如表 13-4 所示。

表 13-4　tracert 命令各选项的含义

选　项	含　义
-d	防止 tracert 试图将中间路由器的 IP 地址解析为它们的名称
-h　MaximumHops	指定搜索目标（目的）的路径中“跳数”的最大值。默认“跳数”值为 30
-j　HostList	指定“回显请求”消息将 IP 报头中的松散源路由选项与 HostList 中指定的中间目标集一起使用
-w　Timeout	指定等待“ICMP 已超时”或“回显答复”消息（对应于要接收的给定“回显请求”消息）的时间（ms）
-R	指定 IPv6 路由扩展报头应用来将“回显请求”消息发送到本地主机，使用指定目标作为中间目标并测试反向路由
-S　SrcAddr	指定在“回显请求”消息中使用的源地址。仅当跟踪 IPv6 地址时才使用该参数
-4	指定 tracert 只能将 IPv4 用于本跟踪
-6	指定 tracert 只能将 IPv6 用于本跟踪
TargetName	指定目标，可以是 IP 地址或主机名
-?	在命令提示符下显示帮助

1）要跟踪名为“www. 163. com”的主机的路径，执行“tracert www. 163. com”命令，结果如图 13-8 所示。

2）要跟踪名为“www. 163. com”的主机的路径，并防止将每个 IP 地址解析为它的名称，执行“tracert -d www. 163. com”命令，结果如图 13-9 所示。

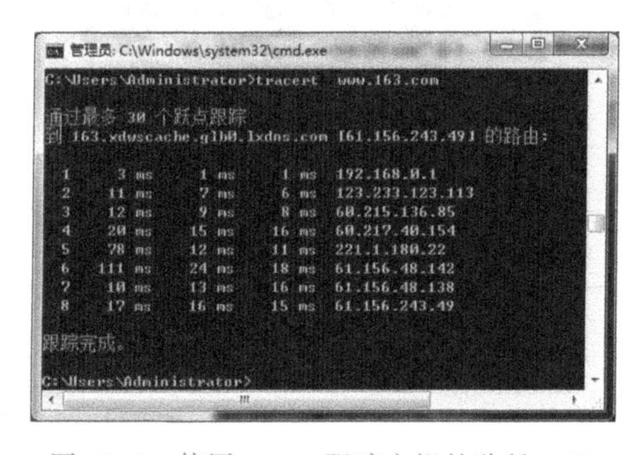

图 13-8　使用 tracert 跟踪主机的路径（1）

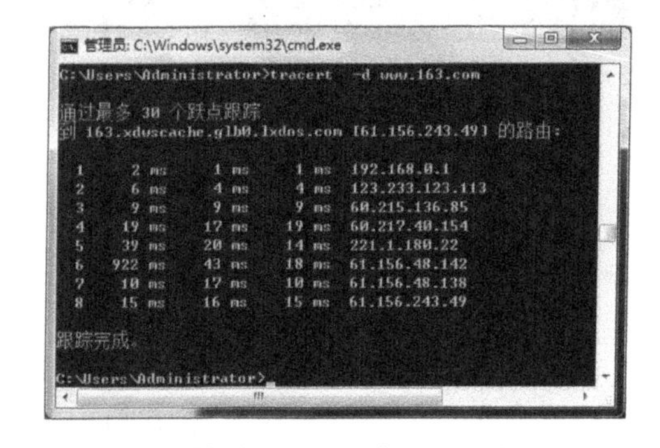

图 13-9　使用 tracert 跟踪主机的路径（2）

任务 13-5　netstat 命令的使用

netstat 命令可以显示当前活动的 TCP 连接、计算机侦听的端口、以太网统计信息、IP 路由表、IPv4 统计信息以及 IPv6 统计信息等。

netstat 命令的语法格式为：

netstat [-a] [-e] [-n] [-o] [-p Protocol] [-r] [-s] [Interval]

netstat 命令各选项的含义如表 13-5 所示。

表 13-5 netstat 命令各选项的含义

选 项	含 义
-a	显示所有活动的 TCP 连接以及计算机侦听的 TCP 和 UDP 端口
-e	显示以太网统计信息，如发送和接收的字节数、数据包数等
-n	显示活动的 TCP 连接，但只以数字形式表示地址和端口号
-o	显示活动的 TCP 连接并包括每个连接的进程 ID（PID）。该选项可以与-a、-n 和-p 选项结合使用
-p Protocol	显示 Protocol 所指定的协议的连接
-r	显示 IP 路由表的内容。该选项与“route print”命令等价
-s	按协议显示统计信息
Interval	每隔 Interval 秒重新显示一次选定的消息。按〈Ctrl+C〉组合键停止重新显示统计信息。如果省略该选项，netstat 将只显示一次选定的信息
/?	在命令提示符下显示帮助

1）要显示所有活动的 TCP 连接以及计算机侦听的 TCP 和 UDP 端口，执行“netstat -a”命令，结果如图 13-10 所示。

2）要显示以太网统计信息，如发送和接收的字节数、数据包数等，执行“netstat -e -s”命令，结果如图 13-11 所示。

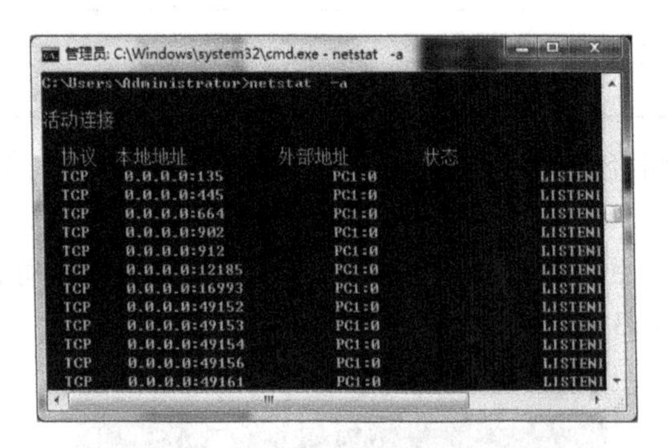

图 13-10 显示所有活动的 TCP 连接

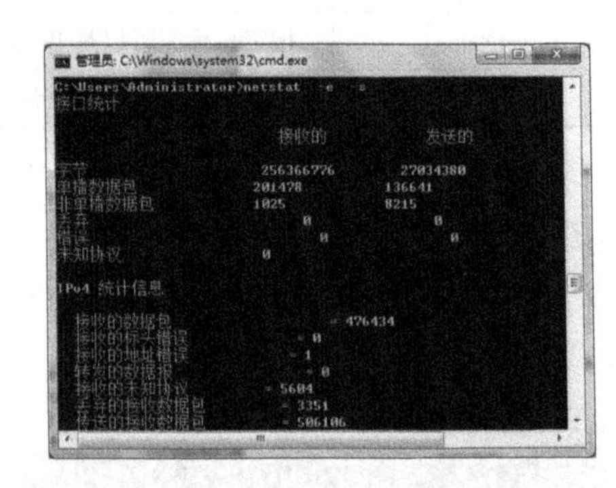

图 13-11 显示以太网统计信息

13.6 练习题

一、填空题

1. 根据网络故障的性质，可以把网络故障分为________和________两类，根据故障的不同对象也可以划分为________、________和________。

2. ________是本地循环地址；________命令是一个网络状态查询工具；________命令是用来显示数据包到达目标主机所经过的路径，并显示到达每个节点的时间。

3. 通过集线器端口的________，可以判断当前网络状况。

4. 以太网利用________协议获得目的主机 IP 地址与 MAC 地址的映射关系。

二、选择题

1. 一台计算机突然连不上局域网，不可能是（ ）原因。

A. 服务器网卡坏　B. 网络问题　C. 网卡坏　D. 集线器问题

2. 要查看当前计算机的内网 IP 地址、默认网关以及外网 IP 地址、子网掩码和默认网关，应使用（ ）命令。

A. ipconfig /all　　B. netstat　　C. ipconfig　　D. ping

3. 下列（ ）命令可以从 DHCP 服务器为计算机租借 IP 地址。

A. netstat　　B. tracert　　C. ping　　D. ipconfig

4. 更换工作站的网卡后，发现网络不通，工程技术人员首先要检查的是（ ）。

A. 网卡是否松动
B. 路由器设置是否正确
C. 服务器设置是否正确
D. 是否有病毒发作

5. 下面关于 ARP 的描述中，正确的是（ ）。

A. 请求采用单播方式，应答采用广播方式
B. 请求采用广播方式，应答采用单播方式
C. 请求和应答都采用广播方式
D. 请求和应答都采用单播方式

6. 回应请求与应答 ICMP 报文的主要功能是（ ）。

A. 获取本网络使用的子网掩码
B. 报告 IP 数据报中的出错参数
C. 将 IP 数据报进行重新定向
D. 测试目的主机或路由器的可达性

三、简答题

1. 简述局域网故障产生的原因。
2. 简述局域网故障排除的思路。
3. ping 命令具有什么作用？
4. 常见的网卡故障有哪些？
5. 简述网络故障的排除步骤。
6. 常见的网络故障排除工具有哪些？

13.7 项目实训 13　网络故障排除工具实训

一、实训目的

- 了解 ARP、ICMP、NETBIOS、FTP 和 Telnet 等网络协议的功能。
- 熟悉各种常用网络命令的功能，了解如何利用网络命令检查和排除网络故障。
- 熟练掌握 Windows Server 2012 下常用网络命令的用法。

二、实训要求

- 利用 ARP 工具检验 MAC 地址解析。
- 利用 hostname 工具查看主机名。
- 利用 ipconfig 工具检测网络配置。
- 利用 nbtstat 工具查看 NetBIOS 使用情况。

- 利用 netstat 工具查看协议统计信息。
- 利用 ping 工具检测网络连通性。
- 利用 telnet 工具进行远程管理。
- 利用 tracert 进行路由检测。
- 使用其他网络命令。

三、实训指导

① 通过 ping 检测网络故障。
② 通过 ipconfig 命令查看网络配置。
③ 通过 arp 命令查看 ARP 高速缓存中的信息。
④ 通过 tracert 命令检测故障。
⑤ 通过 route 命令查看路由表信息。
⑥ 通过 nbtstat 命令查看本地计算机的名称缓存和名称列表。
⑦ 通过 net view 命令显示计算机及其注释列表。
⑧ 通过 net use 命令连接到网络资源。

四、实训思考题

- 当用户使用 ping 命令来 ping 一目标主机时，若收不到该主机的应答，能否说明该主机工作不正常或到该主机的连接不通，为什么？
- ping 命令的返回结果有几种可能？分别代表何种含义？
- 实验输出结果与本节讲述的内容有何不同的地方，分析产生差异的原因。
- 解释“route print”命令显示的主机路由表中各表项的含义。还有什么命令也能够打印输出主机路由表？

参 考 文 献

[1] 杨云，等．计算机网络技术与实训[M]．3版．北京：中国铁道出版社，2014.
[2] 杨云．Windows Server 2012 网络操作系统项目教程[M]．4版．北京：人民邮电出版社，2016.
[3] TANENBAUM A S，WETHERALL D J. 计算机网络[M]．5版．严伟，潘爱民，译．北京：清华大学出版社，2012.
[4] 黄林国．计算机网络技术项目化教程[M]．北京：清华大学出版社，2011.
[5] 杨云，邹汪平．Windows Server 2008 网络操作系统项目教程[M]．3版．北京：人民邮电出版社，2015.
[6] 杨云．Windows Server 2008 组网技术与实训[M]．3版．北京：人民邮电出版社，2015.
[7] 倪伟．局域网组建、管理及维护基础与实例教程[M]．北京：电子工业出版社，2007.
[8] 傅晓锋．局域网组建与维护实用教程[M]．北京：清华大学出版社，2009.
[9] 王祥仲，郑少京．局域网组建与维护实用教程[M]．北京：清华大学出版社，2007.

参考文献

[illegible]